"十四五"职业教育国家规划教材

"十三五"职业教育国家规划教材

盆景制作与欣赏

第3版

张秀丽　高　丹　主编

中国农业大学出版社
·北京·

内容简介

《盆景制作与欣赏》自 2010 年出版以来，经过广大师生的学习使用，受到广泛好评，2011 年荣获中国大学出版社图书奖第二届优秀教材一等奖，2020 年入选“十三五”职业教育国家规划教材。按照高等职业教育改革和教学发展的信息化、理实一体化、基于工作过程等课程建设要求，中国农业大学出版社组织了以辽宁农业职业技术学院教师为主、其他职业技术学院相关专业骨干教师及企业盆景大师共同参与的编写团队，对教材进行了修订再版。

本次修订力求反映盆景技术的最新内容，注重实际操作技术；制作了动画、视频，采集了大量照片，实现了文图并举。在修订过程中注重课程思政内容的融入，设置了思政园地栏目，推进党的二十大精神进教材，进课堂，进头脑。新版教材具有较鲜明的职业特色，既可作为高等职业教育院校的教学用书，也可作为盆景爱好者的自学手册。

图书在版编目（CIP）数据

盆景制作与欣赏 / 张秀丽，高丹主编 . --3 版 . -- 北京：中国农业大学出版社，2023. 7（2024.11 重印）

ISBN 978-7-5655-3006-7

Ⅰ. ①盆… Ⅱ. ①张…②高… Ⅲ. ①盆景—观赏园艺—高等职业教育—教材 Ⅳ. ① S668.1

中国国家版本馆 CIP 数据核字（2023）第 111815 号

书　名　盆景制作与欣赏　第 3 版
PENJING ZHIZUO YU XINSHANG
作　者　张秀丽　高　丹　主编

策划编辑　张　玉　　**责任编辑**　张　玉
出版发行　中国农业大学出版社
社　址　北京市海淀区圆明园西路 2 号　　**邮政编码**　100193
电　话　发行部 010-62733489, 1190　　读者服务部 010-62732336
编辑部 010-62732617, 2618　　出　版　部 010-62733440
网　址　http：//www.caupress.cn　　**E-mail**　cbsszs@cau.edu.cn
经　销　新华书店
印　刷　运河（唐山）印务有限公司
版　次　2023 年 8 月第 3 版　　2024 年 11 月第 2 次印刷
规　格　185 mm × 260 mm　16 开本　15.75 印张　340 千字
定　价　68.00 元

第3版编写人员

主　　编　张秀丽（辽宁农业职业技术学院）

　　　　　高　丹（辽宁农业职业技术学院）

副 主 编　张　隽（南通科技职业学院）

　　　　　张振东（辽宁农业职业技术学院）

　　　　　柳玉晶（辽宁农业职业技术学院）

　　　　　韩春叶（河南农业职业学院）

　　　　　潘　伟（黑龙江农业职业技术学院）

参编人员　郭　玲（辽宁职业学院）

　　　　　胡春梅（湖南环境生物职业技术学院）

　　　　　李　冰（南阳农业职业学院）

　　　　　张傲然（西北农林科技大学）

　　　　　杨晓菊（辽宁农业职业技术学院）

　　　　　王再鹏（辽宁农业职业技术学院）

　　　　　刘清丽（辽宁农业职业技术学院）

　　　　　张玉玲（辽宁农业职业技术学院）

　　　　　张咏新（辽宁农业职业技术学院）

　　　　　刘云强（辽宁农业职业技术学院）

　　　　　孙明阳（辽宁农业职业技术学院）

　　　　　张春浩（辽宁农业职业技术学院）

贾大新（辽宁农业职业技术学院）
夏忠强（辽宁农业职业技术学院）
赵培军（辽宁农业职业技术学院）
张　超（盘锦天一城乡建设工程有限公司）
陆荣成（盘锦天一城乡建设工程有限公司）
张　杨 [上海园林（集团）有限公司]
戴同霞（临沂市丰洁环卫有限责任公司）
冯建东（吉林省辽源市种子管理站）

主　审

吴艳华（辽宁农业职业技术学院）
苏郑宝（湖南省湖特文化传播有限公司）

第2版编写人员

主　编　郝　平（辽宁农业职业技术学院）
高　丹（辽宁农业职业技术学院）
张秀丽（辽宁农业职业技术学院）

副主编　边　宁（深圳北林地景园林有限公司）
张振东（辽宁农业职业技术学院）
张　林（营口理工学院）

参编人员　丁艳丽（北京联合大学特殊教育学院）
马德福（辽宁农业职业技术学院）
王再鹏（辽宁农业职业技术学院）
田有明（辽宁农业职业技术学院）
刘云强（辽宁农业职业技术学院）
刘清丽（辽宁农业职业技术学院）
孙　芳（辽宁职业技术学院）
孙　周（辽宁农业职业技术学院）
孙　铭（吉林农业科技学院）
孙明阳（辽宁农业职业技术学院）
李　明（辽宁省营口市鲅鱼圈区熊岳高级中学）
杨晓菊（辽宁农业职业技术学院）

张玉玲（辽宁农业职业技术学院）
张丽英（大石桥市农业技术推广中心）
张咏新（辽宁农业职业技术学院）
张春浩（辽宁农业职业技术学院）
赵思金（辽宁农业职业技术学院）
胡雪飞（辽宁农业职业技术学院）
柳玉晶（辽宁农业职业技术学院）
贾大新（辽宁农业职业技术学院）
夏忠强（辽宁农业职业技术学院）
徐玉宽（抚顺市农业特产学校）
黄虹心（广西农业职业技术学院）
董　宁（辽宁省锦州市黑山县公安局）
潘　伟（黑龙江农业职业技术学院）

第3版前言

《盆景制作与欣赏》是“十三五”“十四五”职业教育国家规划教材，也是国家在线精品课程配套教材。教材自2010年出版以来，接受了教学实践的检验，受到用书院校师生、盆景行业从业人员和广大盆景爱好者的好评。

为了深入贯彻落实中共中央办公厅、国务院办公厅《关于推动现代职业教育高质量发展的意见》和教育部《“十四五”职业教育规划教材建设实施方案》精神，我们组织修订了这部教材。教材由企业一线技术专家、行业从业人员、校内外专业骨干教师组成“三主体”编写团队，注重产教融合和职业教育理念。新版教材保持了原有教材的特色和风格，仍然按照基础篇、制作篇和欣赏篇的编写体例安排内容，但注意推进理实一体化教学，强化理论与实践、案例相结合，将专业知识、真实生产项目、典型工作任务有机融合，形成数字化、模块化、项目化教材内容体系。数字化设计，能够满足交互学习需求。模块化设计，有利于教材修订再版，做到教材随信息技术发展和产业升级及时动态更新。

具体更新内容如下：

1. 增加了课程思政内容。根据党的二十大报告提出的“全面贯彻落实党的教育方针，落实立德树人根本任务，培养德智体美劳全面发展的社会主义建设者和接班人”的要求，强化了课程思政内容。在提高学生的专业技能的同时，渗透美育教育，培养学生审美意识，增强文化自信，培育和弘扬工匠精神。

2. 丰富了教材数字化资源。教材配套有演示文稿、视频、动画资源共103个，新增游龙式树木盆景介绍、金属丝蟠扎法、云片式树木盆景制作动画，满足读者深入学习、理解课程内容、掌握技能操作要点的需要。

3. 新增和更换了部分插图。本着教学内容与时俱进的原则，引入盆景制作的新技术、新工艺、新材料，新采集了大量照片，更换第2版中盆景照片85幅；重绘了盆景制作示意图33幅。

4. 完善了教材内容与编写团队。教材内容遵照“十四五“职业教育国家规划教材评审过程中专家提出的修改意见，逐一作了必要的修订。编写人员有所调整，在全国高等职业教育涉农院校教师编写队伍的基础上，吸纳行业和企业人才参加编写，补充了新生力量。

本教材由张秀丽、高丹主编，张隽、张振东、柳玉晶、韩春叶、潘伟任副主编。具体分工如下：模块三、模块五、模块七由张秀丽编写；模块一、模块二、模块四、模块六由高丹编写；模块八由张秀丽、张隽编写；模块九由张秀丽、柳玉晶编写；模块十由高丹、韩春叶编写；张振东对教材图片进行修订和整理；此外，郭玲、胡春梅、李冰、张傲然、杨晓菊、王再鹏、刘清丽、张玉玲、张咏新、刘云强、潘伟、孙明阳、张春浩、贾大新、夏忠强、赵培军、张超、陆荣成、张杨、戴同霞、冯建东等参与教材部分内容的整理工作，教材中二维码内容由相应编写教师提供，动画资源由张秀丽提供。全书由张秀丽统稿，吴艳华、苏郑宝担任主审。

此次教材修订吸收了老一辈盆景专家的作品精华，汇集了编者的实践经验和多年收集的素材，参考借鉴了大量的有关学者、专家及盆景爱好者的作品、资料，全书图文并茂，形象直观，有很高的学习与欣赏价值。特别是身兼多职的盆景艺术家边宁大师的参与及作品的汇入，为教材增色很多；马德福老师对本教材也给予了很大帮助，在此一并表示感谢。

因时间及编者见识和水平所限，本书内容一定会有许多不当之处，敬请读者批评指正！如本书能对读者有益，对盆景爱好者有所帮助的话，即是编写者们的最大心愿！

《盆景制作与欣赏（第 3 版）》在线开放课程网址如下：https://next-studio.xuetangx.com/pro/manageteaching/10327665/1246889/coursecontent

编　者

2023 年 3 月

第2版前言

《盆景制作与欣赏》自2010年出版以来，经过广大师生的学习使用，受到广泛好评，2011年荣获中国大学出版社图书奖第二届优秀教材一等奖。教材在使用过程中各院校师生提出了许多好的建议，应广大师生和读者的要求，针对高等职业教育改革和职业教育教学发展的信息化、理实一体化、基于工作过程等课程建设思路，在“十三五”规划教材的建设过程中，中国农业大学出版社组织以辽宁农业职业技术学院教师为主体，集其他职业技术学院的教师及企业盆景大师进行了教材的建设与开发工作，并对教材进行了修订再版。

新教材为了不增加长期应用此教材教师的备课难度，还要反映盆景技术最新内容，注重实际操作技术，所以，在章节文字上变化不大；内容力求深入浅出，结构系统完整，表述通俗简练；编著人员采集制作了视频和大量照片，实现了文图并举；再版教材增加了二维码，通过扫描二维码展现扩增的大量盆景图片和盆景制作视频以及链接大量的教学素材。因此，新版教材具有较鲜明的职业特色，具有信息化特征。既可做高职高专院校的教材，也可做盆景爱好者的自学手册。

此次教材修订借鉴了老一辈盆景专家的精华，汇集了编者的经验和多年收集的素材，图文并茂，形象直观，有很高的学习与欣赏价值。特别是身兼多职的盆景艺术家边宁大师的参与及作品的汇入，为教材增色很多。

改编过程中参考借鉴了大量的有关学者、专家及盆景爱好者的作品、

资料，此外，中国农业大学出版社的伍斌和姚慧敏编辑为该书的出版献计献策，付出了很多心血，在此深表感谢！因时间及编者见识和水平所限，一定会有许多不当之处，敬请读者批评指正！如该书能对读者有益，对盆景爱好者有所帮助的话，即是编写者们的最大心愿！

编　者

2017 年 10 月

目　录

二维码目录

基础篇

盆景基础知识

模块一　综　述

知识目标：

1. 解释盆景的含义，描述盆景的发展历史。2. 说明盆景的价值，阐述盆景艺术特性。

技能目标：

1. 领悟盆景内涵，辨别盆景与盆栽。2. 领悟盆景艺术特性，挖掘盆景意境美。

3. 培养学生分析问题以及解决问题的能力。

素质目标：

1. 培养对盆景及盆景产业的兴趣。

2. 培养美学艺术修养，提升审美意识，增强艺术修养，增强民族自豪感。

3. 树立文化自信，传承中国传统文化。

学习情境一　盆景概述

一、盆景的定义

盆景是以植物、水、石、土等为主要素材，经过艺术处理和园艺加工，栽植或布置在盆钵中，以表现大自然优美景观的一种造型艺术品。它包括植物盆景、山水盆景和树石盆景等类型。

盆景属于专用名词，盆景的汉语拼音是 penjing。根据国务院有关规定，中国人名、地名和专用名词应当采用汉语拼音。北京林业大学彭春生教授在他编著的《盆景学》（2002 年版）中，就已经提倡把盆景的英文名字统一为 penjing 为好。但 penjng 一词目前在国外还没得到广泛应用。

国际流行称呼盆景为 bonsai（盆栽），根据盆景的起源和沿革来看，这个称呼已成为过去，在中国只对研究盆景的起源和历史有参考价值；而且 bonsai 有一定的片面性，不包括山水盆景，况且盆栽又不等于盆景，常常使人们把盆景与盆栽、地栽等栽培方式混为一谈。只有 penjing（盆景）一词才能反映现实生活中事物的本来面目。

二、盆景与盆栽

盆景与盆栽是两个不同的概念。盆景是一种造型艺术品，而盆栽只是植物的一种栽培形式，或称“盆栽植物”。图 1-1 和图 1-2 所示是盆景，在材料的选择和处理上无不表现了作者独特的艺术匠心；而图 1-3 所示为盆栽，只是展现了植物自然的生长状态，未作任何艺术处理。所以盆栽不属于盆景，盆景是盆栽基础上的艺术提高。而纯山水盆景（图 1-2）则根本不属于盆栽范畴。

图 1-1　盆景（桩景类）

图 1-2　盆景（山水盆景）

图 1-3　盆栽

三、盆景艺术

二维码 1-1
纯山水盆景

盆景是大自然景物的缩影，是集园林栽培、文学、绘画、雕塑等艺术为一体的综合性造型艺术。盆景艺术是一种微型造园艺术，是我国园林艺术的一个独特分支，有所谓“微观造园之尤微者也”之说，也有“咫尺山林”之称。作为一种艺术，盆景不仅历史悠久，源远流长，具有自身的理论体系、创作手法、制作工艺和审美标准；具有多种艺术风格类型（流派）和地方特色；具有丰富的文化内涵与艺术境界。同时，盆景还与绘画、诗词、雕塑等传统艺术相关联，是“形、神、意、趣”兼备的艺术品。图 1-4 单云片状扬派盆景，技法娴熟、姿态高雅，无愧于“高等艺术”之称。

图 1-4　单云片

学习情境二　盆景艺术特性

一、盆景艺术的高度概括性

盆景艺术的高度概括性主要表现在它的造型特点上。“小中见大”“缩龙成寸”是盆景艺术的技巧，巧妙地应用“移天缩地，盆立大千”的神奇手法，展现大自然的风采。山水盆景更是“一峰则太华千寻，一勺则江湖万里”“咫尺之内而瞻万里之遥，方寸之中乃辨千寻之峻”。盆景把自然美景浓缩于咫尺盆钵之中，树木虽高不盈尺，但具有百尺之势，树干虬曲古奇，枝繁叶茂，令人叹为观止，给人以美的享受。图 1-5 给人以参天大树浓缩于盆钵之中的感觉。而图 1-6 在咫尺盆内，可见万里之遥，给人以小中见大之感。

图 1-5　表现“缩龙成寸”

图 1-6　表现“小中见大”

二、盆景艺术的综合性

盆景艺术与许多艺术有关。它集园林艺术、文学艺术、绘画艺术、雕塑艺术、书法艺术及栽培技术于一身，具有诗的情趣、画的结构和雕塑的技法，是园林、诗、画和雕塑等艺术的综合体现，是形、神、意、趣兼备的艺术品，被誉为“无声的诗”“立体的画”“有生命的艺雕”等。图 1-7 将雕塑的技法有机地融入了盆景之中，给人以活的艺雕之感。因此有楹联这样描写并高度概括了盆景艺术的综合性：

“文学艺术，造型艺术，绘画艺术，音乐艺术，融铸盆景艺术无止境；时间积累，材料积累，经验积累，实力积累，皆为意志积累显真功。”

图 1-7　表现有生命的艺雕

三、盆景构图的整体性

盆景构图是在立意之后、制作之前创作的草图。盆景是“景、盆、架”三者有机结合的整体艺术品，所以创作构图时必须考虑整体艺术效果。同时，还要体现文景结合、画龙点睛的艺术效果。只有“景、盆、架”三位一体相互协调、相得益彰、相辅相成，才能表现出盆景艺术的最高欣赏境界（图 1-8）。

图 1-8　表现“景、盆、架”三位一体

四、盆景的季节性

盆景的季节性也可称为“四维”性。盆景的素材来源于自然，尤其是植物盆景和园林一样，都具有季节性，具有“四维”特点，是四维时空艺术。它既有“三维”空间的艺术造型，景色又随季节的变化而变化。所以，盆景创作构图不是“二维”的平面构图，也不是“三维”的立体空间构图，而是复杂的“四维”构图，要考虑到季节的变化。图1-9展现银杏在不同季节叶色的变化：春夏赏绿，秋冬变黄的叶片在绿色护盆草的映衬下特别醒目。

二维码 1-2
枫树在不同季节叶色的变化

图 1-9　银杏在不同季节叶色的变化

五、盆景艺术的多样性

1. 题材多样性

我国地大物博，由东至西、从南到北的自然景色各异。可用于盆景的表现题材非常丰富，从名山大川到小桥流水，从山林野趣到田园风光都能浓缩于盆钵之中，给人以无限遐想和美的感受（图 1-10 至图 1-13）。

图 1-10　表现名山大川

图 1-11　表现小桥流水人家

图 1-12　表现山林野趣

图 1-13　表现田园风光

2. 形式的多样性

盆景的种类很多，表现形式各异。20 世纪 80 年代，彭春生提出一个新的系统分类方法，即“类—型—亚型—式—号”五级分类系统，有较强系统性和实用性，可以避免混乱，给盆景生产、展销、包装的标准化、商品化带来便利。其各级分类标准是：

（1）类　依取材不同而把盆景分为两类，即桩景类 (vefetation penjing) 和山水类 (water-stone penjing)。

（2）型　依据造型规定是自然还是有规律而把桩景分为自然型或规则型；依据用盆构形不同而将山水类盆景分为旱盆型、水盆型、水旱型。

（3）亚型　根据树桩根、干、枝的造型变化又分为根变亚型、干变亚型、枝变亚型。

（4）式　根据桩景树木的形态、数目和山水盆景的布局，而把各个型、亚型分成若干式。山水盆景有高远式、平远式、深远式、偏重式、开合式；树石盆景有岛屿式、附石式。

（5）号　所有各式又都有大小之分，再依据大小规格而把各式分为 5 种规格。其中大于 150 cm 为特大号、81 ～ 150 cm 为大号、41 ～ 80 cm 为中号、10 ～ 40 cm 为小号、小于 10 cm 为微型盆景。

异型盆景有壁挂式、竖屏式等。总之，盆景的形式千姿百态、样式繁多。

3. 风格的多样性

由于地理环境、地域文化、风土人情及作者性格与文化素养的差异，使得盆景艺术形成了各种各样的风格，如个人风格、地方风格和盆景的艺术流派。

4. 素材多样性

盆景的创作素材很多，有植物材料、山石材料、盆钵、几架、配件等。特别是植物材料，更是资源丰富，种类繁多。

六、盆景美的特性

1. 自然美

盆景的素材来源于自然，多为具有生命的自然之物。所以盆景具有自然属性。盆景的自然美主要体现在选材上。在制作前，盆景创作者能否根据立意选取自然界中适合的、美的素材，并进行合理组合使大自然优美景色再现，是盆景创作成功与否的关键。所以，掌握并应用好盆景艺术自然美的特性，在盆景创作过程中可起到事半功倍的效果（图 1-14）。

图 1-14　表现自然美

2. 人工美

盆景是形、神、意、趣兼备的造型艺术品，其人工美主要体现在人工技巧和表现手法上。盆景虽“源于自然”，却“高于自然”，是大自然优美景色的再现和升华，是园林艺术、文学艺术、绘画艺术、雕塑艺术以及园艺技术的综合体现。所以，盆景在制作时的技法及表现手法要符合自然之理，“虽由人作”，但却要表现出“宛若天开”的艺术效果，将人工技法有机地揉入盆景造型中（图 1-15）。

图 1-15 表现人工美

3. 意境（艺术）美

盆景的意境表达是作者在立意、选材、制作过程中所融入的情感及传达给欣赏者的艺术内涵，能引起观赏者的共鸣。盆景与园林、诗词、绘画、书法等艺术密不可分。所以，一件好的盆景作品不仅要富有诗情画意，还应给人以丰富的联想，令人心旷神怡，流连忘返（图 1-16）。

图 1-16 表现意境美

学习情境三 盆景的价值

一、艺术价值

盆景具有很高的艺术价值，观赏盆景能够陶冶情操，提高人们的艺术修养。当我们看到浓缩于盆钵中的佳山丽水、多姿多彩的大自然美景时，如同领略“名山大川、崇山峻岭、悬崖峭壁”；当人们看到盆景中“缩龙成寸”的参天大树、刚劲矫健的松树和迎风傲雪、姿态各异的梅花时，不仅会被其坚贞、高洁的形象所激励，更会激发民族自豪感，使欣赏者更加热爱祖国的锦绣河山，更加珍爱生活，甚至能达到净化心灵的效果。并使人有“不移寸步”便能“遍游天下”的感觉，从而得到自然美的享受。

盆景作为“高等艺术”，是一种优美的、珍贵的艺术品，具有很高的艺术观赏价值。它的艺术价值取决于作品本身的艺术造型、创作技艺以及包含的艺术境界（图 1-17、图 1-18）。

图 1-17　表现盆景的艺术造型

图 1-18　表现盆景的创作技艺

二、实用价值

盆景不仅具有很高的艺术价值，而且具有很多的实用价值。

1. 改善环境，美化生活

盆景可以装点室内外环境，起到净化空气、美化环境、提高生活质量的作用。

植物盆景可进行光合作用，吸收 CO_2，释放 O_2；松树、柏树、银杏等桩景能够吸收低浓度的有害气体，分泌杀菌物质，使空气新鲜清洁；植物的绿色能保护眼睛，可调节视神经疲劳。在整洁的书房、客厅或卧室点缀 1 ～ 2 盆中小型盆景，可使室内蓬荜生辉，尽显高雅。伏案工作之余凝视一盆精致的盆景，可以起到缓解疲劳、调节身心的效果，对健康非常有益。植物盆景和山水盆景都有一定的降温补湿作用，还可减少辐射热，使人感到舒适宜人。

2. 陶冶情操，激发爱国热情

欣赏盆景能陶冶情操，提高人们的艺术修养，培养人们热爱大自然、热爱生活、热爱祖国锦绣河山的高贵品德。唐代诗人白居易曾赋诗赞誉盆景：“泉石粼粼声似琴，闲眠静听洗尘心；莫轻两片青苔石，一夜潺湲值万金。”这里所说的“万金”除了指盆景的经济价值外，还有其修养身心、净化心灵的精神含意。盆景的千姿百态，神韵含蓄，会使人遐想、神游，使人感到六月忘暑，寒冬似春。

3. 科普教育，效益显著

盆景是一门综合艺术，集园林设计、栽培技术、绘画、书法、雕塑等技艺于一身，其自身就是一部活教材。要从事盆景创作，就要了解和认识各种植物、山石、盆钵等素材；要养好盆景，必须熟悉植物的生长发育规律，及对水、肥、气、热等条件的需求，还要掌握一套制作、造型及栽培养护管理等技术措施，因地、因时、因材制宜，否则就培养不出有价值的盆景。盆景的制作及养护过程可以使人养成热爱劳动的习惯，增强责任心，培养人的毅力，同时可以普及科学知识。

盆景的经济价值高，效益显著，盆景作品中融入了制作者大量的时间、智慧、心血和汗水，每件盆景作品都没有可重复性，可谓独一无二，其本身的价值与盆景的素材、盆钵及造型和技法密切相关。所以自古以来，盆景就有“一拳突兀值千金”之说。

4. 旅游观光、弘扬文化

盆景作为我国传统的园林艺术的一个分支，以其独特的艺术魅力向世界展示了中华民族的悠久历史和灿烂的文化底蕴。我国的盆景艺术已经得到了越来越多的外国朋友的青睐，在同世界各国进行文化艺术交流的过程中，盆景作品多次获奖，为祖国赢得了荣誉。在国际交往中，盆景还可作为馈赠礼品，对增进中国人民同世界各国人民的友谊，起着积极作用。

盆景对发展旅游事业起到了促进作用。目前不少城市公园及风景名胜区开辟了专门的盆景园，如沈阳世博园中的盆景园（图 1-19）、苏州虎丘的“万景山庄”、南京中山植物园的“盆景园”等，陈设了各种盆景艺术精品，吸引了大批国内外游客前往观赏，极大地促进了旅游事业的发展。

图 1-19 2006 年沈阳世博园“盆景园”入口

三、文物价值

盆景素材既有珍贵的古树名木，又有精工细作且又古老的盆钵和几架，都具有一定的文物价值和较强的纪念性。所以，盆景既是一种艺术作品，又是一种有生命的文物，是我国历史文物宝库中的珍品，具有很高的保存价值。

学习情境四 盆景简史

一、盆景的起源

盆景起源于我国。早在 7 000 年前的新石器时期，就有了植物盆栽。考古人员在浙江余姚河姆渡考古时就发现了 7 000 年前的陶片上绘有盆栽万年青图案（图 1-20）。

图 1-20 河姆渡新石器时期遗址中的陶片

商周、秦汉时期（约公元前 16 世纪—公元 25 年），不仅有草本盆栽，还有了木本盆栽。张骞出使西域时，为了把西域的石榴引到中国来，就采用了盆栽石榴的方法。这是迄今为止我国最早有文字记载的木本植物盆栽。这个时期不仅有了观赏植物的栽培，还模仿自然山水，进行造园。创造自然山水园林，可以说是盆景艺术产生的前奏。

东汉时期（公元 25—220 年），出现了“缶景”（图 1-21）。说明此时盆栽已由原始盆栽向艺术盆栽过渡。

图 1-21　东汉时期的“缶景”

魏晋时期（公元 220—420 年），盆栽逐渐普及。士大夫阶层追求隐逸的风气，他们视山林为乐土，以隐居为清高，将理想的生活与山林之秀美结合起来。这种风气，促进了园林艺术的发展，也为盆景艺术产生和形成奠定了基础。

南北朝时期（公元 420—589 年），梁代萧子显在《南齐书》中提到“会稽剡县刻石山相传为名”。此虽未写明盆钵、几架等内容，但从词义上不难看出，那时已有加工的假山石，这说明南北朝时期就有了山水盆景中假山石的艺术加工。虽然当时加工的山石还只是工艺品，但这就是我国山水盆景的雏形，由此推断山水盆景起源于南北朝时期。

隋代（公元 581—618 年），文化艺术逐渐繁荣，山水画初兴，增强了山水园林意境的表现，这对盆景艺术的形成又是一大促进。这个时期的特点是：已有了制作假山和模仿山林景色的工艺品；有了植物、盆钵、几架三位一体的盆栽及其墓壁绘画。

二、盆景艺术的形成

唐代（公元 618—907 年）是我国封建社会之盛世，在文化艺术方面也取得了辉煌成就，盆景艺术逐渐形成并有了一定的进展。1972 年在陕西乾陵发掘唐高宗李治之子李贤（章怀太子，葬于公元 706 年）墓时发现内有两幅壁画，一幅是一侍女双手托一浅盆，盆中有假山和小树；另一幅是一侍女手持莲瓣形盘，盘中有树，绿叶红果（图 1-22）。另故宫收藏的唐代画家阎立本的《职贡图》（图 1-23）中也绘有一人手托浅盆，盆中有一块玲珑剔透的山石。又据五代后唐人冯贽《记事珠》一书中记述：“王维以黄瓷斗贮兰蕙，养以绮石，累年弥盛。”这些

图 1-22　唐朝　章怀太子墓壁画

图 1-23　唐朝　阎本立《职贡图》（局部）

都说明盆景作为一门造型艺术，在唐代已开始形成。王维是诗人兼画家，北宋苏轼认为他“画中有诗，诗中有画”。无怪他能制出富于“诗情画意”的盆景来。“贮兰蕙，养绮石”这与现代的水石盆景甚为相似。

此外，唐代吟咏盆景的诗词亦不乏其材，如白居易的《咏假山》诗中载有：“烟翠三秋色，波涛万古痕。削成青玉片，截断碧云根。风气通岩穴，苔文护洞门。三峰具体小，应是华山孙。”“云根”即是石头，可见当时已有截石造景的方法。另外他还在《双石》一诗中写道：“苍然两片石，厥状怪且丑……峭绝高数尺，坳泓容一斗。”这是指较大型的盆景。诗人李贺曾作一首《五粒小松歌》，其中写道：“绿波浸叶满浓光，细束龙髯铰刀剪”，可见当时已开始对树木盆景进行修剪加工和矮化栽培。

宋代（公元960—1279年）绘画艺术得到空前发展，绘画理论应用于盆景创作，盆景艺术有了进一步发展。不论宫廷或民间，以奇树怪石为观赏品已蔚然成风，对树木、山石配景也有了进一步的研究，并有了树木盆景和山水盆景的区分；树木盆景所采用的植物种类繁多，有松、柏、枫、榆、菊、竹、牡丹、荷花、菖蒲等；树的形态也多样化了，有直立、曲折、悬垂等，具有雕塑的姿态美；布局方法也不拘一格，除植物配石外，还有单栽植物和单用奇石的盆景制作方法。

现故宫珍藏的宋画《十八学士图》四幅，其中两幅都画有松树盆景，其形“盖偃枝盘，针如屈铁，悬根出土，老本生鳞，已俨然数百年之物”（图1-24）。

宋代书画家苏东坡，在其《双石》诗的引中说：“至扬州，获二石，其一绿色，冈峦迤逦，有穴达于背；其一玉白可鉴，渍以盆水，置几案间。”又有诗云，“我持此石归，袖中有东海……置之盆盎中，日与山海对。”“试观烟雨三峰外，都在灵仙一掌间”“五岭莫愁千嶂外，九华今在一壶中”。又据《墨庄漫录》载，苏轼曾得一黑石，白脉，做一大白石盆以盛之，激水其上，并名其室为“雪浪斋”。这些不仅写出诗人、画家对盆景的爱好，而且还反映出当时这些山水盆景的完美意境和作品的高超艺术水平，并有了盆景的题名。

图1-24　宋画《十八学士》

大书法家黄庭坚得一块绝美的“云溪石”，曾作诗曰：“造物成形妙画工，地形咫尺远连空。蛟鼍出没三万顷，云雨纵横十二峰。清坐使人无俗气，闲来当暑起清风。诸山落木萧萧夜，醉梦江湖一叶中。”可见当时盆景运用了“咫尺千里、小中见大”的艺术手法，并且意境深远。可谓“移天缩地、盆立大千”。

宋代不仅有山水盆景，对山石的研究也很突出，并有专著，如杜绾的《云林石谱》中记载有石品116种之多，对各种石头的产地、采集方法以及供作盆景的石种有了较为详细的论述。

元代（公元1279—1368年）统治时期较短，由于当时崇尚武功，对文化艺术重视不够，盆景艺术的发展也受到了影响。但当时有位高僧，法名韫上人，他云游四方，出入名山大川，擅长各种盆景的创作技法。受山水画影响，他制作的盆景当时称“些子景”（小型景致。些子：小的意思)，其特色是师法自然、小中见大，颇有画意。

画家饶自然在其所著的《绘宗十二忌》中，运用中国山水画理论，精辟地论述了山水盆景的制作及用石方法，对盆景造型起到一定的指导作用。

唐、宋、元三朝代为盆景形成时期，至元代虽然还未正式出现“盆景”叫法，但作为一门较为完整的艺术已经形成。这个时期的特点是：

(1) 对盆景出现了许多叫法如“盆栽”“盆池”“假山”“些子景”等。

(2) 出现了较多的盆景种类和形式，有山水、植物、石玩等，还出现了附石式盆景。

(3) 意境布局讲究画意，师法自然，采用了“小中见大”的艺术手法，并能在山石上养苔。

(4) 植物盆景有了人工剪扎等造型技巧，山水盆景采用了选石、洗刷、雕凿和截割等加工工艺。

三、盆景艺术的发展

明代（公元 1368—1644 年）的盆景艺术有了较大的发展，盆景之风已相当盛行，并且注重和讲究画意，形成了各具特色的地方风格。此时有关盆景的叙述如屠隆《考槃余事》、吴初泰《盆景》、文震亨《长物志》、王鸣韶《嘉定三艺人传》、诸九鼎《石谱》、林有麟《素园石谱》、王象晋《群芳谱》等相继出现。对盆景的取材、选材与制作都有较为详尽的叙述。

据黄省曾在《吴风录》中提到：“吴中富豪，竞以湖石筑峙奇峰隐洞，凿而嵌空为绝妙，珍花异木错映阑圃。虽闾阎下户，亦饰小山盆岛为玩。”可见盆景制作已相当普遍，伴随着传统园林艺术的发展，盆景已进入寻常百姓家。图 1-25 为明代仕女图中庭院内的玲珑剔透的树石盆景。

图 1-25　明画《仕女图》

屠隆《考槃余事》的盆玩篇，首次正式出现盆景的叫法，并把大小盆景的应用及配置艺术写得更为详细。有云：“盆景以几案可置者为佳，其次则列之庭榭中物也。”这同当前趋向于发展小型、微型盆景是相一致的。该书又云：“更有一枝两三梗者，或栽三五窠，结为山林，排匝高下参差，更以透漏窈窕奇古石笋安插得体，置诸庭中。对独木者若坐岗陵之颠，与孤松盘桓，对双木者似入松林深处，令人六月忘暑。”显然这是对单干式、双干式、多干式或合栽式盆景的诗情画意作了深刻描述。“似入松林深处，令人六月忘暑”的绝妙佳笔充分说明了盆景制作者高深的艺术修养和精湛的制作技巧。

明代盆景还重视剪扎造型技法，王鸣韶《嘉定三艺人传》中就有“将小树剪扎供盆盎之玩，一树之植几年至十年，后多习之者”的记载。清代（公元 1644—1911 年）盆景艺术更加丰富多彩，形式多样。康熙年间（公元 1661—1722）陈淏子（扶摇）所著的《花镜》为一部园艺专著。在《课花十八法》里，有“种盆取景法”一节，专门描述了盆景用树的特点和制作经验。特别提出，“盆中之保护灌溉，更难于园圃；花木之燥、温、冷、暖，更烦于乔林”。

清代陆廷灿在《南村随笔》中提到：“邑人朱三松择花树修剪，高不盈尺，而奇透苍古，具虬龙百尺之势，培养数十年方成，或愈百年者栽以佳盎……三松之法，不独枝干粗细上下相称，更搜剔其根，使屈曲必露，如山中千年老树，此非会心人未能遽领其妙也。”这说明当时对树桩盆景的枝、干、根等扎剪造艺术颇有独到之处。

李斗所著《扬州画舫录》一书中提到乾隆年间，扬州已有花树点景和山水点景的创作，并有制成瀑布的盆景。由于广筑园林和大兴盆景，彼时扬州，真可谓：“家家有花园，户户养盆景。”当时苏州还有一个名为“离幻”的和尚，擅长制作盆景，往往一幅盆景就价值百金。当时就认为盆树要露根造型才美。

嘉庆年间，五溪苏灵著有《盆玩偶录》二卷，书中把盆景植物分为“四大家”“七贤”“十八学士”和“花草四雅”。

总的来说，明、清时期的盆景有了更进一步的发展，这个时期的特点：

（1）正式出现“盆景”的叫法。

（2）盆景制作技艺有了显著的提高。

（3）盆景种类繁多，植物盆景出现了观叶、观花、观果等不同种类；山水盆景除有了旱盆景、水盆景以及水旱盆景之外，还出现了瀑布盆景。

二维码 1-3
古代盆景

四、盆景艺术的恢复与兴盛

中华人民共和国成立以后，伴随人民生活的稳定，生活水平的提高，我国的盆景事业得到了一定的恢复和发展。改革开放以后，盆景事业不但获得新生，而且有了较大的发展。随着人民生活从温饱进入小康，人们对生活质量的追求和艺术鉴赏力都在不断提高，也使盆景事业逐步走向兴盛。

1979 年 10 月 1 日，国家城建总局园林绿化局于北京举办了新中国成立以来首次全国盆景艺术展览。参加展出的有 13 个省区的 54 个单位，展出各类盆景 1 100 余盆，分别陈列于福建、广州、苏北、苏南、浙江、四川、广西、北方、上海以及综合馆十个展览馆，参观人数 10 余万人次。1981 年 12 月，成立了“中国花卉盆景协会”。1988 年，中国盆景艺术家协会成立。此后，全国各地纷纷举行各种盆景展览，还成立了各级花卉盆景协会，进一步推动了我国盆景花卉事业的发展。

除此之外，各地还相继建立了专门陈列盆景的园地——盆景园，如广州的西苑、上海的植物园、成都的杜甫草堂和百花潭公园、重庆的鹅崖公园、扬州的瘦西湖公园和红园、泰州的泰山公园、南通的人民公园和如皋绿园、苏州的万景山庄、无锡的百花园、安徽歙县的多景园、杭州的花圃、温州的花圃、福州的五一苗圃、厦门的植物园、南宁的南湖公园、沈阳的园林科研所和世博园、桂林的七星岩公园、济南的大明湖公园、青岛的中山公园、南京的玄武湖公园和中山植物园等都设置了盆景园，专门用于盆景的培育制作、创作研究，以及向国内外游客展示盆景这一传统的艺术作品。2000 年扬州中国盆景博物馆挂牌，成为继上海盆景博物馆之后的第二个专业盆景博物馆。

各地盆景艺术工作者，在进行盆景艺术创作实践的同时，积极开展理论研究，并纷纷著书立说，以便广泛交流。如上海植物园编著的《上海龙华盆景》、人民美术出版社与日本美乃美株式会社共同出版的《中国盆景》以及马文其编著的《盆景制作与欣赏》等。

复习思考题

1. 何为盆景？盆景与盆栽有何区别？
2. 盆景有哪些艺术特性？
3. 盆景有何实用价值？
4. 盆景发现于何时？起源于哪个国家？
5. 何时正式出现盆景的叫法？

知　识　窗

何为“四大家”“七贤”“十八学士”？

盆景树种在清朝时有所谓“四大家”“七贤”“十八学士”之说。

“四大家”指金雀、黄杨、迎春、绒针柏四个比较调和而富有诗意的树种。

“七贤”指黄山松、缨络柏、榆、枫、冬青、银杏、雀梅七个互相协调、各有特色的树种。

“十八学士”指梅、桃、虎刺、吉庆、枸杞、杜鹃、翠柏、木瓜、蜡梅、南天竹、山茶、罗汉松、西府海棠、凤尾竹、紫薇、石榴、六月雪、栀子花十八个形态、风格多种多样、丰富多彩的树种。

二维码 1-4　四大家

二维码 1-5　七贤

二维码 1-6　十八学士

思政案例

中国老一辈盆景大师——周瘦鹃

1895—1968年，江苏省苏州人，著名作家、园艺家。早年在上海《新闻报》《申报》馆任编辑。20世纪20年代末，在写作之余喜爱玩弄盆景，并收集古盆。1939—1940年，他曾以古朴玲珑的盆景，4次参加在上海举办的“中西莳花会”，三次获得总锦标赛冠军，为我国盆景史上留下了一段引以自豪的爱国主义佳话。他以细腻、活泼的文笔，歌颂党的路线方针、社会主义制度，并创作了一批具有文人气息的盆景作品。为继承、弘扬中国盆景艺术，形成苏州盆景地方特色和风格作出了重大贡献。

1989年9月，建设部授予周瘦鹃“中国盆景艺术大师”荣誉称号。

模块二　盆景的流派

知识目标：

1. 解释盆景流派的含义、描述各流派盆景的形成、特性和风格。
2. 总结各派盆景制作的主要技术。

技能目标：

1. 准确识别盆景派别。2. 领悟各流派特性，针对盆景制作要求进行合理选材。

素质目标：

1. 培养吃苦耐劳的劳动精神和持之以恒的韧劲。2. 增强文化修养，树立文化自信。

学习情境一　基本概念

一、盆景风格

盆景风格是指盆景艺术家在创作中所表现出来的艺术特色和创作个性。盆景风格体现在盆景作品内容与形式的诸多要素之中，而不是单单体现在作品的形式上。作品的内容与形式诸要素大致包括：树种、石种、造型、意境、技法、栽培管理技术、盆、架等。看某个或某些盆景的风格，其实就是看它们在这些方面是不是有特色、有个性。如果有特色、有个性，就叫风格；如果没有就是一般化，没有形成风格或风格不明显。盆景风格是在一定历史时期和特定的环境条件下形成的，并随着历史的发展而变化。

二、盆景的个人风格

盆景的个人风格是指某个盆景艺术家在其作品的内容与形式的各要素中所表现出来的艺术特色和创作个性。从本质上说来，盆景个人风格很大程度上来自于盆景制作者本人的个性特点 。不同的人有不同的个性特点（民族、职业、年龄、文化程度等），因而其作品也就表现出了各自不同的特色，或粗犷或细腻，或端庄或诙谐，或抒情或哲理，或自然或规则，或仿真或求古，或清秀或雄伟，或苍劲或妩媚，造就了数也数不清的个人风格。盆景个人风格中的佼佼者，很可能就是未来地方风格的雏形。

三、盆景的地方风格

盆景的地方风格是指某一地域的盆景艺术家们在盆景作品的内容和形式的诸多要素中所表现出来的地方艺术特色和创作个性。不同地域的盆景艺术家，在盆景创作中，对树种的选择、造型特点、表现题材、立意境界、造型技法、栽培管理技术和选用石种、盆、架、配件等方面各不相同或各有特点，这就形成了盆景作品的各种地方风格。

学习情境二　盆景的流派

盆景的流派是在特定环境条件下形成的一种盆景艺术现象，是在盆景的个人风格、地方风格基础上发展起来的。随着时间的推移和时代的进步，盆景的个人风格、地方风格在内容和形式上日趋成熟、升华，且有量的扩大，盆景诸要素在某一区域内的程式化，就形成了盆景的艺术流派。流派的形成是某区域盆景艺术成熟的重要标志。现阶段盆景流派皆指桩景而言。

盆景的个人风格是形成地方风格的基础，地方风格又是盆景流派的基础；流派则是地方风格发展的高级阶段和可能趋势，流派还是民族风格的集中体现者。地方风格和流派之间虽没有本质的区别，但有文野之分、高低之分、粗细之分、先后之分，不能等量齐观。

我国盆景的流派常以地域命名，常见的有以下几种。

一、扬派盆景

（一）特色

扬州盆景（图 2-1），俗称“扬派”，是以扬州命名的盆景艺术风格类型（流派），被列为中国树木（桩）盆景五大流派之一。它是以扬州为中心地，包括苏北的许多地方，如泰州、泰兴、兴化、高邮、东台、盐城、宝应等地。代表人物有万觐棠、王寿山等。

图 2-1　扬派盆景《腾飞》（作者　万觐棠）

扬派盆景经历代盆景老艺人锤炼，受到高山峻岭、苍松翠柏历经风涛“加工”的启示，形成了苍劲挺拔、英姿勃勃的特色。依据中国画“枝无寸直”的画理，创造应用十一种棕法组合而成的扎片艺术手法，使不同部位寸长之枝能有三弯（简称“一寸三弯”或“寸枝三弯”），将枝叶剪扎成枝枝平行而列，叶叶俱平而仰，如同飘浮在蓝天中极薄的“云片”，层次分明、严整壮观，富有工笔细描的装饰美的地方特色。云片吸取了山水画的苍松翠柏的远景姿态，它不求细节的描绘，而注意树冠的总体构图形象，云片布局疏密有致，高低相宜，四面八方，层次分明，且极为平整，具有很强的装饰性，给人以优美清秀的视觉感受。

二维码 2-1
扬派盆景

二维码 2-2
扬派盆景的史话

（二）树种

扬州树木盆景“云片”造型的特色树种有松、柏、榆、瓜子黄杨等，其他树种还有六月雪、银杏、梅、虎刺、金雀、杜鹃、山茶、枸杞、凌霄、碧桃、紫藤、蜡梅、南天竹、石榴、金银花、雀梅、金橘、迎春、檵木等。

二维码 2-3
云一样的扬派盆景

（三）技法

扬派盆景根据中国画“枝无寸直”的画理，采用棕丝蟠扎，要求精扎细剪。“云片”中的每根枝条都扎成很细密的蛇形弯曲，最密者每寸树枝能有三弯，且叶叶俱平而仰，平行而立，称“一寸三弯”。这种技法主要用于瓜子黄杨等树种的“云片”造型。蟠扎时尽量做到“每棕一结，藏棕藏结”。一般顶片为圆形，中下片多为掌形。“云片”的多寡视其创作立意、植株大小、造型形式而定，一般 1 ～ 9 片。1 ～ 2 片层称台式，多层称巧云式。小者如碗口，大者如缸口。

二维码 2-4
扬派盆景的发展

二、苏派盆景

苏州盆景，俗称“苏派”，是以苏州命名的

盆景艺术风格类型（流派）。它以苏州为中心，扩展至长江以南的许多地区，如常熟、无锡、常州等地。代表人物有周瘦鹃、朱子安等。苏派盆景以树木盆景为主，注重自然，型随桩变，成型求速，摆脱了过去成型期长、手续繁琐、型式呆板的传统造型束缚。其艺术特点清秀古雅，至真质朴，气韵生动，情景相融，耐人寻味。

传统的苏州盆景多为规则式造型，最常见的一种为“六台三托一顶”（图 2-2）。现今则以“半规则型”为主，即树木的枝片数量不限，造型成圆片状，似“馒头形”（图 2-3），而主干则呈自然弯曲形状。整体的形态就是江南常见的老树造型。苏州盆景的传统形式还有屏风式、顺风式、垂枝式、劈干式等。苏派山水盆景主要表现的是我国江南的丽山秀水、文物风貌。苏派盆景讲究景（桩、石）、盆和几架的多样化与统一性，特别是在厅堂陈列布置景、盆、架要与厅堂结构协调，要体现出“景”“境”相称而得体。

二维码 2-5
苏派盆景

图 2-2　苏派盆景造型“六台三托一顶”

图 2-3　苏派“馒头形”

三、岭南派盆景

岭南盆景，俗称“岭南派”盆景，是以岭南地区命名的盆景艺术风格类型。范围以广州为中心，包括广东、广西等地。代表人物有孔泰初、陆学明、莫眠府道人及素仁和尚等。

岭南派盆景（图 2-4）的形成过程受岭南画派的影响，旁及王石谷、王时敏的树法及宋远花鸟画的技法，创造了以“截干蓄枝”为主及独特的折枝法构图，形成“挺茂自然，飘逸豪放”的特色。创作题材或师法自然，或取于画本，分别创作出秀茂雄奇的大树型、扶疏挺拔的高耸型、野趣天然的自然型和矮干密叶的叠翠型等具有明显地方特色的树木盆景。又利用华南地区所产的天然观赏石材，依据“咫尺千里”“小中见大”的画理，创作出以再现岭南自然风貌为特色的山水盆景。岭南派盆景多用石湾陶盆和陶瓷配件，并讲究景盆与几架配置，题名托意，体现了“一景（石）二盆三几架”的艺术效果，成为我国盆景艺术流派中的后起之秀和重要组成部分，在海内外享有较高的声誉。

图 2-4　岭南派

岭南树木盆景多选择当地生长较快、枝干棱节嶙峋或株矮叶小的九里香、福建茶、栀子、春花、朴树、雀梅、榔榆、六月雪、榕树等传统树种。树木盆景造型不拘一格，因材而就，类型多样。传统的主要有“大树型、木棉型、双干型、一头多干型、高耸型、自然型、叠翠型、飘斜型、卧盆型、蟠曲型、悬崖型、丛林型、附石型、水盆型”等，近几十年来，出现了一批新的造型构图，如大飘枝型、组合型、吊篮蟹爪型、连桥型、古榕型、垂枝型、悬根型、凤尾型等。树木盆景技法以“截干蓄枝”为主。擅长修剪是岭南树桩盆景造型中又一特色，剪枝法中通常用“鹿角枝”或“鸡爪枝”等技法。

岭南山水盆景利用华南山野水域所产天然英石，连州石、珊瑚石、蜡石、钟孔石等为素材，以自然山水风光为蓝本，吸取中国山水画笔意，运用“咫尺千里”“小中见大”的艺术构图，将秀丽明媚的岭南山水或意趣盎然的山村田野景色，浓缩于不同形式的浅盆中，再点缀比例恰当的草木、“山公”，俨如一幅“立体”的山水风景画。近些年出现了“雾化山水盆景”，别有情趣。

二维码 2-6
岭南派盆景

四、海派盆景

海派盆景指上海盆景，是以上海命名的盆景艺术风格类型。分布地域主要是上海一带，但对全国乃至世界都有一定的影响。代表人物有殷志敏、胡运骅等。海派盆景（图 2-5）的艺术特点主要表现有师法自然、苍古入画；扎剪并施、刚柔相济；树种丰富、琳琅满目。上海树木（桩）盆景树种已达 140 余种，以常绿松柏类和形色并丽的花果类为主，并选用从国外引进的哈克木及采自山区的火棘、赤楠、山楂、粉叶柿、樟子松、六道木、珍珠黄杨等树种所创作的盆景，均已达到理想的效果。在造型艺术上，根据树木的特征、神态、树坯的形状，因势利导，自成天然之趣，尽力避免矫揉造作、呆板失真之弊；十分讲究处理好主与次，虚与实的关系，掌握好比例尺度，以及景物动静、含蓄等。

二维码 2-7
海派盆景

图 2-5　海派盆景

五、徽派盆景

徽州盆景，俗称“徽派”盆景，是以安徽徽州命名的盆景艺术风格类型，以歙县卖花渔村为代表，包括绩溪、休宁、黟县等地民间制作的盆景。代表人物有宋钟玲等。徽派盆景以树木盆景为主，苍古纯朴，清丽典雅。选材通常多取数十年、百年以

二维码 2-8
徽派盆景

上的老桩，侧重于根部和主干造型，把桩老作为评价和鉴赏的首要标准。总体造型以单干式为主，造型特点为游龙式。徽派盆景技法用棕丝蟠扎，粗扎细剪，艺术风格奇特古朴。常用树种为梅花、黄山松、桧柏、六月雪、石楠、雀梅、桃花、栀子花、黄山榉、天竺葵、蜡梅、杜鹃花、山茶花、黄杨、檵木以及桂花、紫薇、榆树、罗汉松、三角枫、石榴、迎春、虎刺、枸杞、紫荆、绣球花、南天竹、凤尾竹等树种。尤其是黄山松，由于生态习性的关系，很难移植他地，所以在全国其他地区，很少看到黄山松的美姿，于是黄山松成为徽派盆景的一大特色（图 2-6 至图 2-8）。

图 2-6　徽派梅

图 2-7　徽派黄山松

图 2-8　徽派桧柏

六、川派盆景

二维码 2-9
川派盆景

四川盆景，俗称“川派”盆景，是以四川命名的盆景艺术风格类型（流派）。因地域又分为川东、川西。川西以成都为中心地，川东以重庆（现为直辖市）为中心地。代表人物有李忠玉、冯灌父、陈思甫、潘传瑞等。

川派盆景有着极强烈的地域特色和造型特点。其树木盆景，以展示虬曲多姿，典雅清秀，苍古雄奇为特色，同时体现悬根露爪、状若大树的精神内涵，讲求造型和制作上的节奏和韵律感，以棕丝蟠扎为主，剪扎结合，其山水盆景以展示山水巴蜀的雄峻、高险，以“起、承、转、合、落、结、走”的造型组合为基本法则，在气势上构成了高、悬、陡、深的大山大水景观（图 2-9）。一般选用金弹子、六月雪、罗汉松、银杏、紫薇、贴梗海棠、梅花、火棘、茶花、杜鹃等植物素材；山水盆景则以砂积石、钟乳石、云母石、龟纹石，以及近年来开发的各种硬质及软质石材为主。

图 2-9　川派盆景

川派树木盆景用棕丝蟠扎造型，即用棕丝在树干和分枝上蟠出连续渐变的圆形弯，并加以修剪而成。初造型时，以蟠扎为主，其后以补蟠、修剪为主。其造型方法分为规则型和自然型 2 种（图 2-10）。

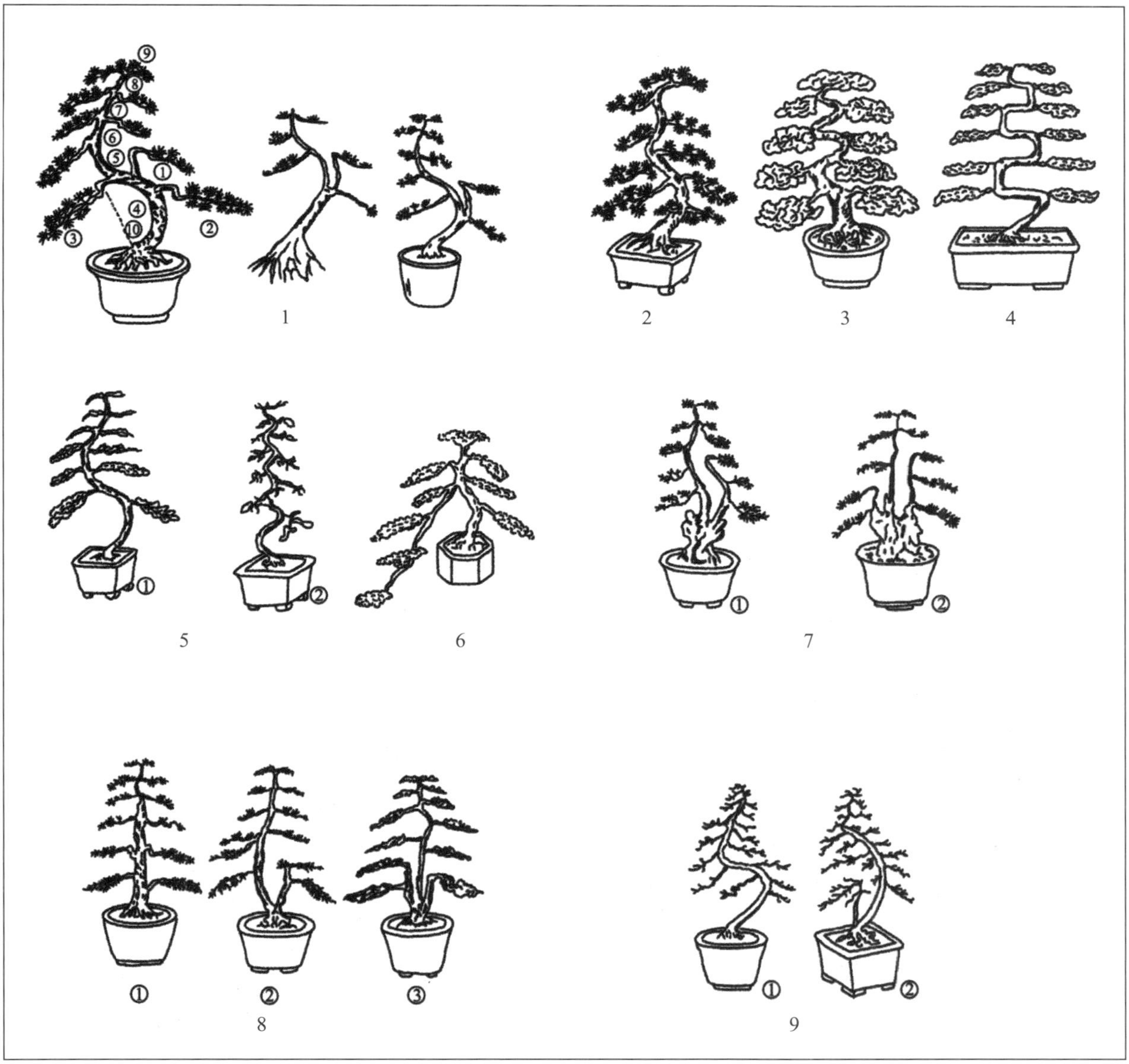

图 2-10　川派规则型身法造型

1. 左，掉拐；中，初蟠后的形状；右，接弯掉拐　①后带子；②后足盘；③前足盘；④第一弯；⑤第二弯；⑥第三弯；⑦第四弯；⑧第五弯；⑨顶盘；⑩悬根露爪　2. 对拐　3. 滚龙抱柱　4. 方拐　5. 三弯九倒拐　①正面；②侧面　6. 大弯垂枝　7. 逗身照笕法　①二枝排列；②三枝排列　8. 直身逗顶　①单干式；②双干式；③三干式　9. 巧借法　①单干式；②双干式

七、通派盆景

二维码 2-10
通派盆景

南通盆景，俗称通派盆景，是以南通命名的盆景艺术风格类型。其范围包括南通、如皋等地。代表人物有朱宝祥等。通派盆景端庄雄伟，清奇古朴。南通盆景代表树种为小叶罗汉松。其他树种还有重瓣六月雪、迎春、白皮黄杨、五针松、桧柏、紫杉、璎珞柏、榔榆、杜鹃、锦松、银杏等。主干常采用“二弯半”艺术造型，选材精细，造型严谨（图 2-11）。通派盆景陈设，常用红木几架，烘托典雅庄重的气氛。通派盆景讲摆设，多为奇数成“堂”摆设和对称式摆设。五盆一堂为常见。高大粗壮的主树（文树）居中，讲究立势；其余各盆“武树”对称，排列于两侧。微型盆景用博古架陈设。

图 2-11　通派盆景

八、浙派盆景

浙派盆景是以浙江命名的盆景艺术风格类型，以浙江的杭州和温州为中心地。代表人物有潘仲连、胡乐国等。浙江盆景除了受当地自然条件和文化等因素影响外，还受到岭南盆景和北面海派盆景的影响。浙江盆景树种，针叶类（图 2-12）、杂木类（图 2-13）、花果类、观叶类兼而有之，约百种以上。代表树种为五针松。其他树种有黑松、真柏、桧柏、罗汉松、鸡爪槭、三角枫、黄杨、南天竹、紫薇、枸骨、榆、雀梅、石榴、梅桩、虎刺、六月雪、栀子、榕树、贴梗海棠等。浙江的松类盆景，有其独特之处，大多是以高干型或合栽型见长。主干直中稍带弯曲，其艺术形象高昂挺拔，遒劲而又潇洒；严谨之中有舒展，豪放之中见优雅；并且讲求层次清晰，却又不求薄片；注意左右收放照应、前后透视深度，却又因材取势，不受固定的片数和序列所局限；重视结顶收尾的点睛效果，在强调顶端态势的基础之上，避免僵化不变的模式。浙派盆景在造型技法上针叶树以扎为主，阔叶树以剪为主。采用金属丝蟠扎与细致修剪相结合的技法。

二维码 2-11
浙派盆景

图 2-12　浙派盆景《听》五针松　（作者　潘仲连）

图 2-13　浙派盆景《五福同寿》（作者　牟连芳）

复习思考题

1. 我国盆景具有哪些流派？各自具有哪些特点？
2. 扬派盆景制作的关键技术有哪些？
3. 你所在地区适合制作盆景的材料有哪些？

思政案例

中国老一辈盆景大师——孔泰初

1903—1985年，广东省广州市人，曾担任广东园林学会理事、广州盆景协会副会长、广州市园林局园艺师。从十多岁起，就从事园林工作。一生孜孜不倦地研究盆景栽培艺术，60年如一日，将精力投入盆景事业中去，是德高望重的近代著名盆景艺人。70年代退休后，仍不忘为发展岭南盆景出力，到西苑作技术指导，将自己几十年的栽培经验和修剪技法传授后人，得到大家的尊敬；出版盆景专著和参与研讨会，使岭南盆景艺术发扬光大，影响中外。现在广州市流花西苑仍栽植保养孔泰初先生亲手种植的盆景作品。

鉴于先生一生发展我国独特的传统艺术——盆景，为岭南盆景作出贡献，建设部在1989年9月，授予孔泰初“中国盆景艺术大师”荣誉称号。

模块三　盆景构图原理与表现手法

知识目标：

1. 描述盆景构图的原理。2. 归纳盆景的表现手法。

技能目标：

1. 能根据盆景创作要求绘制盆景构图。2. 能合理运用各种表现手法进行创作。

素质目标：

1. 培养美学意识，提高文化素养。2. 培养一丝不苟、精益求精的学习态度和工作作风。

学习情境一　盆景创作与构图

一、创作与构图的含义

1. 盆景创作

盆景是栽培技术和造型艺术的结晶，也是自然美和艺术美的有机结合。它源于自然、高于自然，顺乎自然之理、巧夺自然之工。盆景创作是盆景艺术家形成盆景艺术形象的活动过程，创作的结果是艺术形象变为具体的作品。

盆景艺术的创作和绘画、造园、雕塑等艺术一样，是一种最少固定、最多例外、最少常见、最多变化的精神劳动。盆景艺术作品包含着盆景艺术家的创造和想象，包含着盆景艺术家的主观激情、形象思维力、创造力和概括力。中国盆景遵循一定的艺术创作原则，灵活运用各种艺术表现手法，再现大自然"鬼斧神工"的奇丽景色。许多优秀作品意境深远，耐人寻味，使人百看不厌，心旷神怡。

2. 盆景构图

盆景构图是指将各种素材组合、加工和布置于盆域内，并配以协调的几架，以获得最佳的景观艺术效果，也就是把各种景物素材融合起来的方法。盆景艺术构图的目的在于更好地表现盆景主题思想，并取得具体完美的作品形象。

构图的过程也是构思的发展和深化过程。艺术家通过对生活的感受，对美的捕捉、认识、评价和主观的想象以及艺术上的锤炼、创新等，把自然界粗糙的、不完美的素材，经过升华变为具有艺术感染力的作品。

构图是盆景创作者进入了将"内视形象"或者说是"情感意象"（国画中则称"胸有成竹"）转化形成可使用的预备草图阶段（即构图阶段）。这一步工作通常是用素描稿来完成的，但也可用剪影布局或做模型布置。

二、创作与构图的关系

盆景创作离不开构图，构图为创作服务，是创作活动的一部分，是作品创作是否成功的重要因素之一。盆景艺术家的创作活动就是通过构思、立意和构图等富有创造表现力的形式，创作出优秀的艺术作品。

学习情境二　盆景艺术构图原理

一、统一与变化

所谓“统一”是指盆景中各个组成部分之间的内在联系，即相同或相似之处。一件成功的盆景造型，在于能够使许多不同的构成部分实现统一，即将繁杂的变化转化为高度的统一。只有这样才能形成一个和谐的艺术整体。在盆景创作中不仅要有统一感，还应在形态、动势、色质、情趣以及关系等方面有所变化。所谓“变化”则是各个组成部分之间的区别和多样性的艺术表现。变化会使作品显得生动活泼，从而更具生命力。作品《待渡》（图 3-1）采用质地、色泽、纹理相同的英石做素材，在形式上、用料上以及线条、意境、技法上都高度的统一，形成了和谐的整体，给人以强烈的艺术感染力。同时，在造型上和体量上又富于变化，使画面极具动感。

图 3-1　表现统一与变化原理（《待渡》　作者　冯舜钦）

二、均衡与稳定

盆景艺术作品都是由一定体量的不同素材组成的景物实体，这种实体会给人以一定的体量感、重量感和质感。人们习惯上要求景物造型布局完整、和谐，在力学上要有均衡性和稳定性。盆景创作除动势造景外，一般都力求均衡。景物各部分之间有一个共同的中心，称“均衡中心”，各部分景物都受这个“均衡中心”控制。任何景物一旦脱离了这个中心，整个景物造型都会失去均衡，也就会使人产生不稳定感或危机感。

均衡分为对称式均衡和不对称式均衡。对称式均衡构图的盆景具有明显的对称轴线，各组成部分一一对应布置于轴线两侧，具有整齐、严肃、庄重之感。如四川盆景中传统规则造型形式“对拐”和“方拐”就是采用的对称式均衡构图。但对称式均衡容易使整体效果较为呆板，且人工味过浓，所以大多数情况下，盆景创作采用不对称式均衡构图，显得更为自然、生动、活泼，真正体现出自然美（图 3-2）。如山水盆景中的偏重式、开合式，树桩盆景中的丛林式等就是采用的不对称式均衡构图。

在盆景造型中构成均衡的常用手法有：用配件构成均衡；用盆钵与景物构成均衡；用树木姿态形成均衡；综合均衡法等。

三、比例与尺度

盆景中的山石、植物、水体、盆钵、配件、几架等各要素之间具有一定的比例和尺寸关系，这种关系直接影响盆景构图和造景的艺术效果。

图 3-2　表现不对称式自然美

比例是指组成盆景的各要素之间、要素与整体之间所存在的长、宽、高的变化规律，也就是体形、体量和空间之间的变化规律。景物的高与宽比例不同，给人的视觉感受是不相同的。如比例为 1∶1 时，具有端正感；1∶1.618（又称黄金比例）具有稳健感；1∶1.732 具有轻快感；1∶2 具有俊俏感；1∶2.236 具有向上感等。正确的比例关系，就是要符合逻辑，符合人们视觉上、经验上的审美概念。在确定景物比例时，通常采用中国画论中的“丈山、尺树、寸马、分人”的大致比例。基于微观造景的特点，有时还会适度夸张（图 3-3）。

盆景尺度是指构成景物整体或局部的大小与人体高矮、活动空间大小的度量关系，也就是人们习惯的某些特定标准。人们对景物所产生的“大”或“小”的感觉，就是尺度感。尺度类型不同，感觉效果也不一样。尺度常分三种类型，即自然尺度、夸张尺度和亲切尺度。盆景作品的不同规格体现出不同的尺度效果。大型和巨型盆景采用的是夸张尺度，具有雄伟、壮观的气势；中小型盆景采用的是自然尺度，具有自然性、舒适性；微型盆景则采用的是亲切尺度，具有亲切、趣味之感。

图 3-3　表现比例尺度的关系

四、视觉与空间

1. 视觉

盆景艺术是一种视觉艺术。视觉规律对盆景创作十分重要。构图时常用的有视觉诱导、视觉平衡和视觉焦点。

视觉诱导就是作者通过构图设计来调动观赏者的注意力，也就是吸引观赏者的视线，使观赏者有浓厚的兴趣来观察作品所表现的一切，并能正确地理解其主题思想。在盆景中有主、宾和衬景之分，再加上景域内设置的景点，这些景物的合理组合实际上就是视觉诱导的顺序，构成符合自然情理的视觉路线（图 3-4）。只有合理精彩的视觉构图和娴熟的技艺，才能使作品达到令人“神游”的意境。

图 3-4　表现视觉诱导

视觉平衡实际上也就是均衡与稳定，在盆景构图中，凡是采用三个以上的物体，都有着视觉平衡的问题。

视觉焦点是人的视觉所集中的地方。它可能是点，也可能是线或其他形状的景物。明暗、色调的对比也是表现视觉焦点常用的一种方法。在盆景中，视觉焦点一般为不定形的山石或盆景中的配件。视觉焦点常常就是构图中心，作品的其他部分都会从属于这个焦点和中心。视觉焦点可以是一个，也可以是几个，两个以上称多焦点。山水盆景中的散置式布局就是多焦点，但多焦点也要有主次之分。

2. 空间

盆景艺术是一种造型艺术，不只是视觉艺术，也是一种空间艺术，所以必须以可视的形象来反映自然景观。自然界的空间是无限的，但盆景造型的空间受盆钵的制约是有限的。如何利用有限的空间来表现无限的自然，就是盆景的空间艺术。在中国古典园林及建筑中被广泛使用的“框景”空间在盆景艺术中也被广泛使用。如盆景构图和盆景的陈设布置都离不开空间艺术。

盆景艺术和中国绘画都主气韵、重意境，要求“虚实相生，无画处皆成妙境”。这种“计白当黑”“疏密斜正”的艺术形式也都是空间的分割和空间艺术的表现，所以，就构图的形式而言，空间分割显得十分重要，这种空间分割在盆景艺术上常用于某些盆景的博古架造型形式上。空间分割在构图上很少分割成完全相等的部分，否则势必显得呆板 (图 3-5)。

盆景中的“高远、平远、深远”的构图方法，实际上就是空间深度和视觉透视的问题，当视线升高时，深度就增加，当主体部分掩盖另一部分时，也会加强深度感。总之，物体的大小、位置和色质等皆可体现空间的深度感。

图 3-5　表现空间分割

学习情境三　盆景艺术的表现手法

一、师法自然，繁中求简

盆景艺术中师法自然、繁中求简的表现手法，就是要以自然为师，遵守自然规律。盆景是大自然中优美景物的缩影，是作者对自然美景通过构思炼意、构图创作而成的高雅艺术品。既然盆景题材源于自然，我们进行创作时，要先必须熟悉大自然的风光胜迹，认识和捕捉大自然各种景物的自然之美，即古人所谓的“师法造化”。只有饱览自然风光，胸中有了山水树木，才可能把自己的意向通过艺术创作展现在盆景中。自古以来许多诗人、画家、造园家等总是身历名山大川，从大自然中觅取题材，吸收美的营养，创作出丰富多彩的艺术作品。

盆景提倡师法自然，并不等于照搬自然景物，要求虽源于自然但高于自然，要有选择、有扬弃地进行创作。“艺术源于生活，但非生活之重复”“千里之山，岂能尽奇；万里之水，焉能尽秀”。要把在大自然中取得的题材进行提炼，力求美观简洁；同时还要主次分明、主景突出，这就是“繁中求简”的手法。但必须注意：简，只是一种手段，并非目的。绝不是越简单越好，更不是内容的单一，要根据主题的需要来决定繁简程度。简是为了更好地突出主体、抓住重点、以少胜多、以简胜繁，因此内容仍然是丰富的（图 3-6）。

图 3-6　表现繁中求简（作者：苏郑宝）

二、意在笔先，因材处理

盆景艺术中意在笔先，因材处理的表现手法来自中国画创作的理论。唐代画家、诗人王维有“凡画山水，意在笔先”的论点。盆景制作也具同样的道理。所谓“意在笔先”，就是在进行造型制作前必须先打好“腹稿”。至于材料的选择，可在先，可在后。先立意，后选材，则可随意构思（主题确定后，可闭目遐想，让记忆中的佳山丽水、怪石奇树在脑海中重新显像，然后在纸上打草稿，画小样，反复比较、推敲最佳构思形式，最后再选择所需材料造型制作）。如果是先有了材料，则必须因材制宜，掌握材料特点进行构思立意，然后再行制作。

中国盆景的最大特点是讲究意境，即作者的主观思想感情与客观景物相融合而形成的一种艺术境界。立意必须围绕意境而创造，它包括确定主题和题材，选择盆景素材，考虑造型形式、制作手法等。立意是创作活动的前奏，同时也应贯穿于整个创作过程中。立意是造型的指导思想、造型的意图。这种意图是根据盆景的主题、性质和地位而定的，它或许蕴藏着人们对生活的强烈眷恋，或许充满着人们对祖国大地的赤诚之心，又或映射着文人雅士追求清淡隐逸生活的向往。以景名代诗，以诗意造景，是意境创作的常用手法。总之，取健康之精华，表美好之向往，立意于盆景造型之始，表现于盆景意境之中，这就是意在笔先的含意。

立意的前提是丰富的知识及认识的积累。要创作格高思逸的盆景佳作，读书和游览均不可缺。对祖国的名山大川，要懂得多、游得多、看得多。古人云：“目中有山，始可作树；意中有水，方许作山。”足不出里门，目不见真山，谈不上“创作”二字。外师造化，方能中得心源。胸无主宰，搜肠刮肚，必然心慌胆怯，无从下手。只有饱游沃看，心溯眼追，才能得山水之性情，立万象于胸怀，才能借山川湖泊、树木花草来抒情言志。

盆景艺术又不同于绘画艺术。盆景所用的材料本身就是具备一定自然形态的植物和山石等，这些材料给盆景带来实实在在的自然美，也使盆景的造型受到一定的限制。因此要善于掌握各种植物、山石材料的自然特点，因材处理、因势利导、去粗存精，只有扬长避短、顺其自然、反复观察，才能创造出盆景造型的不同风格和特色。例如，在树木盆景中，松要表现它的挺拔刚健；柏表现它的苍古奇拙；梅花则疏影横斜；竹子则枝叶扶疏等，这就是考虑了树种的特点。此外还应考虑树坯的固有形态，分别处理，以创造出丰富多彩的树桩盆景艺术作品。在山水盆景中，可根据各种石料的质地、形状和皴纹的不同，展现形态万千的山水美景：石身修长、纹理挺直的斧劈石，可用来表现陡峭的山峰；质地疏松，便于雕凿的砂积石、浮石等，可用来表现各种线皴的峰峦；圆浑光滑的卵石适宜表现海滨风光；锋芒坚挺的砂片石则适宜表现石林奇景等。选来的山石材料，只要稍一加工和组合，就能成为上品盆景。

三、缩龙成寸，小中见大

盆景能够“移天缩地，盆立大千”，将大自然的胜景浓缩于一盆之中。“咫尺之内而瞻万里之遥，方寸之中乃辨千寻之峻”的艺术效果，就是运用了“缩龙成寸”“小中见大”的艺术手法。无论是哪种类型的盆景都离不开这一法则。

盆景艺术中“缩龙成寸，小中见大”的表现手法，主要靠比例关系来实现。盆景中的景以及景物与盆钵、几架在体形上应具有适当的关系。其中既有景物本身各部分之间的长、宽、高、厚、大小的比例关系，又有景物之间、个体与整体之间的比例关系。这种比例关系只有认真推敲，才能真正表现出小中见大之势。图3-7是一盆古桩盆景，其形体不过尺许，但其态势偃仰蟠曲，苍颜老干，盘根错节，大有参天劲松、百年古木之势，给人以古拙清新之感。

图 3-7　表现缩龙成寸

四、比拟联想，画龙点睛

盆景艺术创作中常采用比拟联想和画龙点睛的表现手法，使得盆景的意境更为深远和富有生活情趣。如模拟自然真山真水、将植物人性化、景物形象化，还有对各种动物、人物、建筑等配件的设置以及盆景题名、题咏等，使观赏者产生丰富的联想，进一步扩大和延伸了盆景作品的思想境界和艺术境界，使作品更富有诗情画意。

盆景艺术中起画龙点睛作用的关键，一是配件的使用，二是盆景的题名。当盆景中的配件使用得当，往往使一盆平淡的盆景产生转机、增色，甚至能起到点石成金的作用。而一个适宜的名称不仅可以引起观赏者的共鸣，更可以牵出观赏者的无限遐想，使人回味无穷。

五、巧于布局，多变统一

盆景艺术中的布局是处理盆景画面结构的一种艺术表现手法，指的是景物的安排，也称构图。盆景的画境和意境主要是通过布局构图来创造的。巧于布局，才能使盆景作品具有诗情画意。图3-8树石盆景《盼君归》，无论是人物和树都突出了盼的意境，两株动感很强的树木态势一致，上下呼应，伸向远方，似乎在盼望远方亲人归来。

图 3-8　表现整体布局《盼君归》（作者　肖文华）

多变统一是指组成盆景的各素材，要在动势、形态、皴纹、色相、情趣等方面统一、协调、和谐，同时也要富于变化，才能生动活泼，更具有艺术生命力。在盆景布局中常运用宾主、疏密、虚实、露藏、呼应、取势、刚柔、巧拙、粗细等手法，突出主体，疏密得当（密不透风，疏可走马），虚实相生（无画处皆是画），露中有藏（景愈藏则境界愈大；景愈露则境界愈小），顾盼呼应（山有来龙去脉，水有源泉流动；形断迹连，势断气连），取势导向（动静相宜），刚柔相济，粗中有细。所有这些艺术表现手法，都要在盆景创作中灵活运用，不能生搬硬套，并通过大量的艺术实践，运到熟能生巧的程度。

一切艺术的表现手法都是为表现主题内容服务的，手法本身只是一种手段，目的则是作品主题思想的呈现，即“有法之极，终归无法”。

复习思考题

1. 盆景创作的过程是怎样的？
2. 盆景的构图原理有哪些？
3. 盆景常用的表现手法有哪些？

思政元素

教育、科技、人才是全面建设社会主义现代化国家的基础性、战略性支撑。必须坚持科技是第一生产力、人才是第一资源、创新是第一动力，深入实施科教兴国战略、人才强国战略、创新驱动发展战略，开辟发展新领域新赛道，不断塑造发展新动能新优势。

——习近平总书记在中国共产党第二十次全国代表大会上的报告

思政案例

中国老一辈盆景大师——万觐棠

1904—1986年，江苏省泰州市人，为万氏盆景世家第五代传人。万觐棠先生在盆景世家的艺术熏陶下，12岁随父万阳春学习扬派盆景剪扎技艺。青年时期云游大江南北，以艺会友，交流技艺，吸取苏（州）常（熟）派盆景、（南）通如（皋）派盆景之长，融化在祖传剪扎技艺之中。万觐棠认为，每一个流派的形式都有它的基础，各个流派都有各自的优点。他不墨守成规，除了“云片”式的盆景外，还创作了其他形式的盆景。他的盆景作品多次参加国内外重大盆景展览并获奖。

1989年，国家建设部授予万觐棠“中国盆景艺术大师”荣誉称号。

模块四　盆景工具及素材

知识目标：

1. 举例说明盆景常用工具、植物素材、山石素材、盆钵、几架、配件。

2. 描述盆景常用植物素材的生物学特性、生态学习性和寓意。

技能目标：

1. 能够正确使用盆景制作工具。2. 能够合理选择各种盆景素材进行盆景的创作。

素质目标：

1. 培养学生安全意识。2. 培养学生尊重自然、热爱自然的情怀。

学习情境一　盆景制作、养护工具及用途

一、制作树木盆景时的常用工具及用途

(1) 采掘工具　铁锹、伐锄、铁镐等，采掘树桩用。

(2) 手铲　栽培树桩用。

(3) 剪子　包括叉枝剪、球节剪、长条剪刀和小剪刀等。主要用于剪枝、剪根和剪截棕丝。各种剪刀必须锋利、坚固。

(4) 锯　包括普通的手锯、钢锯、鸡尾锯和可以折合的锯子等，主要用于锯截粗干、粗根及加工造型。

(5) 钳子　普通的电工钳、虎钳、尖嘴钳用于截断和缠绕金属丝。

(6) 雕刻刀和嫁接刀　雕刻刀可用于整形或做人工脱皮、弯曲树干、雕根、松石皴纹等。嫁接刀主要是在嫁接时用于修削枝干。

(7) 圆凿、扁凿　根干雕凿、挖槽、枯洞修整造型及加工山石皴纹和凿洞用。

(8) 筛子　用于筛培养土。

(9) 竹签　栽植与松土用。

(10) 金属丝　包括铜丝、铁丝、铝丝、铅丝等，用于树枝造型和蟠扎。

(11) 棕丝（绳）　用于绑扎枝干。

(12) 麻皮　用金属丝蟠扎枝条时，在扭曲强烈部位作衬垫用。

(13) 胶布　缠贴伤口。

(14) 弯角铁　用于过粗枝干弯曲时的机械处理。

二、制作山水盆景时的常用工具及用途

(1) 锯、钢锯　用于锯截石料。

(2) 斧头、锤子　包括木锤、胶锤、小铁锤、尖头锤、平头锤、鸭嘴锤和小山子等。主要用于树干和树根劈、刻、削、刮等加工造型及石料雕凿皴纹用。

(3) 油漆刀、小刮刀　山石胶接水泥用。

(4) 锉刀　用于加工硬石。

(5) 切割机　用于切割硬质石料。

(6) 钢丝刷、毛刷、画笔等　用于石料琢后擦刷、石隙间水泥残迹的洗刷。

(7) 磨石　用于磨刀和石料底座打磨。

（8）水壶　用于浇水和冲洗石料。

（9）喷雾器　喷药及喷水时用。

（10）组合小工具见图 4-1。

三、盆景制作专用工具

盆景专用工具是根据制作盆景造型的特殊要求而专门设计的，能有效提高盆景制作效率。盆景专用工具及其相关技术的普及是提高国内盆景质量、增强市场竞争力的一个重要方面。常用盆景专用工具有操作台、叉枝剪、球节剪、破杆剪、根切剪、叶芽剪、铝线剪等类型。

1. 操作台

用水泥预制或用木料制成，也可购买钢制旋转操作台。要求平稳，能旋转，以方便从各个角度观察，制作盆景用（图 4-2）。

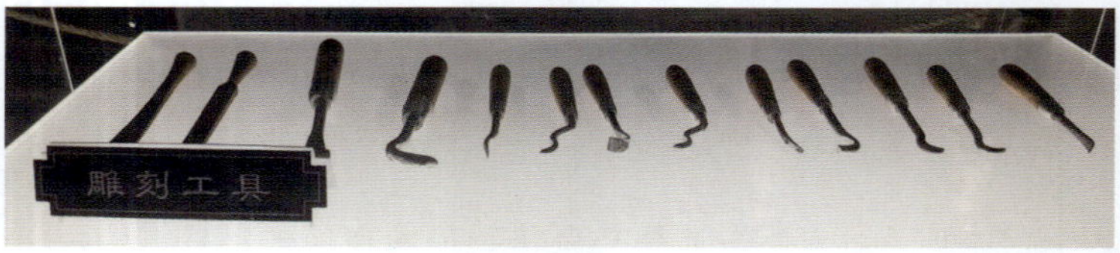

雕刻工具

翻盆工具

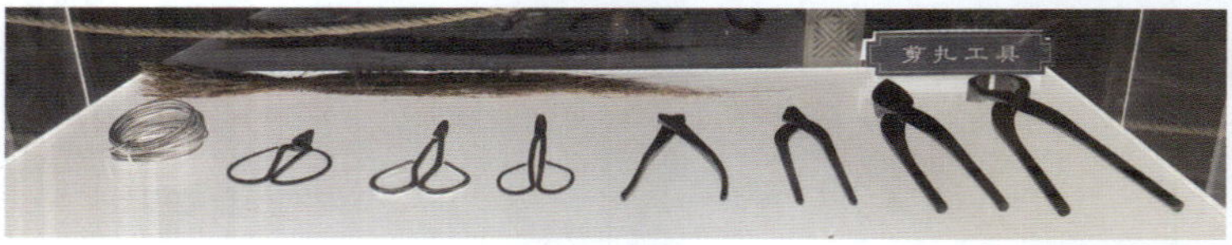

剪扎工具

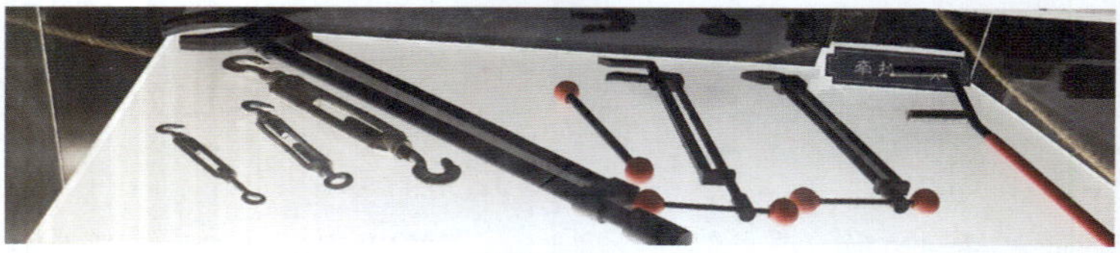

牵拉工具

图 4-1　盆景制作工具

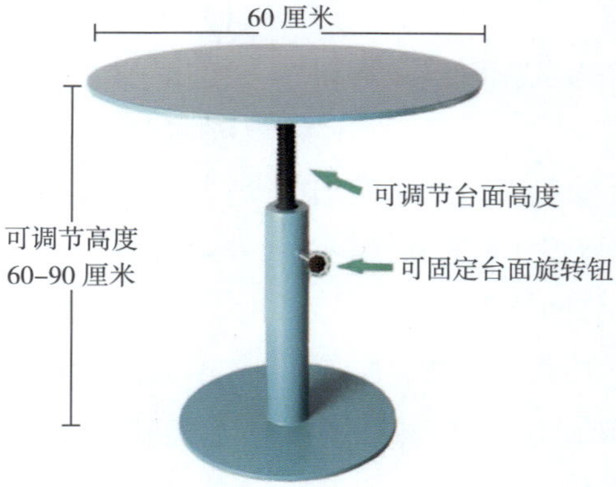

图 4-2　旋转操作台

2. 叉枝剪

叉枝剪是日常修剪的主要工具之一，主要用于从树干处将整条树枝剪除，在枝条密集的地方，叉枝剪的尖形刀口也可以轻松做到修剪。这种剪刀修剪后会留下一个凹面的切口，当切口愈合时，边沿会向内卷起而将切口补平。叉枝剪可以紧贴树干将整条树枝去除，不过切口愈合以后会留下疙瘩。用叉枝剪的时候要尽量与树干垂直，这样剪枝时流出的树液会比横切口更快止住。叉枝剪的使用见图 4-3。

图 4-3　叉枝剪的使用

需要特别强调的是：叉枝剪的种类很多，口径尺寸不一，要注意当树枝的直径超过刀刃宽度的一半时，就不能勉强使用，否则会造成工具的损坏。

3. 球节剪

球节剪是比叉枝剪更新式的工具，剪除树枝后留下的圆凹形切口，愈合后会非常平整。这种剪刀也称为瘤剪，可以用来初步雕刻枯木和树杈，也可用来剪除无法一次性剪断的大型残根，但不可以超强度使用。

图 4-4 为各种球节剪，其中左为长度 200 mm 球节剪，刀口宽度为 17 mm，特别适合中小盆景的制作。

图 4-5 所示从斜侧面入手，剪切下去，形成漂亮的圆凹形切口。

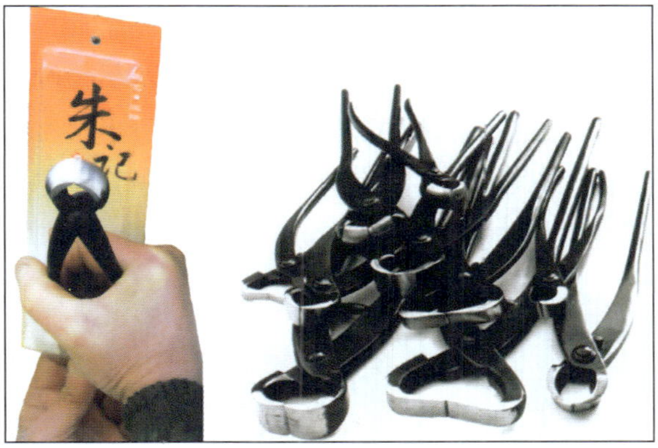

图 4-4　各种球节剪

图 4-5　球节剪的使用 -1

图 4-6 所示尽量避免从正面修剪枝条，特别是对于较粗枝条时，应从侧面分步骤剪除。根据修剪的需要选择不同规格的球节剪，这样不仅可以提高工作效率，还可以减少不必要的工具损伤。

图 4-6　球节剪的使用 2

4. 叶芽剪

叶芽剪的特点是剪刀加长，可以很精确地剪下叶芽或者纤细的嫩枝，非常适用于小型盆景和细枝的修剪。但叶芽剪不能用于修剪过粗的枝干，否则，刀刃容易受损（图 4-7 和图 4-8）。

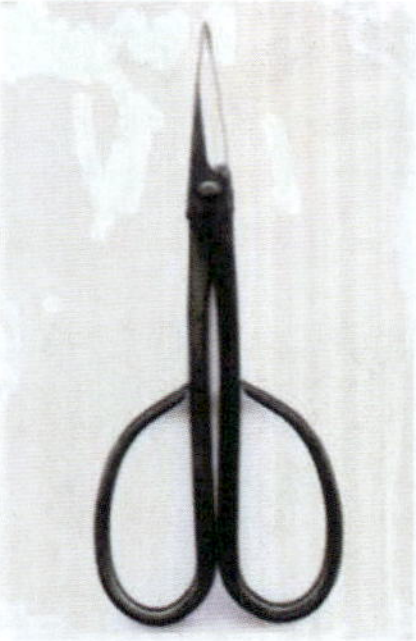

图 4-7　叶芽剪

图 4-8　叶芽剪的使用

5. 铝线剪

铝线剪可以精确地剪下缠绕在树枝上的金属丝，而不损伤树皮。使用铝线剪时，要注意刀刃部分应该呈直角对准金属丝（图 4-9 和图 4-10）。

6. 根切剪

根切剪坚实耐用，维护、打磨方便。它综合了球节剪与破杆剪的特性，强化了其通用性，可轻松解决残根与死木，也可以做初步的雕刻（图 4-11 至图 4-15）。

7. 破杆剪

在盆景制作时，粗枝条在做大弯曲造型时，利用破杆剪（图 4-16）可在枝条上形成纵向切

图 4-9　铝线剪剪口特写

图 4-10　铝线剪的使用

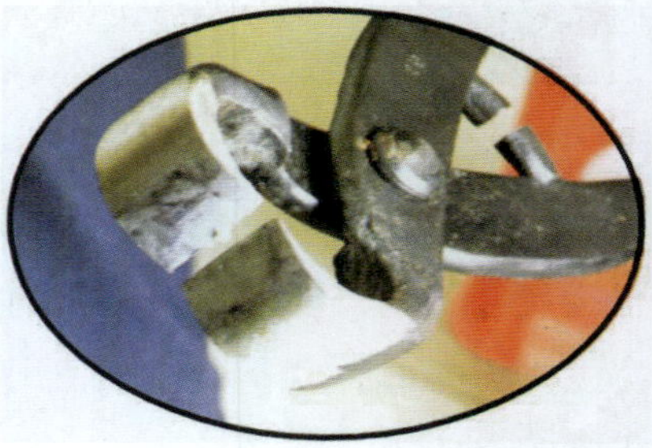

图 4-11　根切剪

图 4-12　根切剪可进行高强度的切剪

图 4-13　剪残根时不损伤周围的根

图 4-14　可进行粗雕刻

图 4-15　可剪粗大的枝

图 4-16　破杆剪

口，可利用最小化的伤口，得到最大化的弯曲度。以防枝条弯曲时引起横向断裂，造成枝条死亡（图 4-17）。使用破杆剪时，刀刃应尽量垂直进入枝条，以免损伤刃口（图 4-18）。

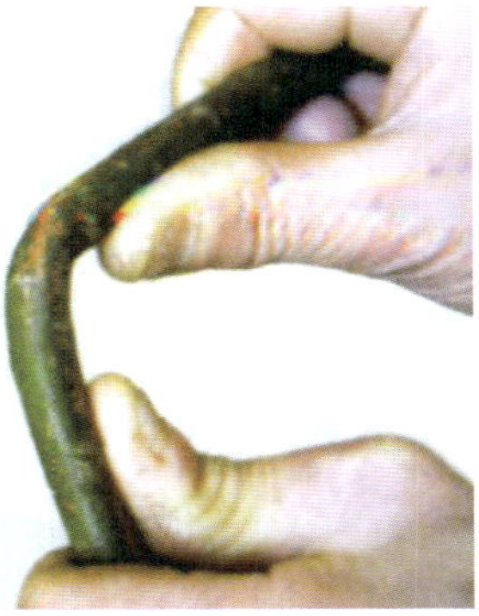
图 4-17　破杆剪在枝条上形成纵向切口

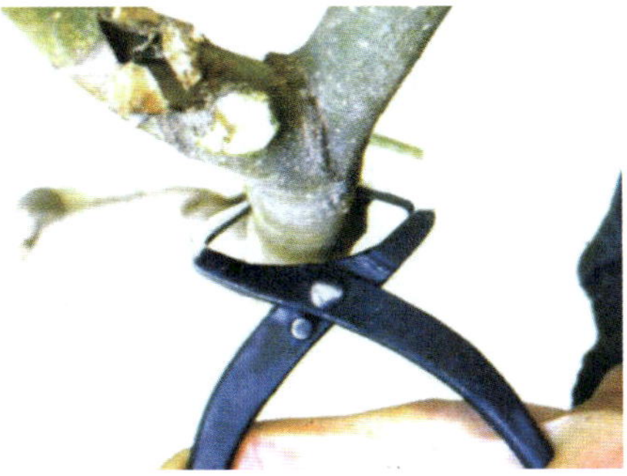
图 4-18　破杆剪要垂直进入枝杆

学习情境二　盆景植物素材

一、盆景树木素材的选择原则

一般来说，选择盆景树种时应遵循以下原则：

（1）选择无毒无刺，对人体无害的树种；

（2）选择生长较慢，寿命较长的树种；

（3）选择节短枝密，叶片细小的树种；

（4）选择萌发力强，耐剪耐扎的树种；

（5）选择抗逆性强，病虫害少的树种；

（6）选择根、茎、叶、花、果等均具有一定的观赏价值的树种。

二、常见盆景树木素材

1. 苏铁类

苏铁科苏铁属。茎柱状，不分枝，大羽状复叶集生顶端，常绿，雌雄异株。树姿挺拔雄健，油绿生辉，是美丽的盆景材料。喜温暖湿润气候及酸性土壤，不

二维码 4-1
苏铁盆景

耐寒，生长慢，耐阴，忌涝。盆景加工要做到露根、矮干、纤叶。宜选用茎干畸形植株，使其横斜偃卧，奇特古怪，引人入胜（图 4-19）。常见品种有苏铁（*Cycas revolute* Thunb.）、华南苏铁（*C.rumphii* Miq.）、云南苏铁（*C.siamensis* Miq.）、篦齿苏铁（*C.pectinata* Buchanan-Hamilton）。

图 4-19　苏铁盆景

2. 榆树（*Ulmus pumila* L.）

榆科榆属。落叶或半常绿乔木，老干斑驳奇特，小叶革质，树姿古朴，易造型，姿态美，为盆景之上品素材（图 4-20）。喜光，稍耐阴，对土壤要求不严，萌发力强。

二维码 4-2
榆树盆景

图 4-20　榆树盆景

3. 女贞（*Ligustrum lucidum* Ait.）

木犀科女贞属。半常绿灌木，枝条开展。小叶对生，长椭圆形，薄革质。顶生圆锥花序，小花白色，有香气。其山野根桩形态奇特，又易造型，宜作大中小盆景素材（图 4-21）。女贞适应性很强，喜光亦耐阴，喜肥亦耐瘠薄，较耐寒。生命力极强，可播种、扦插、压条繁殖。

二维码 4-3
女贞盆景

图 4-21　女贞盆景

4. 福建茶（*Ehretia microphylla*）

紫草科福建茶属。常绿灌木，叶长椭圆形。春、夏开小白花。果偏圆，初绿后红。寒冷地区冬天须移入室内或放于塑料薄膜棚架内养护过冬，否则叶片会逐渐变黑脱落以至死亡（图 4-22）。性喜温暖和湿润气候，怕寒冷，宜生长在疏松肥沃的土壤。

图 4-22　福建茶盆景

二维码 4-4
福建茶盆景

5. 紫藤（*Wisteria sinensis* Sweet）

蝶形花科紫藤属。落叶大型藤本，奇数羽状复叶，互生，小叶 7~13 片。春天先叶开花，紫色蝶形，繁花柔垂，具有清香。老干虬曲，蟠屈自然，甚为悦目（图 4-23）。喜光，稍耐阴，较耐寒，宜深厚肥沃轻壤栽培，适应性较强，主根少，不耐移栽。

二维码 4-5
紫藤盆景

图 4-23　紫藤盆景

6. 雀梅 [*Sageretia thea*(Osbeck) Johnst]

鼠李科雀梅藤属。攀缘灌木，梗有刺，经过人工栽培后其针刺逐步退化。叶对生，色青绿，革质具有光泽，边缘有小锯齿。夏日开淡绿色小花，秋结实如黄豆大，熟时紫黑，可食，味酸带甜。根干自然而奇特，树姿苍劲古雅。雀梅有大叶、中叶、小叶三种，盆景种植最好选择小叶雀梅，这样利于造型。大叶雀梅也可作盆景，但大叶雀梅的叶片较大，而且枝间距也长，没有小叶雀梅的密集，只能做中大型盆景，不能作小型的盆景，否则欣赏价值不高，获奖的盆景作品多为小叶雀梅盆景（图 4-24）。

二维码 4-6
雀梅盆景

雀梅性喜阳光，稍耐阴，耐干旱瘠薄，耐修剪，萌发力很强，寿命长，易造型，是制作盆景的优良树种之一。

图 4-24　雀梅盆景

7. 十大功劳 [*Mahonia fortunei* (Lindl.) Fedde]

小檗科十大功劳属。常绿小灌木，奇数羽状复叶，小叶 7 ～ 15 片，叶缘具刺状齿，叶色亮绿。枝顶着总状花序，花黄形小，果球形，熟时蓝黑色被上白霜，姿态特异（图 4-25）。喜温暖，宜排水良好的湿润土壤生长，颇耐阴。

二维码 4-7
十大功劳盆景

图 4-25　十大功劳盆景

8. 榕树（*Ficus microcarpa* L.f.）

桑科榕属，常绿小乔木，具须状气生根，叶卵形，革质，光泽。树姿优雅奇异，枝叶浓绿，颇具南国特色。根干奇曲，形态自然（图4-26）。喜光，不耐寒，耐湿，喜酸性土，生长快，易萌发。

二维码 4-8
榕树盆景

图 4-26　榕树盆景

9. 九里香（*Murrayaexotia* L.Mant.）

芸香科九里香属。常绿灌木或小乔木。分枝多，树干比较光滑，无毛。单数羽状复叶，叶轴不具翅，互生，变异大，叶由卵形至近菱形，全缘，叶面深绿色，有光泽。春、夏、秋开花，花极芳香。果朱红色，锤形或榄形，大小变化很大。性喜温暖、湿润，怕寒冷。宜生长在排水良好的肥沃土壤里，在南方生长最好（图 4-27）。

二维码 4-9
九里香盆景

图 4-27　九里香盆景

10. 罗 汉 松 [*Podocarpus macrophyllus* (Thunb.) Sweet]

罗汉松科罗汉松属。常绿乔木，树皮灰色或灰褐色，浅纵裂，成薄片状脱落。枝开展或斜展，较密。叶螺旋状着生，条状披针形。较耐阴，喜温暖、排水良好及微润的沙质土或腐叶土，怕寒冷（图 4-28）。

二维码 4-10
罗汉松盆景

图 4-28　罗汉松盆景

11. 枸骨（*Ilex cornuta* Lindl.）

冬青科冬青属，常绿灌木或小乔木。树皮灰白色，平滑。叶硬革质，有光泽，矩圆状四方形，顶端扩大，有硬而尖的刺齿（图 4-29）。性喜阳光、温暖，不耐寒，适宜生长在疏松的酸性肥沃土壤中。

二维码 4-11
枸骨盆景

图 4-29　枸骨盆景

12. 黑松（*Pinus thunbergii Partatore*）

松科松属。常绿乔木。幼树皮暗灰色，老则灰黑色，粗厚。冬芽银白色，圆柱状椭圆形或圆柱形，顶端尖。叶针状2针一束，深绿色，有光泽，粗硬长6～12cm（图4-30），花期4—5月，种子第二年10月成熟。阳性树种，性喜温暖，不耐寒、耐干旱，适宜生长于湿润和排水良好的中性沙质土壤中。黑松一年四季常青，生长慢，寿命长。抗病虫能力强，是荒山绿化、道路行道绿化首选树种。

二维码 4-12
黑松盆景

图 4-30　黑松盆景

13. 石榴（*Punica granatum* L.）

石榴科石榴属。落叶灌木或小乔木。幼枝常呈四棱形，顶端多为刺状。叶对生或近簇生，矩圆形或倒卵形（图4-31）。性喜温暖，于排水良好且湿润、肥沃的壤土上栽种为宜。

二维码 4-13
石榴盆景

图 4-31　石榴盆景

14. 火棘［*Pyracantha fortuneana* (Maxim.) Li］

蔷薇科火棘属。常绿灌木，枝铺散常下垂，短枝梢部具枝刺。单叶互生，卵状或倒卵状长圆形（图4-32）。喜空气湿润、肥沃而排水良好的条件。耐修剪，萌发力强，在强光下也能良好地生长，具有一定的抗寒力，但忌干旱。

二维码 4-14
火棘盆景

图 4-32　火棘盆景

15. 枫树（*Liquidamdar formosana* Hance.）

金镂梅科枫香属。落叶乔木，单叶互生，绿色，3裂或5裂，叶形掌状平伸，边缘有细小锯齿；秋天，叶片变成红色，冬天脱落。树干光滑，多年老树干渐粗变褐色（图4-33）。喜阳光，长势强健，不易遭受虫害。

二维码 4-15
枫树盆景

图 4-33　枫树盆景

16. 五针松（*Pinus parviflora* S.et Z.）

五针松为松科松属。常绿乔木。叶针状，长 3 ~ 5 cm，细弱而光滑，五针一束，多数小束簇生在枝顶和侧枝上。树皮灰褐色，老干有不规则鳞片状剥裂，内皮赤褐色。花期 5 月，球花单性同株，雄球花聚生新枝下部，雌球花聚生新枝端部。球果卵圆形，翌年 10—11 月种子成熟，种子为倒卵形，具三角形种翅，淡褐色。性喜阳光、酸性土，耐瘠薄、干旱，忌重肥。忌阴湿积水，放置场地应具备适当日照条件，既喜温暖，又怕盛夏的烈日，夏天宜适当遮阳，叶面多喷水（图 4-34）。

二维码 4-16
五针松盆景

图 4-34　五针松盆景

17. 银杏（*Ginkgo biloba* L.）

银杏科银杏属。银杏俗称白果、公孙树，是著名的长寿树种，为落叶乔木，有长短枝之分。叶形奇特呈扇形，先端常 2 裂，有长柄，在长枝上互生，短枝上簇生。雌雄异株，具肉质外种皮。银杏树生命力强，喜光、喜肥、耐寒耐瘠。适应性强，病虫害少，生长慢。易于嫁接繁殖和整形修剪，是制作盆景的优质材料，也是中国盆景中常用的树种。银杏夏天遒劲葱绿，秋叶金黄，颇为美观，具有很高的观赏价值和经济价值。银杏盆景干粗、枝曲、根露、造型独特、苍劲潇洒、妙趣横生，是中国盆景中的一绝。取老桩或“银杏笋”作盆景，粗壮矮化，枝条蟠扎造型，养成直干式或悬崖式，古雅奇特，别具一格。给人以峻峭雄奇、华贵优雅之感。近年来日益受到重视，被誉为“活化石”和“有生命的艺雕”。按照人们不同的欣赏要求，可制作观实盆景、观叶盆景和树桩盆景几种类型（图 4-35）。

二维码 4-17
银杏盆景

图 4-35　银杏盆景

18. 金钱松 [*Pseudolarix amabilis* (Nels.) Rehd.]

松科金钱松属。我国特产，为世界名贵庭园观赏树之一。分布于长江中下游一带。落叶乔木，树皮鳞片状开裂，有长短枝，叶扁线形，长 3 ～ 7cm，柔软鲜绿。在长枝上螺旋状排列，短枝上轮状簇生，枝条优美，入秋变得黄如金钱，甚为美观，强阳性，喜温暖多雨气候及酸性土壤，不耐寒。浙江多用作合栽式，也可制作丛林式盆景（图 4-36）。

二维码 4-18
金钱松盆景

图 4-36　金钱松盆景

19. 雪松 [*Cedrus deodara* (Roxb.) Loud]

松科雪松属。常绿乔木，大枝平展，小枝略下垂，叶针形，坚硬，长 2.5 ～ 5cm 淡绿色至深绿色。长枝上散生，短枝上簇生。原产喜马拉雅山，所以又称喜马拉雅松。雪松喜光，稍耐阴，耐寒，不耐风吹干旱，不耐水湿。为良好的盆景材料，国外常用，观赏效果颇佳（图 4-37）。

20. 马尾松（*Pinus massoniana* Lamb.）

松科松属。常绿乔木，树皮裂成不规则厚块片。针叶长而软，长 12 ～ 25cm。广布于长江以南各省（自治区）。强阳性，喜温暖湿润气候、酸性土壤，深根性，生长快。虽有人用作盆景，但并不理想（图 4-38）。

21. 柽柳（*Tamarix chinensis* Lour.）

柽柳科柽柳属。落叶灌木，树皮红色，枝条拱垂，叶鳞片状披针形，互生，叶小而密，浅绿色。喜光，耐旱，亦耐水湿，最适生长水边，耐盐碱性强。亦能抗有害气体。整形在 4—5 月，新枝蟠扎下垂，迟则易断（图 4-39）。

二维码 4-19
柽柳盆景

图 4-37　雪松盆景

图 4-38 马尾松盆景

图 4-39 柽柳盆景

22. 柏木（*Cupressus funebris* Endl.）

柏科柏木属。小枝扁平，细长下垂，并排成一平面。鳞叶先端尖，偶有柔软线形刺叶。产于长江流域以南，喜温暖多雨，喜光，稍耐阴，喜钙质土。枝叶浓密，树姿优美，可作桩景材料（图 4-40）。

二维码 4-20
柏木盆景

图 4-40 柏木盆景

23. 常春藤（*Hedera nepalensis* Var. Sinensis）

五加科常春藤属。常绿藤木，借气根攀缘，幼枝上有星状柔毛。单叶互生，全缘，营养枝上的叶 3 ～ 5 浅裂，花果枝上的叶无裂为卵状菱形。果黑色。原产于欧洲，国内栽培普遍。有斑叶、金边、银边等观赏变种。耐阴，不耐寒，常用于山水盆景垂直绿化、岩石园或室内绿化（图 4-41 和图 4-42）。

二维码 4-21
常春藤盆景

图 4-41　常春藤盆景

图 4-42　幸福树和常春藤盆景

24. 叶子花（*Bougainvillea spectabolis* Willd.）

紫茉莉科叶子花属。攀缘灌木，有枝刺，刺叶密生柔毛。单叶互生，卵圆形或卵椭圆形，长 5 ～ 10cm。花很细小，黄绿色，3 朵聚生于 3 苞片中，外围的苞片大而美丽，花常 3 朵顶生（故又称三角花），苞片叶状，呈紫色、淡紫色、橙黄色、暗红色、鲜红色或白色（图 4-43）。喜光，不耐寒，花期长，6—12 月开花。变种有砖红叶子花（var. *lateritia* Lem.），花砖红色。园林中多用于盆栽或盆景。

二维码 4-22
叶子花盆景

图 4-43　叶子花盆景

25. 金银花（*Lonicera japonica* Thunb.）

忍冬科忍冬属。半常绿藤本，叶对生，小枝细长中空，入冬叶色带红。花初开白色，随开花时间的延长变成黄色，故称金银花。喜光，稍耐阴，耐寒，耐干旱。对土壤要求不严，但肥沃、湿润的沙壤土生长最佳。萌蘖性很强，挖根盆栽，枝条细柔，可任意绑扎（图 4-44）。

二维码 4-23
金银花盆景

图 4-44　金银花盆景

26. 络石［*Trachelospermum jasminoides* (Lindl.) Lem.］

夹竹桃科，络石属。常绿藤木，茎赤褐色，幼枝有黄柔毛，借气根攀缘，单叶互生，椭圆形，长 3 ～ 8cm，全缘，革质。白花芳香，花冠高脚碟状，形如

二维码 4-24
络石盆景

风车。主产长江流域各地区。耐阴，耐寒性不强。本种叶色常绿，经冬不凋，白花繁密，且具芳香，用于山水盆景绿化点缀，优美自然（图 4-45）。

图 4-45　络石盆景

27. 栀子花 (*Gardenia jasminoides* Ellis.)

茜草科栀子花属。常绿灌木，小枝绿色，叶对生或 3 枚轮生，革质，长椭圆形，常绿有光泽，5—6 月开放，先为洁白，落前变黄，芬芳扑鼻。喜光，稍耐阴，喜温暖湿润气候及酸性肥沃排水良好的沙质壤土（图 4-46）。

二维码 4-25
栀子花盆景

图 4-46　栀子花盆景

28. 六月雪 [*Serissa foetida* (L.f.)Comm.]

茜草科六月雪属。半常绿矮小灌木，枝密生，单叶对生或簇生状，狭椭圆形，全缘，花小，白色，漏斗状。喜温暖湿润气候及酸性排水良好的土壤，稍耐旱不耐寒，萌蘖性强耐修剪。挖掘山野老桩或人工育苗上盆，经蟠扎修剪造型，可制成直干式，横斜式或虬曲式盆景，形态看上去苍劲古雅，叶秀花繁，惹人喜爱（图 4-47）。

二维码 4-26
六月雪

图 4-47　六月雪盆景

29. 南天竹 (*Nandina domestica* Thunb.)

南天竹科南天竹属。常绿灌木，丛生而少分枝，二至三回羽状复叶，互生，小叶椭圆状披针形，长 3 ~ 10cm，全缘，两面无毛。小白花，成顶生圆锥花序，浆果球形，鲜红色。耐阴，不耐寒（图 4-48）。

二维码 4-27
南天竹盆景

30. 紫薇 (*Lagerstroemia indica* Linn.)

千屈菜科紫薇属。落叶小乔木，树干光滑，黄褐色，叶近对生或上部互生，椭圆形，花紫红色，夏秋开放，花期长。喜光，喜温暖气候，稍耐寒，适生于土壤肥沃湿润处，亦耐旱。萌蘖性强，极耐修剪。

二维码 4-28
紫薇盆景

姿态优美，花色艳丽，是观花盆景之上品，选取老桩上盆造型，干若枯峰，枝若蟠龙，更显古趣盎然（图 4-49）。

图 4-48　南天竹盆景

图 4-49　紫薇盆景

31. 枸杞（*Lycium chinensis* Mill.）

茄科枸杞属。落叶灌木，丛生，枝条拱形。叶互生，卵形或卵状披针形，花单生或簇生于叶腋，紫花，浆果橘红。喜光，耐旱，耐寒，适应性强，耐盐碱。枸杞为观花、观果的盆景材料。选取老桩制成盆景，雅致美观（图 4-50）。

二维码 4-29
枸杞盆景

图 4-50　枸杞盆景

32. 槭树

槭树科槭树属。木本，叶对生，单叶或复叶，花单性或两性，翅果，成熟时由中间裂开，每瓣有 1 粒种子。其种类有三角枫（*Acer buergerianum* Miq.）、鸡爪槭（*A.plmatum* Thunb.）。三角枫老桩制作盆景，主干扭弯隆起，枝条盘错，颇为奇特。经蟠扎修剪造型，可育成悬崖式或飘逸式盆景，古雅自然。鸡爪槭及其变种变型，叶形秀丽，红艳夺目，制成盆景，别具风韵（图 4-51）。

二维码 4-30
槭树盆景

33. 两面针 [*zanthoxylumnitidum* (Roxb.) DC.]

芸香科花椒属。其茎干浅黑褐色，羽状复叶单数对生，叶片暗绿色近革质卵状长圆形。淡黄色小花具芳香，茎、枝、叶均有皮刺，种子黑色卵圆形。花期

二维码 4-31
两面针盆景

3—4 月，果期 9—10 月。两面针因其叶片中脉两面均有刺而得名。由于两面针具有树姿优美、四季常青、耐移植、易成活等优良的植物特性，近年来常被人们用来制作盆景或盆栽观赏（图 4-52）。

图 4-51　槭树盆景

图 4-52　两面针盆景

34. 桂花（*Omanthus fragrans* Lour.）

木犀科木犀属。常绿小乔木，树皮灰色，单叶对生，腋有叠芽。花小浓香，成腋生或顶生聚伞花序；9 月开放。喜光，喜温暖气候及酸性土壤，不耐寒。

二维码 4-32
桂花盆景

主要品种和变种有丹桂、金桂、银桂、四季桂（图 4-53）。

图 4-53　桂花盆景

35. 对节白蜡（*Fraxinus hupehensis*）

又名湖北梣、湖北白蜡，木犀科梣属落叶大乔木，树皮深灰色，老时纵裂；营养枝常呈棘刺状。奇数羽状复叶，革质。喜光，稍耐寒，耐干旱、瘠薄，适应性强。产中国湖北等地，对节白蜡生长缓慢，寿命长，树形优美，盘根错节，是园林、盆景、根雕家族中的极品，被誉为“活化石”和“盆景之王”（图 4-54）。

二维码 4-33
对节白蜡盆景

图 4-54　对节白蜡盆景

36. 杜鹃花（*Phododendron simsii* Planch.）

杜鹃花科杜鹃花属。常绿或落叶，单叶互生，花色丰富。喜光，亦能耐阴，喜温暖湿润或凉爽的气候及酸性土。树姿优雅，繁花艳丽，是观花盆景的主要材料（图 4-55）。

二维码 4-34
杜鹃花盆景

图 4-55　杜鹃花盆景

37. 紫 竹 [*Phyllostachys nigra* (Lodd.) Munro]

禾本科刚竹属。紫竹产于长江中下游及以南各地。抗寒性强，能耐 −20℃低温。亦能耐阴，稍耐水湿，适应性较强。对土壤的要求不高，但以疏松肥沃的微酸性土壤为好。土薄则矮化丛生，忌涝（图 4-56）。

紫竹秆紫黑色、叶翠绿，傲雪凌霜，四季常青，紫色的竹秆与绿色的叶片交互相映，姿态潇洒，十分别致，极具观赏价值。宜与观赏竹种配植或植于山石之间、园路两侧、池畔水边、书斋和厅堂四周。可盆栽，亦可制丛林式或竹石盆景供观赏。

图 4-56　紫竹盆景

38. 苔藓

苔藓植物，可分为苔类和藻类。盆景土面生长的常见苔类是地钱（*Marchantia polymorpha* L.），地钱的植物体呈扁平二叉分枝的叶状体，匍匐生长，生长点在二叉分枝的凹陷处，叶状体分为背腹两面，背面深绿，表面生有突出的圆形杯状体，叫胞芽杯。杯中产生若干枚绿色带柄的胞芽，胞芽脱落后，能长成新苔。常见的藓类为葫芦藓（*Funaria hygrometrica* Sibeh.），其植物体矮小直立，有茎、叶分化。茎细而短，基部分枝，下生有多细胞假根。叶小而薄，具中肋，生于茎上，配子体是雌雄同株的，雌雄性生殖器官分别生于不同的枝顶，靠孢子繁殖（图 4-57）。

二维码 4-35
各种苔藓盆景

图 4-57　各种苔藓植物

39. 石菖蒲（*Acorus gramineus* Soland.）

天南星科菖蒲属。分布于我国南北各地，

日本、泰国及印度也有分布。喜阴湿环境，适应性强，忌干旱。多年生常绿草本，株高30～40 cm，全株具香气，根块茎于地下匍匐行走。叶基生，剑状条形，端渐尖。花葶叶状，短于叶丛，顶生圆柱状肉穗花序；花小，密生，黄绿色。品种极多，有金线、银线等变种，叶分别有黄色、乳白色条斑。宜于制作微型盆景或作山水盆景点缀材料（图 4-58）。

图 4-58　石菖蒲

40. 佛肚竹（*B. ventricosa* McClure）

禾本科孝顺竹属。秆有两种，正常秆高，节间长，畸形秆粗矮，节间短，下部节间膨大，状如花瓶。常用于盆栽盆景（图 4-59）。

图 4-59　佛肚竹盆景

41. 小菊 [*Dendranthema morifolium* (Ramat) Tzevl.]

菊科菊属。分枝多，开花繁密。花色有黄、红、粉、白色，品种有 50 余个，北京小菊盆景最为著名，代表了北京盆景的地方风格（图 4-60）。

二维码 4-36
小菊盆景

图 4-60　小菊盆景

42. 文竹（*Asparagus plumosus* Baker.）

百合科天门冬属。多年生草质藤本。叶状枝纤细而簇生，圆柱状，绿色。叶小形鳞片状，主茎上的鳞片叶多呈刺状。小白花，浆果紫黑色。栽培变种有矮文竹、细叶文竹、大文竹等。喜温暖、湿润，耐阴，不耐旱，宜于栽在疏松沙质壤土中。文竹可与赏石配置制成文雅秀丽、玲珑剔透的盆景，更多的作为山水盆景的点缀材料（图 4-61）。

二维码 4-37
文竹盆景

43. 碧桃（*Prunus persica* ‘Duplex’）

蔷薇科，李属。碧桃是桃的一个变种，习惯上将属于观赏桃花类的半重瓣及重瓣品种统称为碧桃。碧桃的花期为 3—4 月，较梅花花期长，花朵丰腴，色彩鲜艳丰富，花型多。常见栽培的品种有白碧桃、红碧桃，在同一株、同一花甚至同一瓣上有粉白两色的洒金碧桃，还有菊花碧桃、五色碧桃、垂枝碧桃、红叶碧桃等变种。

碧桃喜高温，有一定的耐寒力，喜光、耐旱，喜肥沃而排水良好的土壤，不耐水湿，在碱性及黏土上，均生长不良。

图 4-61　文竹盆景

我国是碧桃的故乡，自古就有栽种、观赏碧桃的习惯。碧桃具有易成活、盆栽造型时间短、可人工控制花期的优势，因此，是布置居室、厅堂、会场的优秀春季观花盆景。碧桃树干柔软，造型容易，可依据树势制作成斜干式、曲干式、临水式、悬崖式、双干式和丛林式，甚至可制作成提根式等，一般只要养护得当，三年时间便可培养出造型美观的碧桃盆景。一盆美丽的碧桃盆景，将会使人顿感满室生春，情趣盎然（图 4-62）。

图 4-62　碧桃盆景

44. 红花檵木 [*Loropetalum chinense* var. *rubrum* Yieh]

二维码 4-38　红花檵木盆景

金缕梅科，檵木属。红花檵木原产于湖南浏阳、宁都一带，它是在特定的外界条件下，从金缕梅科檵木属分离出来的一个自然杂交变种。叶常年紫红色，花红色。花期一般在 2 月底至 4 月初，这个花期一般称为正造花期，这个时候的花期长，花最多，整棵树见花不见叶，时间可持续 1 个多月。天气暖和少雨，它就早开花，如天气寒冷和多雨水，它就迟开花。在南方大部分地区一年四季都能开花，但除了正造花期外，其他时间的花相对较少，时间较短，大约在 15d。红花檵木喜温暖向阳的环境和肥沃湿润的微酸性疏松土壤，耐寒、耐修剪，易生长。

红花檵木是在 20 世纪八九十年代才真正大量繁殖生产的，因它的叶红，花红，树形优美，枝繁叶茂，性状稳定，适应性强，而大量用于绿化环境，美化公园、庭院，观赏价值极高，成为最近几年来园林造型应用最广的彩色树种之一（图 4-63）。

图 4-63　红花檵木盆景

学习情境三　盆景山石素材

我国地域辽阔，地质构造复杂，岩石资源极其丰富，种类繁多，适宜山水盆景和盆景配石的石种很多，宋代杜绾撰写的《云林石谱》上记载的观赏石类就有 116 种之多，其中大多能用于盆景制作。

盆景石料总体可分为软石类和硬石类。各种山石材料，其用途及用法各不相同，或作山水盆景主体，或作树木盆景的点缀，或作陡峭险峰，或作平缓岗峦等。

制作盆景的山石种类繁多，常用的山石有 30 多种，大体可分为软质石和硬质石两大类。软质石质地比较松软，易长青苔，但造型后容易风化；硬质石则质地坚硬，不吸水，难长青苔，不易加工。不管软质或硬质山石，制作盆景的石材必须具有天然纹理、色彩以及形态自然等特点。

一、软石类（松石类）

软石类质地疏松，多孔隙，容易加工雕琢造型，吸水性好，可生长苔藓，有利草木扎根生长。养护多年生的软石盆景，每当春夏间一片葱绿，生趣盎然，民间称之为“活石”，缺点是较易风化剥蚀。

1. 砂积石

砂积石系泥砂与碳酸钙凝聚而成，呈灰褐色或土黄色，因产地不同，不但色泽有深浅之分，而且质地的松硬程度也有差别，质地不太均匀，含泥砂多处松，含碳酸钙多处坚。砂积石质轻而松，可根据需要，随心所欲地雕出各种形态的峰、洞、岩以及纹理等，还因其吸水性好，易长青苔，利于植物生长。因此，这种砂积石是制作山水盆景和附石式盆景最常用的石料之一。但这种石料也有缺点，石感不强，容易破损、风化，冬季移至室内，免冻坏。常用于表现崇山峻岭、山清水秀景色。多产于浙江、安徽、四川、河北、山东等地（图 4-64）。

二维码 4-39
砂积石盆景

图 4-64　砂积石盆景

2. 芦管石

同砂积石的质地、颜色及产地基本相同。多以错综管状纹理构成，形态奇特，有粗细芦管之

二维码 4-40
芦管石盆景

分，粗的像毛竹，细的如麦秆（又称麦秆石）、芦管。天然形成的管状管孔交叉，瘦骨嶙峋，玲珑剔透，形状奇特，是表现奇峰异洞、山水风光的好景石。产地与砂积石同，有时相互夹杂一起。选取该石时，应取其自然、完整的部分，稍为加工便可成型。但加工时要特别小心，否则芦管石断裂会影响自然美。宜作山水盆景（图 4-65）。

图 4-65　芦管石盆景

3. 浮石

浮石是玄武岩的一种，是由火山喷发的岩浆泡沫冷凝而成的。颜色有灰、灰黄、灰白及灰黑等色，以灰黑色的质量最好。质地疏松，内部有较均匀的小孔，能浮于水面，吸水性好，易附植各种小植物，易加工出各种皴纹。用小刀可随意雕刻出各种形态。缺点是易风化，很少有大料，宜作小型山水盆景。此石产于长白山天池、黑龙江嫩江及各地火山口附近（图 4-66）。

图 4-66　浮石盆景

4. 海母石（珊瑚石）

海母石是由珊瑚遗体聚积而成的，主要成分为石灰质，因多产于海水中，含有较多的盐分，需要用清水浸洗较长时间，去其盐分，才可附植小草木。该石质地疏松，分粗质和细质两种，粗质较硬，不便加工；细质为好，有些还能浮于水面。便于雕琢，吸水性好。石感性差，宜作中小型山水盆景。这种石料多产于东南沿海一带，海滨地带，福建最多（图 4-67）。

图 4-67　海母石（珊瑚石）盆景

5. 鸡骨石

乳黄或灰黄色，表面皴纹复杂，皴裂很浑，常常透空，有似鸡骨状。吸水性能一般，透漏的特点较显著。缺点是过于奇特，处理不当，有失真实感，可作山水盆景，亦可作树木盆景配石，产于四川等地（图 4-68）。

图 4-68　鸡骨石盆景

二、硬石类

1. 灵璧石

灵璧石又名磬石，产于安徽省灵璧县，是我国稀有的名石，它质地坚硬，叩之有金属声。可谓“声如青铜色如玉，乃天下奇也”。灵璧石有黑色、白色、黄色，也有的夹杂有黑、白、赭、绿、红等色，俗称五彩灵璧。形态与英石相似，但表面皱纹较少。此石不吸水，不宜加工，宜作案头清供，配以红木几架，也可作桩景配石（图 4-69）。

图 4-69　灵璧石盆景

2. 蜡石

蜡石属传统观赏石种，无整体的岩层，多以独石存在于山中。产于我国南方各地的山坑里。其质地坚硬，经常被水冲击，形成各种形态。不易加工造型，常作供石或桩景配石。颜色有深黄、浅黄、白色等。全石以无损坏、无杂质、表面滑静而有光泽及以窦穴奇形怪状的为珍品（图 4-70）。

图 4-70　蜡石盆景

3. 英石（石灰岩石）

英石即英德石，盛产于广东英德一带，是石灰石经长期侵蚀风化而成的。其颜色白色或灰色、浅灰色，或黑白混杂，以灰黑色为多，间有白色，偶有绿色和带白纹理的杂色。质地坚硬，不吸水，不易破碎，加工较困难。以峥嵘、多孔、嶙峋、表面皱纹丰富多变，天然形成的为最佳。英石为传统观赏石种之一，可作为山水盆景、水旱盆景或桩景配石以及供石。《云林石谱》载苏东坡在扬州得双石，一绿一白，即是英石（图 4-71）。

图 4-71　英石盆景

4. 钟乳石

钟乳石多产于广东、广西、湖南、湖北、浙江、云南等各地岩洞，是石灰岩溶洞中的碳酸氢钙溶液遇空气中的 CO_2 变成碳酸钙沉淀凝结而成的。多为乳白色或微黄色，也有橘红等色，有些石身还具闪烁晶莹夺目的光彩。质地外坚内松，吸水性差。锯截较方便，但不宜雕琢。多呈峰状，或独峰，或群峰，体态圆浑，洞穴较少，以选天然形态为佳。此石宜作雪山冬景或夕阳照岳等山水盆景或供石（图 4-72）。

5. 斧劈石

斧劈石又名剑石，系页岩的一种。颜色有深灰、浅灰，灰黑色和土黄色等多种。质硬而脆，吸水性差。纵向纹理刚直，多呈修长的条

图 4-72　钟乳石盆景

状或片状，敲击后纵向裂开。可锯截，加工整形，可表现悬崖峭壁或高耸入云、雄伟挺拔的山峰，为山水盆景主要石料之一。此石产于江苏一带（图 4-73）。

图 4-73　斧劈石盆景《轻舟已过万重山》

6. 木化石

木化石即古代树木的化石，也称树化石、树化玉，为山石中珍品。系远古树木经过地壳变动，深埋地下，高温高压而形成的。既有树木的纹理，又具岩石性质，质地坚硬而脆，不吸水，加工较困难。颜色有黄褐色和深灰色。线条刚直有力，竖纹或横纹。有松、柏杂木各类化石。其中松树化石呈黄褐色，线条纹理较软，常含松脂迹。可敲击，拼接，进行加工造型，适宜制作各种盆景，宜表现北国的高山峻岭，显得古意苍然，老气横秋。产于辽宁、浙江等地。量少不常见（图 4-74）。

二维码 4-41
树化石盆景

7. 祁连山石

灰白色或灰黄色，或微红色。质坚，不吸水，纹理极为细腻，富有变化，不宜加工，主

图 4-74　树化石盆景

要利用石料的自然形态。一般无大料，可作山水盆景或供石，产于甘肃祁连山等地（图 4-75）。

图 4-75　祁连山石盆景

8. 卵石

又叫鹅卵石，全国各地山区都有分布，多在溪涧或砂矿里。有白、灰、黑、黄、绿、紫等颜色多样，表面光滑，多为卵形、球形，或不规则形。质地坚硬，不吸水，不宜雕琢，可截取形态相宜的部分拼制山水盆景，多用于表现海滩渔岛或远山风光，也可平铺盆底表现江湖河谷景致。由卢迺骅制作的《南海春潮》表现的是海滨景色（图 4-76）。

图 4-76　卵石盆景

9. 太湖石

产于江苏太湖、安徽巢湖及其他石灰岩地区。系石灰岩在水的长期冲刷和溶蚀下而形成的。色有浅灰、深灰或白色，以纯白色为最佳。质坚，线条柔曲，常有许多奇态异形的洞穴，洞涡层层相套，玲珑剔透，小者如拳，大者丈余，为中国园林中重要的假山材料，江南园林多见。用于盆景不宜加工，多作近景或配石（图4-77）。

图4-77 太湖石盆景

10. 昆石

又叫昆山白石，产于江苏昆山县一带，藏于山中石层深处，不多见。洁白晶莹，玲珑剔透，质硬，不吸水，宜作供石，也可用来作山水盆景，具有透、漏、瘦、皱的观赏特点，为我国重要观赏石种之一（图4-78）。

二维码4-42
昆石盆景

图4-78 昆石盆景

11. 蜂窝石

产于浙江新昌等地，深绿或黄褐色，密布蜂窝状小孔，质坚，宜用作水石盆景（图4-79）。

图4-79 蜂窝石盆景

12. 龟纹石

龟纹石产于重庆等地。色浅灰、褐黄等，是一种岩石表层。质较坚硬，少量吸水和长苔。石面具龟裂纹理，颇具岩壑意境，但石料常一、二面有皴纹，少有峰状石料，一般不作山水盆景，而宜作树木配石或水旱盆景用石，极富自然情趣和画意（图4-80）。

二维码4-43
龟纹石盆景

图4-80 龟纹石盆景

13. 宣石

又称宣城石。产于安徽宣城一带。色白如玉，稍有光泽，质坚，不吸水，多呈结晶状，棱角明显，皴纹细致多变化。敲击加

二维码4-44
宣石盆景

工。最宜表现雪景，亦用作树木配石，属传统观赏石种之一（图 4-81）。

图 4-81　宣石盆景

14. 孔雀石

翠绿或暗绿，有光泽，似孔雀羽毛。属铜矿石的一种，质地松脆，形态有片状，蜂巢状或钟乳状。作山水盆景，郁郁苍苍，别具风味。产于全国各地铜矿层（图 4-82）。

二维码 4-45
孔雀石盆景

图 4-82　孔雀石盆景

15. 菊花石

白色，破开后纵横断面都现有黄、白、紫红、黑色等的菊花形，呈花状或丛状，酷似菊花。质坚脆，多作供石，亦可作盆景。产于湖南浏阳、广东花县等地（图 4-83）。

二维码 4-46
菊花石盆景

图 4-83　菊花石盆景

16. 石笋石

又名虎皮石、松皮石、白果峰。青灰、麦灰、紫色等，中夹灰白色的砾石，如同白果大小，砾石未风化者称之为“龙岩”，已风化成为一个个小洞穴者称之为“风岩”。石笋石多条状笋形，质坚，不吸水。加工造型可敲击、锯截、拼接。宜作峭壁险峰的山水盆景，也在竹类盆景中配石，如同竹笋。青灰者，秀润清丽，宜表现春景山水。产于浙西山区（图 4-84）。

图 4-84　石笋石盆景

17. 千层石

深灰色，中夹一层层浅灰色层，层中含砾石，系水成岩一种。坚硬，不吸水，石纹横向，如山水画中的折带皴，外层多似久经风雨侵蚀的岩层。不便雕琢，宜作山石盆景或作树木盆景配石，亦可表现沙漠景象。产于江苏太湖（图 4-85）。

二维码 4-47
千层石盆景

图 4-85　千层石盆景

上述介绍的只是盆景常用的石种，实际上可用于制作盆景的远不止这些。各种火成岩、水成岩、矿渣石等，只要具有自然美态的石料，都可以根据各自特点，应用于盆景中。另外还有一些山石代用品适合作山水盆景创作的材料。如朽木、树根、灵芝、木炭、煤渣、碎石碴等。

学习情境四　盆钵

一、盆钵的作用

盆钵对于盆景来说，既有实用价值，又有艺术价值，其作用远远不止是作为栽种植物或置山石的器具，而是整个盆景造型中不可分割的一部分。它划定了景物的构图范围，与景物相辅相成，紧密结合，是盆景造型的重要素材之一，离开了盆钵，也就无所谓盆景和盆景艺术。

中国盆景自古以来就讲究用盆，自明代开始，极为重视。加之中国古代陶瓷手工业的高度发达，因而出现了许多技艺精湛的制盆名家，对盆钵的造型、色彩和质地等方面进行了大量深入的研究，制出了很多工艺精湛、款式优美、性能良好的盆钵。有些盆钵本身就具有很高的观赏价值，所以自古以来，中外许多盆景爱好者和收藏家都不遗余力地收藏这些艺术珍品。日本近代盆栽相当盛行，风靡朝野，对于用盆亦极重视，但由于其制盆尚不理想，因而大量进口中国盆钵。在日本，最好的树木必须配上中国的古盆方为珍奇名贵，可见中国盆景盆钵的优势。

我们今天发展中国盆景艺术，应该珍视这个有利条件，并在前人的基础上，不断提高，制作出性能更好、质量更高、造型更美观、款式更新颖的盆钵，同时对如何用盆做进一步的研究，根据不同景物选配大小、深浅、形状、色彩、质地等多方面适合的盆钵，使一组山石或一株古桩配上盆后，顿觉面目一新，身价倍增，让盆景艺术放出更为奇异的光彩。

二、盆钵种类

（一）按用途分

盆景可分为两大类，即树桩盆景与山水盆景。因此盆钵也分为盆栽盆（多用于树木盆景）和水底盆（多用于山水盆景）两大类。盆栽盆底部有排水孔，水底盆无排水孔（图 4-86）。

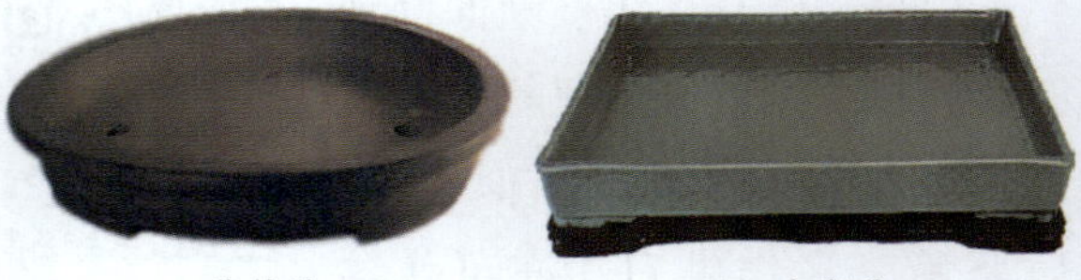

盆栽盆　　水底盆

图 4-86　盆栽盆和水底盆

（二）按盆口形状分

有圆形、正方形、矩形、六角形、八角形、菱形、椭圆形、腰圆形、五角形、三角形、扇形、腰子形、盾形等（图 4-87）。

图 4-87　盆口形状各异的盆景盆

（三）按盆体象形分

按盆体象形分有人物形、动物形、卡通人物形，还有钟形、花篮形、马槽形、菊花形、葵花形、海棠形、升形、喇叭形、鼓形、梳形、签筒形、船形、袋形、一颗印形、鼎形、荷花形等，以及松段形、竹段形、槐段形、梅段形、树根形等（图 4-88）。

（四）按材料质地分

就其质地而言，有紫砂盆、釉陶盆、瓷盆、石盆、水泥盆、瓦盆、竹木盆、塑料盆之分，其形状各异。

1. 紫砂陶盆

紫砂陶盆是采用一种被称之为“泥中之泥”的特殊黏土经过 1 000 ～ 1 150℃的高温烧制而成的。质地细密、坚韧，里外不上釉，有肉眼看不到的气孔，既不漏渗，又具有一定的吸水和透气性能，对植物生长发育有利。色质古雅、含蓄、极富民族特色，加之制作缜密精巧，其实用价值和艺术价值均较高。由于具有排水性能，无光泽和颜色偏深，多用于桩景或树石盆景，也可用于山水创作（图 4-89）。

紫砂陶盆主要产于江苏宜兴，浙江嵊县，四川荣县、崇宁等地。以宜兴最著名，宜兴紫砂以质细、坚韧、古朴、透性好、品种多，被世人称为“神器”。据文献记载，宜兴紫砂盆起

图 4-88　象形盆景盆

1. 树根形盆　2. 升形盆　3. 袋形盆　4. 鼠形盆
5. 卡通人物形盆　6. 马头形盆　7. 签筒盆
8. 鼓形盆　9. 扇形盆　10. 竹段形盆　11. 牛形盆

源于宋代，明清时已出现了许多制盆巧匠，最著名的有徐友良、陈鸣远、陈文卿等。明代宜兴盆多为铁砂和粗砂，造型简洁古朴；清代盆质地细腻，式样繁多，盆面亦多装饰。这些古盆既有艺术价值，又有历史文物价值，中外盆景爱好者不惜以重金求之。

宜兴紫砂陶盆的造型，可谓集器皿和造型之大成，从极深的签筒到极浅的水底盆，应有尽有，目前有五六百种之多。口面形状有方、圆、六角、八角、菱形、椭圆、扇形及象形等。此外，脚式、角式、艺术装饰、盆孔等造型都有多种多样的。

主要色彩有海棠红、朱砂紫、葵黄、墨绿、白砂、梨皮、淡灰、冷金、栗色等。

图 4-89　紫砂盆

2. 釉陶盆

釉陶盆是采用可塑性较好的黏土作成胎体，外面涂上低温釉彩，经过 900 ～ 1 200℃的高温烧制而成的。大多质地较疏松，盆栽盆与水底盆均适宜。盆栽盆的里面和盆底部均不上釉，利于泄水透气。水底盆内外均上釉。釉陶盆颜色各异，形状多样，素雅大方，质地疏松，桩景盆、山水盆皆宜。此种盆主产于广东石湾和江苏宜兴（图 4-90）。

江苏宜兴釉陶盆景是在继承宋代“均窑”传统技法的基础上制作的，故又称“均陶盆”。它以造型优美独特，釉色淳厚清雅而独树一帜，乃不可多得之珍品。宜兴釉陶盆的胎质较石湾盆坚韧，栽植树木时，吸水性能稍差一些，但对于浅盆和小盆来说，也无大影响，水底盆反而有利。由于色彩丰富，故宜用于观花观果盆景。

图 4-90　釉陶盆

3. 瓷盆

采用精选的高岭土，经过 1 300 ～ 1 400℃的高温烧制而成。质地细密坚硬，外表美观、色彩鲜明华丽，形状主要有圆形、方形、八角形等几种，均为直口或瓢口，盆上多有彩绘的图案或浮雕图案、人物、山水及诗词等，工艺精致，有很高的艺术价值。由于色泽华丽，与景物不易调和，一般用于观花、观果类盆景，不宜栽种观叶盆景。瓷盆不吸水透气，不宜直接栽种植物，大多用作陈设套盆或山水盆。主要产于江西景德镇、湖南醴陵、河北唐山、山东淄博、浙江龙泉和福建德华等，以景德镇最为著名（图 4-91）。

图 4-91　各种瓷盆

4. 凿石盆

凿石盆也称石盆。是用汉白玉、大理石、

石矾石、花岗石等石料雕凿而成的。质地坚实、色淡素雅，以白色、浅灰色较多，亦有黑色或其他色彩，还有带天然花纹的，形状较简单，常见的有长方形、腰圆形、椭圆形、正方形和船形等，凿石盆的石质以细致润泽为上品。凿石盆因吸水透气性能较差，一般多作水底盆。凿石盆主要产于云南大理，山东青岛、济南，江苏镇江，四川都江堰市，广东云浮、肇庆和重庆、上海等地（图 4-92）。

图 4-92　凿石盆

5. 天然石盆

天然石盆又称“云盆”是指利用石料的天然形状，稍事加工而制成的盆钵。常见的是一种石灰岩溶洞中所产生的由水滴滴流而凝于地面的“云盆”，一般为灰褐色，边缘曲折层叠，富于变化，犹如云彩，故名“云盆”。也有形如灵芝状，故又称“灵芝盆”。云盆极富自然雅趣，多用于树木盆景，别具风味，在日本盆栽中比较常见。但它须历经百万年之久才能形成，应属国家珍宝，必须做好保护资源的工作，切不可随便在岩洞中敲挖，云盆主要产于广西等地（图 4-93）。

此外，还有选取用其他石料制成的天然石盆，如用砂积石作成盆以及用不规则形的石板代替盆钵，效果也很好。

图 4-93　天然石盆

6. 水泥盆

水泥盆用水泥浇铸而成。以白水泥为宜，可先用木料或泥巴做成盆形模，用白水泥 1 份、河砂 3 份，掺 1 份长石粉，用水调匀放入模内，再加钢筋制成。配以朱砂色、钛白色，更显古朴典雅，别具一格，多用于大型山水盆景。水泥盆不如陶瓷盆细致，不及石盆坚实，但成本较低，便于自制。水泥盆的色彩一般为本色（白色或灰色），也可在水泥中掺进颜料，制成各种色彩的水泥盆（图 4-94）。

图 4-94　水泥盆

7. 瓦盆

又称素烧盆，系黏土烧制成，质地粗、色单，形状亦简单。瓦盆吸水及透气性能极好，利于植物生长，适宜栽树胚或用于桩景。如用于成型的树木盆景，可在观赏时外加瓷或陶釉质套盆（图 4-95）。

图 4-95　瓦盆

8. 塑料盆

用塑料制成，色彩多样，形状各异，华丽，不透水，易老化，多作桩景盆，用塑料仿制山水石盆，物美价廉，颇受欢迎。适于作盆景无土栽培用（图 4-96）。

图 4-96　塑料盆

9. 木盆

是用各种硬杂木制做成的各种形状的盆钵。具有外形美观、透水透气的特点，但易腐朽，最好用作套盆（图 4-97）。

图 4-97　木盆

10. 天然竹树盆

利用竹或木为原料稍加工制成，朴素无华，自然，野趣横生。常见者有竹盆、树筒盆、树根盆等。用于桩景或挂壁盆景。

竹盆：用毛竹筒、竹根制成，有挂壁式、吊式、三节横式等多种式样。在江西庐山、九江等地常见，湖北、湖南民间也常有采用。

树筒盆：将铁树、棕榈树筒不去外皮，中间挖空制成。华南各地均有使用。

树根盆：外形丑怪的老树根中间挖空做成套盆，而盆内再放瓦盆。常有“枯树重荣”之感。徽州、枞阳等地民间常用（图 4-98）。

图 4-98　竹盆和树根盆

除了上述各种盆钵之外，近年来随着包装业的兴起，出现了利用包装盒和酒瓶制作的盆景，效果别具一格。

二维码 4-48
酒瓶盆景

学习情境五　盆景的几架和配件

一、盆景的几架

在盆景艺术的欣赏上，有“一景二盆三几架”的说法。好的几架本身也是一种艺术品，具有较高的观赏价值。适宜的盆景几架可为盆景增辉，能提升盆景的艺术效果。几架按制作材料分为木几架、竹几架、天然树根几架、陶瓷几架、水泥几架等。

（一）木几架

一般用硬木制成，做工精细。常用木料有红木、紫檀木、银杏木、枣木、楠木、黄杨、柚木等。以红木最常见，一般以清漆涂饰，以保留木料原色。木质几架在形式上，主要有明式和清式之分。明式几架结构简练，色调凝重，造型古雅；清式几架结构精巧，线条复杂，多用雕镂刻花，还有用丝、螺钿嵌镶装饰的。

木质几架用于室内（装饰）陈设。按陈设方式分地式几架和桌案式几架两类。地式几架一般较高，直接放在地上，多属家具范围，有方桌、长桌、圆桌、半圆桌、琴几、茶几、方高几、圆高几、双连高低几以及博古架等。桌案式几架一般较矮小，置于桌案之上，其上再放盆景。木几架的形状很多，常见的有方形、长方形、圆形、椭圆形、海棠形、多边形、书卷形及双连高低式、什景式、多件式（两个或四个分开的部分共同陈设一盆景的几架）等。几架规格也有多种，高度变化不等，书卷形、长方形、椭圆形等多较矮，主要放置浅盆；圆形、方形等则有高有矮（图 4-99）。

图 4-99　木几架

（二）竹几架

多用斑竹和紫竹制成，亦有用普通竹经熏制模仿斑竹和紫竹制成的。外面可涂或不涂清漆，为保留竹的质感，就不要涂漆。竹几架结构简练，自然纯朴，色彩淡雅，多见于南方，一般均用于室内陈设，亦有地式和桌案式之分（图 4-100）。

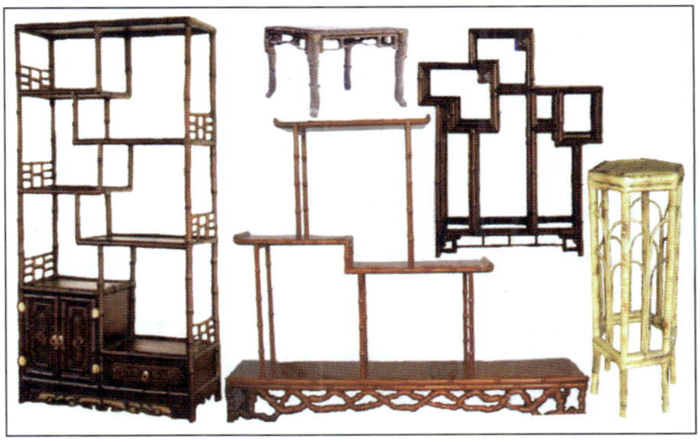

图 4-100　竹几架

（三）天然树根几架

天然老根经加工，外面涂上颜色或清漆。亦有用黄杨木一类的硬木料雕刻成老树根状（图 4-101）。

图 4-101　树根几架

（四）陶瓷几架

有地式和桌案式。地式一般为鼓状或圆管状，室内外陈设均可；桌案式多为不规则状的，一般较小，用于室内陈设（图 4-102）。

（五）其他几架

有用水泥预制的几架。室外陈设，放置大型盆景。常见于盆景园中，形式自由，多为两件式，亦有与建筑连成一体的，如博古架式。

有用角钢或铁筋焊成的地几架，多用于室外或温室内盆景的陈设；还有用松树、杉树等

图 4-102　瓷几架

杂木的枝干，连皮做成的地式几架，古朴别致，多置于室外与自然景观融为一体；还有小巧玲珑的塑料桌案几架、石板架等（图 4-103）。

图 4-103　其他几架

二、盆景配件

盆景配件指盆景中除植物、山石以外的点缀品。包括人物、动物、小船、小桥、园林建筑物等。配件虽小但作用极大，它在突出主题、创造意境方面起着重要作用。在盆景创作中可以丰富内容，有助于渲染环境，增添生活气息和情趣等。

盆景配件能起到比例尺的作用，体现盆景小中见大的特点。山水盆景中，配件愈小，则山显得愈高大。安置配件时要注意到远小近大、高小低大的透视原则，这对表现景物的纵深感很有帮助。

盆景配件品种繁多，形式多样，只有精心挑选，恰当配置，才能在盆景中起到画龙点睛的作用，达到点题的目的。反之，配置不当，就会起到画蛇添足的反作用。

盆景配件的质地有陶质、瓷质、石质、胶质、金属，也有塑料、玻璃、木材、砖雕、泥塑等数种，常见的有如下几种。

（一）陶瓷质配件

用陶土烧制而成，有上釉和不上釉两大类。是盆景运用较广泛的配件，不怕水，不变色，容易与盆钵、山石调和，无论哪类盆景均可采用。陶瓷配件主产于广东石湾、江苏宜兴等地，以广东石湾的产品最好。石湾配件（俗称“山公仔”），造型生动，色泽古朴，制作精细，是盆景配件中的上品，久负盛名，普遍应用于各种盆景中。

石湾陶瓷配件大多仿古代山水画中的有关形象，多成套制作，品类齐全，品种极多。人物主要有独立、独坐、对弈、读书、摇扇、醉酒、弹琴、吟诗、对酌、垂钓、吹箫、归渔、担柴、耕田、跨马、骑牛、肩挑、放牧等；建筑有茅亭、四方亭、长方亭、六角亭、方塔、圆塔、石板桥、木板桥、石拱桥、曲桥、柴门、砖墙门、月门、茅屋、水榭等；动物有牛、马、羊、猴、鸟、鸡、鸭、鹅等，每种又各有不同的姿态；船只有帆船、橹船、渔船、渡船、客船等，数不胜数（图 4-104）。

（二）石质配件

一般用青田石或其他石材雕刻制成。有淡绿、灰黄、灰褐色等。均为山石本色，与山水盆景极为协调。石质配件品种也很多，但如果找不到合适的规格或造型式样时，制作者可以自行设计、自行雕琢。先将石料锯截与需要大小形状相近的石块，然后用石刻刀进行精雕细刻。也有用盆景山石材料刻制的（图 4-105）。

（三）金属配件

用铅、锡一类易熔金属浇铸而成，外加涂料或油漆，宜于成批生产。这种配件表面光洁度大，色彩比较鲜艳，不易与景物调和，涂料不耐久。多用于砂积石、芦管石一类易于生长青苔的石料，以及其他色彩丰富的石料所作的盆景。金属配件亦可自制，多用青田石或砚石刻模（图 4-106）。

（四）泥塑配件

用黏泥捏制、烘干而成，多数都上色。目前配件市场上彩绘泥塑较多。这种配件价格便宜，种类齐全，但不耐久，易破碎，吸水后极易脱皮开裂（图 4-107）。

（五）其他配件

此外，还有玻璃质、塑料质、胶质等配件；牙雕（图 4-108）、木雕、竹雕（图 4-109）、骨雕、玉和翡翠等名石雕成的盆景配件，但使用较少。

图 4-104　各种瓷配件

图 4-105　各种石质配件

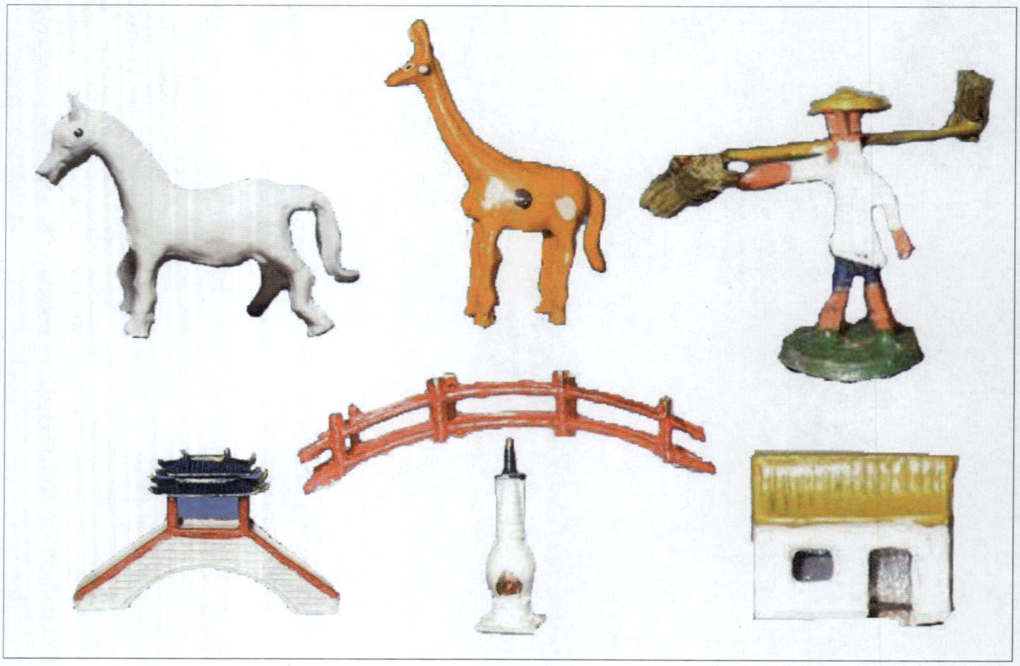

图 4-106　金属配件

图 4-107　泥塑配件

图 4-108　牙雕

图 4-109　木雕、竹雕配件

复习思考题

1. 当地常用的盆景材料有哪些？

2. 对当地野生桩景材料或山石作一实地调查，尽可能写出调查报告。

3. 什么样的树木适合做桩景材料？

4. 盆钵的种类有哪些？当地常用的桩景盆钵、山水盆钵有哪些？

5. 常见的盆景几架有几大类？

6. 盆景配件指的是什么？制作配件的材质有哪些？

思政元素

广大青年要坚定不移听党话、跟党走，怀抱梦想又脚踏实地，敢想敢为又善作善成，立志做有理想、敢担当、能吃苦、肯奋斗的新时代好青年，让青春在全面建设社会主义现代化国家的火热实践中绽放绚丽之花。

——习近平总书记在中国共产党第二十次全国代表大会上的报告

思政案例

中国老一辈盆景大师——李宗玉

四川省成都人，自1950年参加工作以来，一直从事园林绿化工作。他从花工到班长，再到公园副主任，始终坚持为绿化事业的进步和盆景艺术的发展进行不懈的追求。李宗玉培养了十多名徒弟，在园林绿化、盆景艺术中均成为骨干，并有相当的造诣。李宗玉对成都盆景的复兴、创作和发展作出了突出的贡献，在继承传统盆景技艺的基础上，他致力于自然式山水盆景、树桩盆景的发展，成为成都乃至四川自然式盆景发展的杰出代表。

制作篇

盆景制作与养护

模块五　树木盆景制作

知识目标：

1. 描述各式树木盆景的特性。2. 区别并分析各式树木盆景的造型特点，总结制作要点。

3. 判断树种选择准确与否。

技能目标：

1. 能够根据立意构思选择适合的材料。2. 能够合理布局，完成作品制作。

素质目标：

1. 提升审美意识。2. 有意识地提高参与度，尝试有效的方式与团队沟通，表现出合作精神。

3. 提升锐意进取、开拓创新的精神。

树木盆景俗称树桩盆景或“桩景”，是以木本植物为主体，通过人工栽培和养护，进行艺术造型创作的盆景。自然界树木的种类极其丰富，所以，树木盆景的取景内容千变万化，或以整体造型为佳，或以露根、虬干取胜；或以叶形、叶色见长；或以花、果取景赏悦等（图 5-1 至图 5-5）。树姿力

二维码 5-1
表现整体造型

图 5-1　表现整体造型

图 5-2　表现露根虬干

图 5-3　表现叶形、叶色

图 5-4　表现观花

二维码 5-2
观花盆景

二维码 5-3
观果盆景

图 5-5　表现观果《硕果》石榴　作者：王鲁晓

求古朴、秀雅、苍劲、奇特，色彩丰富、风韵各异。艺术加工造型达到“缩龙成寸，以小见大”的效果。这是树木盆景造型艺术的基本要求和特点，因此，它不同于一般树木盆栽。

学习情境一　树桩的来源

树桩的来源及选择直接关系到盆景制作的速度和质量。树桩的来源主要有野生资源、人工育桩和市场采购三条途径。

一、野生资源

从荒山野岭挖取来的树桩，经过加工培育作为盆景的素材，是选择材料的捷径。

（一）野外采挖的优点

（1）从山野挖取生长多年的树桩，进行培育加工，可以大为缩短树木盆景的制作时间。在林木茂密的地区是不容易找到合适的树桩的，反而在溪边、路旁、荒山、古墓等荒芜、瘠薄、植物生长条件不良地带，往往容易发现理想的老树桩。

在山野，由于林木长期受到自然界各种因素的损伤，如风吹雨打、干旱、虫咬、人类的砍伐、动物啃噬等，使树桩形态发生进一步的改变，如形成怪状嶙峋、虬曲苍老的形状，这是我们获得理想树桩的便捷之道。特别是有些林木长在悬崖峭壁的石缝中，树木的生长受到限制，树根常裸露土面，悬根露爪，显得苍劲、古朴，这样的树桩只要稍加修饰，即可成为一盆精美的盆景，大大缩短了制作时间。

（2）常可得到形态自然优美、古雅朴拙的老桩。

（3）生命力和适应力强。由于长期生活在恶劣的环境条件下，形成了较强的适应力和生命力。

（二）采挖时间

不同的植物素材采挖时间有所差别。

小型树桩，只要做到栽种及时、修剪得法、妥善养护，除了高温、严寒季节外，其余时间均可采掘，而且大多能成活。

中型以上的老桩树坯或一些稀有而又难成活的树坯，一般在休眠期采掘较为适宜。以初春化冻、树木尚未萌芽之前采掘为最佳时期。深秋、初冬亦可采掘，只是冬季养护较为困难，尤其是北方，须进温室养护。

有些树桩的采掘还要根据习性来决定采掘时间，对于不耐寒的树种，宜在3—4月采掘。此时气温逐步转暖，这时挖出来的树坯，即使离土时间长一点，运回来培植成活率也较高。

（三）采挖地点

作为树桩盆景，要求干曲、枝短、叶密，只有在荒山瘠地的土石层或山径岩隙、崖头风口或久经自然力摧残的地方才能形成这些特征，另外，在一些经常遭到践踏和放牧、砍柴的地方往往也会有许多很好的桩材。残酷的自然环境使这些地方的树木变得形态古怪，植株矮小，显得苍老，而且具有很强的生命力。

土层瘠薄，树木根系多侧生生长。浅根、细根、侧根发达，而直根、主根、深根较少。屡经风霜，虬枝曲干，老气横秋，正是盆景制作的好素材。

为了尽可能省时省力地获得数量较多和较为理想的桩景素材，在采掘前往往要了解这一地区的桩景植物资源的生长和分布情况，查找有关资料，大致推断该地区可能生长的植物种类；访问当地的山农或放牧者，弄清树桩植物的分布种类和具体的生长地点。

（四）采挖方法

在发现合乎要求的树坯时，不应马上动手掘取。首先，进行地上部分处理，清除树桩头周围的杂草、荆棘、桩基丛生枝和根部萌枝，初步确定其造型，然后考虑锯留树干、枝杈的长短，以免失误。把与造型无关的枝条除去，一般留下10 cm左右的枝杈。

其次，挖掘时要注意尽可能不要损伤树皮和须根，而且要尽量保留侧根和须根。侧根和须根保留得多少和好坏，是决定树桩头成活的关键因素。从距树干稍远处开始，要尽量把树根刨大些。去掉表土，切断伸向远处的侧根。然后再选树桩的正反两面向下挖深，一般挖至分根下50 cm左右时（大桩可深些，小桩可浅些），大致可观根部形态，根据需要尽可能多保留些侧根、须根，切断主根（利刃快切），能带土球的就尽可能带土球，至少也要留有护心土，如果实在不得已没能带土，则必须作掘后保护。树挖起来后，根据树形的要求，及时将中间的直根剪除或剪短，伤口要切平。但松柏类必须保存主根，否则不易种活。为了减少树坯的水分及养分的消耗，应把不必要的枝叶剪去。一般树木修到只剩粗枝，尽量留曲枝（松柏类要留针叶），并用泥浆涂在根部上，然后再用浸过水的草包或麻袋捆扎好集中堆放洒水，以保护树桩头不致失水而枯死。

（五）树坯装运

短途运输，可直接用塑料袋或布包装树桩，如果远途运送，裸根则必须将树桩根部打上泥浆，用草包、蒲包或稻草包装上车，并加以覆盖，避免风吹日晒。中途还要经常往草包、蒲包捆扎的桩头淋透水，使其保持湿润，提高成活率。难活者，还应以青苔浸湿包扎根部，对枝叶喷水装进塑料袋，保持水分，有利于成活。特别要注意防止重压，碰伤树根、树枝。野外采桩过程见图5-6采挖、运输。

（六）树坯种植

从野外挖掘的树桩，经过定型修剪后的树坯应尽快栽植，栽植方法主要有以下三种。

1. 盆栽

比较容易成活的树桩，运回后加以整枝修剪，选择在合适的培养土和大小适中的盆钵中栽种、养护。上盆后适当遮阳，在新芽萌发前，晴天要适当喷水。对不耐寒的树种要注意冬季

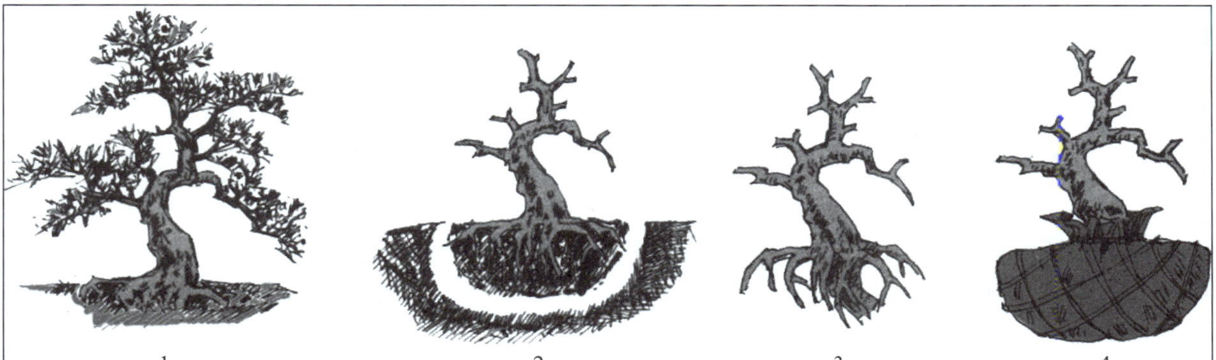

图 5-6　采挖、运输

1. 采挖前　2. 采挖大小　3. 采挖后　4. 运输

防寒，需要在室内越冬的（主要是南方树种）则应及时移进室内（图 5-7）。

图 5-7　盆栽

盆栽优点是树桩成活后根系发展受到限制，有利造型、换盆，换盆后恢复生长较快，移动方便。缺点是生长比较慢，管理较费工。

另外，还可以先将树桩上盆，然后连盆埋入地，盆面适当培土。一次性浇足水后，不必过勤浇水。上盆初期和高温季节注意遮阳。此种栽法既能提高成活率，又能限制根系发展，成活后可直接从地里挖出（连盆），不会伤根，对树桩生长无多大影响。

2. 地栽

一些大中型的树坯，若根系不太好，较难成活，则一般都采用地栽养护。地块要求通风向阳。晴天尤其是夏日要注意适当遮阳，栽后浇足水。

地栽优点是有利成活，管理粗放。缺点是植株根系生长和发展不受限制，以后上盆整形较费工，而且不能搬动。

3. 砂床培育

用砖或石块砌成长、宽、高适当的砂床，在砂床底部先铺一定厚度的干净河沙，然后将整形修剪过的树桩安置于砂床中，各树桩间要保持一定距离，以防止成活后的枝叶互相遮挡。放稳后用河沙将所有的树桩深埋至根茎以上 10 ～ 15 cm，压实并浇透水。

此法省工也省盆，成活率也比一般地栽、盆栽高，缺点也是根系发展没有任何限制，不利于根部造型。

（七）树桩养护

树桩种植后的养护管理工作非常重要，关系到树桩的成活率和成活后的生长情况。

1. 水分和湿度管理

控制水分是树桩盆景养护最重要、最频繁的方法之一。树桩栽植无论是深盆，还是浅盆，基质总是有限的，所含水分也是有限的，如水分供应不足，树桩就会因缺水而枯萎甚至死亡，因此要经常检查，根据其基质干湿情况及时浇水，保持基质水分。当然浇水也不可过量，若浇水过量，盆土长期过湿，则易引起根部缺氧和腐烂；同时浇水的多少还要视具体树种、季节、天气冷暖而定。一般说来，夏季或干旱时，最好早晚各浇一次水，春、秋季节每天或隔日浇一次水，春天树桩萌动，也可视情况早晚浇一次水。雨天，则不浇水。冬季天气寒冷，可适宜少浇水。沙质土壤可多浇水，黏性土壤要少浇水。浇水可以叶面喷水，也可以根部灌水，一般二者结合，先叶面喷水，再进行根部灌透水。注意不要浇“拦腰水”造成盆面湿、盆内干的现象，而且叶面喷水也不可过多，否则易引起枝叶徒长。高温天气应勤喷水，保持环境空气湿度。雨季要做好积水疏通工作，避免烂根。

2. 光照管理

桩景没有足够的紫外线照射，常绿桩景枝条易发生徒长、变软，并且破坏其形状。所以随着新枝生长，要逐步增加日照时间，使枝条充实健壮。冬季则保证阳光充足。

3. 整形修剪

树桩盆景植物也在不断地生长，为了保持其良好的树姿造型要及时修剪，注意修剪抹芽，剪去枯枝、病枝和徒长枝，增加枝叶密度。并防止“假活”和“急于求成”。

摘心：为了抑制树木盆景植物向高生长，促进侧枝生长发育，可及时摘去其新梢。

抹芽：树木盆景在其干基或干上生长出许多不定芽时，应随时抹芽，以免影响树形美观。

摘叶：摘除枯叶、过密叶片，尤其对观叶树木盆景，其观赏期往往是新叶萌发期，如槭树、石榴等新叶为红色，通过摘叶处理，可使树木一年数次发新叶，鲜艳悦目，提高其观赏效果。

修枝：树木盆景常生出许多新枝条，为保持其造型美观，应经常注意修枝。修枝方式应根据树形来决定。一般影响观赏效果的枯枝、平行枝、交叉枝、骈生枝等，均应及时剪去。

修根：主要结合翻盆换土时进行，一般剪去密集的根系，并剪去老根和根端部分，培以疏松肥土，以促发新根。

4. 通风

温室内应经常进行通风换气，通过通风换气，可以降低温室内的温湿度，防止病虫害发生。通风时间和通风口打开的大小，应视具体情况而定。夏季温度高，应经常通风，时间宜长些；冬季天气寒冷，温度较低，通风口宜小，时间宜短，通常在中午时通风。

5. 施肥

树桩盆景需肥量少，所以施肥不可太多、太频繁，但因树桩盆景的基质有限，养分也有限，因而也应注意肥料的补充。一般以P、K肥为主，N肥为辅。N肥可促进树桩枝叶生长；P肥可促进其花、果实形成；K肥可促进茎干和根部的生长，所以选用肥料时还应根据树桩种类和其生长态势而确定。如需要使树桩枝繁叶茂，可多施N肥；需要树桩开花结果，可增加P肥含量；需要根干粗壮，则可多施K肥。

6. 病虫害的防治

以预防为主，治疗为辅。常用的药剂有波尔多液、硫酸亚铁溶液、0.3 ～ 0.5 波美度硫合剂、40%的乐果乳油 1 000 ～ 1 500 倍液。

（八）野外采桩应注意的问题

(1) 要注意在生长季节采桩，避开严寒酷暑时令。因为生长季节树液流动快，截根剪枝后伤口愈合快，生长调节快，促使快生根、快出芽。而严寒酷暑时令，大部分树桩处于休眠期，树液流动变缓甚至不流动，截根剪枝后伤口愈合慢，供需难以平衡，生根出芽困难。还有，严寒时节，树桩易受冻害；酷暑期，树桩则易失水、灼伤。

(2) 要注意保持水土。好的树桩均生长在路旁、沟边、坡上和悬崖处，稍不注意，极易造成水土流失。

(3) 要注意生态平衡，不要见一个挖一个。要认真观察，反复权衡，确有欣赏价值的树桩才采挖。否则，费时费力，还会使一些树种灭绝。

(4) 要注意摸清树桩的习性。出发前，先要了解清楚树桩的生长环境，这样，才能少走弯路，有所收获。

(5) 要注意安全。好的树桩生长在路旁、沟边、坡上、悬崖处，这些地方地势险要，较为危险。同时，还有毒蛇、野兽、疾病等不可预见性事情发生，因此，要结伴外出并带上一些必备的药品、药具。

二、人工育桩

人工育桩的方法很多，主要有播种、扦插、压条和嫁接。其中以扦插法最为常用。

(一) 播种法

凡能开花结籽的，均可以用播种方法进行繁殖。

1. 种子的选择

选择颗粒饱满、大小均匀一致、纯净、新鲜而有光泽并无病虫害的种子，这些种子发芽率高，生命力强，幼苗茁壮。

2. 播种时间

应选在春、秋两季，也有随采随播的。

3. 种子处理

根据种子的发芽情况进行相应的处理。对于发芽较容易的播种前可用冷水或温水浸种，除去浮起的、不充实的种子。待种子膨胀后，即播种在大瓦盆里或浅木箱中；种皮坚硬、发芽困难的可以采取热水浸种或用酸碱处理等方法。

4. 播种方法

播种的深浅要适当，土壤以排水良好的沙质壤土为宜。播后，盖上一层细土，用木板轻轻压一下，然后再盖上一层薄薄的稻草，以防止淋水时种子流动，或使种子堆积在一起，影响发芽。

5. 播种后管理

播种后 5 ~ 7d，看到种子开始发芽时，要将稻草取去，让幼苗接受阳光。待苗木长到一定大小时，即在盆或箱中显得拥挤时，便进行移植，防止植株徒长和病虫害的发生。

(二) 扦插法

扦插是将植物的营养器官根、茎或叶的一部分插入基质中，使之生根发芽，形成新个体。用枝条进行扦插的称为枝插，用叶扦插的称为叶插；用根扦插的称为根插。生产上多以枝插为主。枝插根据枝条的成熟度可分为硬枝插和嫩枝插。

(1) 扦插时间　以春季扦插为好，但如果条件允许一年四季均可进行。

(2) 插床准备　插床一般宽为 1 ~ 1.2 m，长据实际情况而定，深 15 ~ 20 cm，基质选用河沙。

(3) 插穗的剪切　选用生长健壮无病虫害的枝条，切取长约 10 cm 即可（通常有 3 ~ 4 个节）；上切口距上芽约 1 cm 处平剪，下切口在距下芽 0.5 cm 处平剪或斜剪，剪口要平滑。茎段下部 4 cm 内的叶片全部剪掉，顶部保留 2 ~ 4 枚小叶。

(4) 扦插　先用竹签等细棍按株行距扎好孔，将茎段的下端插入基质，嫩枝插深度为插穗长的 1/3 ~ 1/2，硬枝插深度为插穗长的 1/2 ~ 2/3，密度为互不遮盖为宜。

(5) 浇水　浇透水，插床上覆盖塑料薄膜并适当遮阴。

扦插成活率的高低与环境条件有密切关系。一般的插穗，温度保持在 20 ～ 25℃、相对湿度在 80% ～ 90%，这样的温湿度最适宜插穗生长。

对于生根困难的插穗，为促进扦插枝条生根，可用一定浓度的生根粉进行相应的处理。

（三）压条法

将母株接近地面的部分枝条压入土内，使之生根成活，然后与母株分离，另行栽植，成为独立的新个体的繁殖方法称为压条繁殖。对于压条不易生根或生根需时间较长的植物，可在生长季对选用的枝条进行扭枝、黄化、生长激素处理等方法促进压条养分积累以利生根。压条时常采取切伤法（刻痕法）、环割法、绑扎法（缢缚法）等技术处理，以诱导生根（图 5-8）。

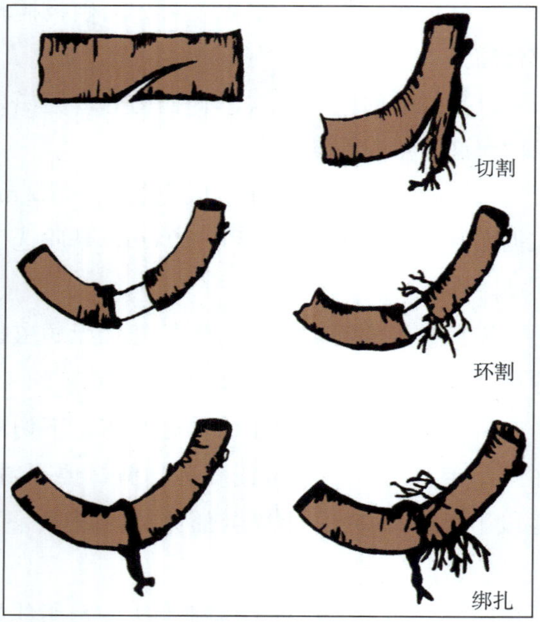

图 5-8　诱导生根

生产上常用的压条方法有以下几种：

1. 普通压条法

将枝条弯曲压入土中（触土部位最好进行环割或缢伤等技术处理），梢部立于地面，待生根后与母株分离。此压条繁殖法即为普通压条法，这种典型压条方式也称补缺压条法或单枝压条法（图 5-9）。

图 5-9　普通压条
1. 扭枝、刻伤、固定　2. 保温促进生根　3. 秋季在发根处剪断

普通压条适用于枝条离地面近且容易弯曲的树种，1 枝条上只能得到 1 株苗木。如迎春、夹竹桃、大叶黄杨、无花果等大部分灌木均可用普通压条进行繁殖。过桥式盆景可通过普通压条来完成过桥式造型（图 5-10）。

图 5-10　过桥式

2. 水平压条

被压枝条平卧于长沟中，使部分芽抽生新枝，下部茎节处产生不定根，而成新的植株。能在同一枝条上得到多数的植株，适用于枝条长而较易生长的树种。如葡萄、紫藤、连翘等（图 5-11）。

3. 波状压条

被压枝条呈波浪形屈曲于长沟中，而使各

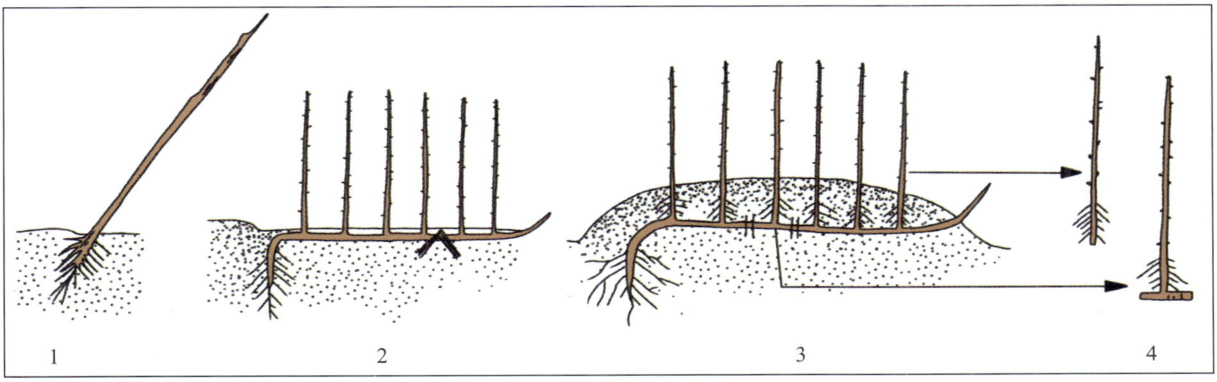

图 5-11　水平压条

1. 斜栽母体　2. 母株压倒在 5 ~ 10 cm 沟内　3. 环割后培土，再培土　4. 分株

露出地面部分的芽抽生新枝，埋于地下的部分发生不定根，而成新的植株。适用于枝条长、柔软或蔓性的树种。如葡萄、紫藤、铁线莲等（图 5-12）。

4. 堆土压条法

又称垂直、直立或壅土压条法。多用于有分蘖、丛生性强、枝条较硬不易弯曲入地的树种。如贴梗海棠、李、无花果、八仙花、栀子、杜鹃、木兰等（图 5-13）。

方法：6—7 月，在植株基部堆土，将当年生半成熟的枝条基部（为易于发根，可进行环割）堆入土中，待发出新根后分离，一般多在

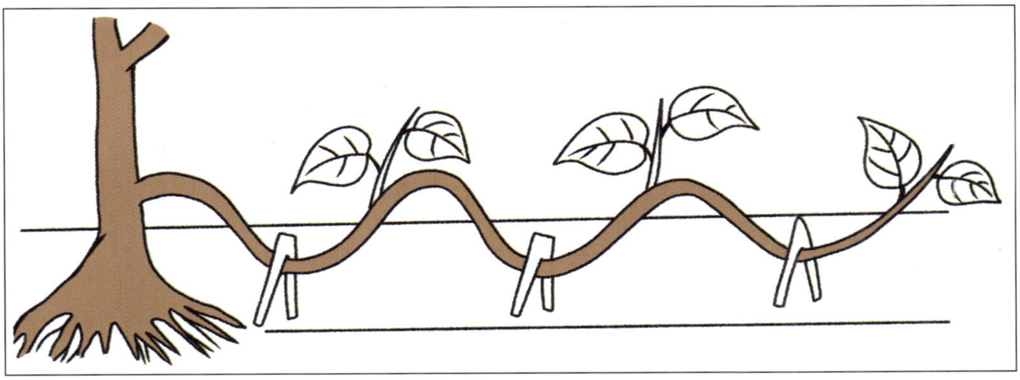

图 5-12　波状压条

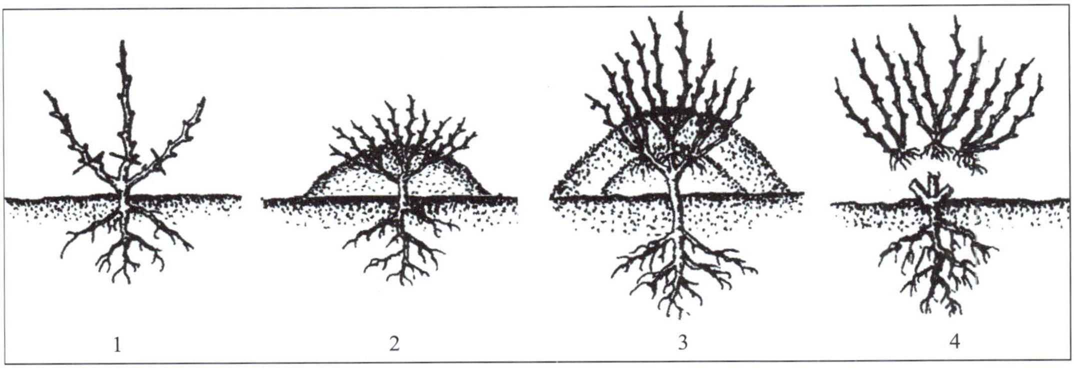

图 5-13　堆土压条

1. 短截促萌　2. 环割、培土　3. 第二次培土　4. 扒土分株

晚秋或早春进行。每一枝均可成为一新植株，故一次得苗较多。

5. 空中压条法

空中压条法又称高压法。凡是木质坚硬，枝条不易弯曲或树冠太高，基部枝条缺乏，不易发生根蘖的树种，均用此法繁殖，通常对贵重树种多采用此法（图 5-14）。

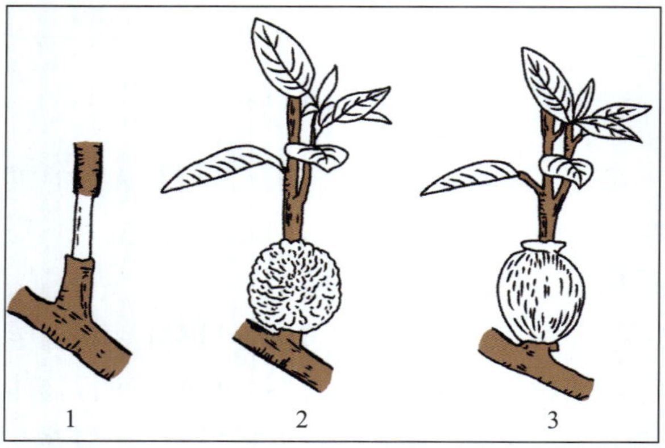

图 5-14　空中压条

1. 枝条基部刻伤　2. 包上松软湿土或苔藓　3. 塑料布包扎

方法：春季，在一二年生的枝条被压处进行切割等处理，然后用对开的花盆、竹筒、塑料袋等合抱于割伤处，内填充苔藓或肥沃土壤，外敷以湿润的苔藓等物，用绳捆紧，并用绳子捆在粗枝上或设支柱。注意保持湿润。生根后即可分离。如山茶、木兰、白玉兰、广玉兰、桂花、梅花、印度橡皮树、木本绣球等常用此法。

6. 压条后的管理

在生长期内（尤其是初期）保持土壤适当的湿润、通气和温度等条件；冬季寒冷地区应覆草，随时检查并对露出的压条重压。

压条必须有良好的根群时方可分割。初分离的新植株应注意灌水、遮阳等保护，怕冷的植物应移入温室越冬。

（四）嫁接法

将植物营养器官的一部分，如枝、芽、根等，移接于其他植物体上，使之愈合成为一个独立的新个体的繁殖方法，称为嫁接繁殖。包括枝接、芽接、根接和髓心接，以枝接和芽接为主。

1. 枝接法

以枝条为接穗的嫁接方法。

（1）切接　一般在早春进行。

削接穗：切接用的接穗长度通常为 6 ~ 8 cm，带有 2 ~ 4 个芽。将接穗基部两侧削成一长一短的两个削面，先略斜切长削面长达 3cm 左右，再在其对侧斜削 1 cm 左右的短削面，削面应平滑。

切砧木及嫁接：砧木应在欲嫁接部位选平滑处截去上端。在截口一侧稍带木质部向下纵切，切口长度与接穗长削面相适应，然后插入接穗，紧靠一边，使形成层对齐，立即用塑料条包严绑紧（图 5-15）。

图 5-15　切接

1. 削接穗　2. 切砧木　3. 插接穗绑扎

(2) 劈接　劈接一般在早春进行，方法如下：

削接穗：在接穗基部削成两个长度相等的楔形切面，切面长 3 cm 左右。切面应平滑整齐。

切砧木及嫁接：将砧木截去上部，用刀在砧木断面中心处垂直劈下，深度应略长于接穗面。将砧木切口撬开，把接穗插入，使形成层对齐，接穗削面上端应微露出，然后用塑料薄膜绑紧包严。粗的砧木可同时接上 2 ～ 4 个接穗（图 5-16）。

图 5-16　劈接

2. 芽接法

以芽为接穗的嫁接方法。一般在夏秋季皮层容易剥离时进行，常用 T 形芽接，步骤如下：

削芽片：选充实健壮的发育枝上的饱满芽作为接芽，去除叶片，保留叶柄。先在芽的上方 0.5 cm 左右处横切一刀，深达木质部，然后在芽的下方 1 ～ 2 cm 处下刀，略倾斜向上推削到横切口，用手捏住芽的两侧，左右轻摇掰下芽片。

芽片长度为 1.5 ～ 2.5 cm，宽 0.6 ～ 0.8 cm，呈盾形。不带木质部，当不易离皮时也可带木质部。

切砧木：在砧木上选择光滑的部位作为芽接处，用刀切一 T 字形切口，深达木质部。横切口应略宽于芽片宽度，约 1 cm，纵切口在横切口中间向下切，约 3 cm。

接芽和绑缚：用刀轻撬纵切口，将芽片顺 T 字形切口插入，芽片的上边对齐砧木横切口，然后用塑料条等绑紧，但要求叶柄及芽眼要露出。

检查成活率：芽接一般 7 ～ 14 d 后检查成活率，成活者的叶柄一触即掉，芽片与砧木之间长出愈合组织，芽片新鲜，接芽萌动或抽梢，可在检查的同时除去绑扎物，以免影响生长（图 5-17）。

3. 嫁接后的管理

（1）嫁接后要保证温度、湿度、光照、水分的正常管理。

（2）嫁接后及时检查成活率及松除捆扎物。枝接一般在接后 20 ～ 30 d 检查，成活后接穗上芽新鲜、饱满，甚至已经萌动，接口处产生愈伤组织；未成活则接穗干枯或变黑腐烂。对未成活的可待砧木萌生新枝后，于夏秋采用芽接法进行补接。检查成活时，可将绑扎物解除或放松，对接后埋土的，扒开检查后仍需以松土略加覆盖，防止因突然暴晒或吹干而死亡。待接穗萌发生长，自行长出土面时，结合中耕除草，平掉覆土。

图 5-17　芽接

1. 削芽　2. 取芽　3. 切砧木　4. 插芽片　5. 绑扎

芽接一般 7 ~ 14 d 检查成活率，成活者芽下的叶柄一触即掉，芽片与砧木之间长出愈伤组织，芽片新鲜，接芽萌动或抽梢，可在检查的同时除去绑扎物，以免影响生长。

(3) 剪砧和去蘖　进行芽接的树种，芽接后已经成活的必须进行剪砧，以促进接穗的生长。一般树种大多可采用一次剪砧，即在嫁接成活后，春天开始生长前，将砧木自接口处上边剪去，剪口要平，以利愈合。对于嫁接成活困难的树种，可采用二次剪砧，即第一次剪砧时留一部分砧木枝条，以帮助吸收水分和制造养分，供给接穗，以砧木的枝条来辅养接穗。

(4) 扶直　当嫁接苗长出新梢时，应及时立支柱，防止幼苗弯曲或被风吹折。也可在嫁接时降低接口，在新梢基部培土或嫁接于砧木的主风方向，可防止或减轻风折。

三、市场采购

不易获得和难培育的素材可以通过市场来采购，但在采购时要注意以下几点。

(1) 根系　根系发达，生长状态好，向四处伸展，根系奇特。

(2) 叶性　叶要小而厚，浓绿、有光泽。

(3) 枝条　数量要适当，分布均匀，具有一定的柔韧性。

(4) 树干　古老苍劲，易于蟠扎者最佳。

(5) 树势　自然富于野趣，生长强壮。

(6) 花果　花果色彩艳丽纯正、硕果累累、优雅高贵、有品位的优良品种。

(7) 品种　适合本地区生长，容易培育的品种。

(8) 无病虫害　要选择生长健壮、无病虫害的种类，否则不仅影响观赏价值而且还会传染其他盆景。

(9) 采购时机　每年春、秋两季为最佳时机。

学习情境二　树木盆景各式及制作技法

一、各式简介

(一) 根式

提根式、附根式、连根式。

1. 提根式 (露根式)

树木根部提出表土，悬根露爪，盘曲多姿，衬托整株树木更为古雅奇特。常用树种一般以发根力强，长得快的落叶树种为主，如银杏、榔榆、榕树、六月雪、雀梅、黄杨、紫薇等 (图 5-18)。

图 5-18　提根式

2. 附根式

树木根系贴附于山石之上，沿缝隙或穿洞而生，好似山岩上自然生长的老树，具有“龙爪抓石”之势，古雅如画，树木干式多样，或直，或斜，或曲。附根式盆景以树景为主，山石陪衬。常用树种有三角枫、五针松、槭树、木瓜海棠、黑松、桧柏、榔榆、鱼鳞黄杨等。日本盆景此式较多（图 5-19）。

图 5-19　附根式

3. 连根式

树木一根多干，若丛林状，高低参差，错落有致，但由一根裸露相连，根如龙爪，别有风韵，此式多选用根部易萌发不定芽的树种，如福建茶、檵木、火棘等。连根式有以下三种形式。

二维码 5-4
根式

（1）连根式　由暴露在土面的一部分根系上所萌发出来的数株树木而成的树木盆景（图 5-20）。

图 5-20　连根式

（2）连茎式　又叫假连根式，日本叫“筏吹”。是利用易生萌蘖的一段树干横卧盆土之上，留存部分侧枝向上生长，并经过造型呈丛林状，待原树干上生出不定根，提根出土，并处理成似连根式盆景（图 5-21 和图 5-22）。

图 5-21　连茎式 1

图 5-22　连茎式 2

（3）连理式　将许多树木合栽，然后使各树木上部的根系裸露在外，并使根系相互连接在一起（图 5-23）。

图 5-23　连理式

（二）干式

据干的形态可分为直干式、斜干式、卧干式、曲干式、悬崖式、临水式、枯干式（劈干式、枯梢式）、疙瘩式、拐干式、游龙式、过桥式；据干的数量可分为单干式、双干式、三干式、丛林式等。

1. 直干式

主干通直，直立成自然向上生长姿态，枝条分生横出，层次分明，表现古木参天、雄伟挺拔、巍然屹立、仪态端庄的树姿。有单干直立、双干直立、三干直立和多干直立。岭南盆景中最为常见。常用树种有五针松、榔榆、榉树、金钱松、罗汉松、九里香、水杉、木棉等（图 5-24）。

二维码 5-5
直干式

2. 斜干式

树干向一侧倾斜，但不卧倒，一般略有弯曲，枝条平展于盆外，具有山野老树姿态、虬枝横空、潇洒飘逸之势以及古朴典雅之趣。一般桩景多采用斜干式。常用树种有五针松、罗汉松、榔榆、福建茶、贴梗海棠、雀梅、黄杨、梅等。斜干式也有直干与曲干之分（图 5-25）。

图 5-24　直干式

图 5-25　斜干式

3. 卧干式

树干横倾，全株呈平卧状态，如卧龙之势，但树冠枝条均向上生长，生机勃勃，姿态苍劲古雅，富于野趣。配置卧干式树桩，应用长方形盆，并使树干偏于一侧或借助山石以陪衬，力求姿态均衡美观。常见树种有梅、九里香、匍地柏、榆树、枸杞等（图 5-26）。

4. 曲干式

树干弯曲向上，宛若游龙虬曲，枝叶层次分明，安徽（派）、四川（派）、扬州（派）盆景常见此种形式。树干多取三曲式，形如“之”

字。常用树种有黄杨、真柏、梅、罗汉松、五针松、桧柏、紫藤、紫薇等（图 5-27）。

图 5-26　卧干式

图 5-27　曲干式

5. 临水式

树干横出盆外，但不倒挂下垂，宛若临水而生，常用树种有黑松、罗汉松、雀梅、黄杨等（图 5-28）。

图 5-28　临水式

6. 悬崖式

树干虬曲倾于盆外，树冠下垂若生悬崖峭壁，模拟野外悬崖峭壁苍松探海之势，呈现顽强刚劲的性格。根据树冠悬垂幅度大小分“大悬崖”“中悬崖”和“小悬崖”。树梢低于盆底者，称“大悬崖”；树梢不超过盆底部以下为“中悬崖”；树梢悬垂程度不超过用盆高度一半，为“小悬崖”。悬崖式盆景多用签筒盆，适于几架陈设。常用树种有黑松、五针松，罗汉松、匍地柏、雀梅、桧柏、黄杨、葡萄、六月雪、凌霄、榆等（图 5-29 和图 5-30）。

图 5-29　小悬崖

图 5-30　大悬崖

7. 枯干式

树木主干呈枯木状，树皮斑驳，露出穿洞蚀空的木质部，裸根如爪，犹如枯树老桩，但尚有部分树皮和枝干发生青枝绿叶，略显生机，所谓“枯木逢春”，别具特色。主干顶梢枯朽者亦称枯梢式（或秃顶式）。常用树种有桧柏、松树、荆条、梅、三角枫、石榴、榉树、黄荆、榆树、紫薇、鹅耳枥等（图 5-31 和图 5-32）。

图 5-31　枯干式

图 5-32　枯梢式

8. 疙瘩式

在树木幼小时将主干基部绕一个结或一个圆圈，长成后成疙瘩形状，以显苍古奇特。绕一圈称“单疙瘩”，绕二圈称“双疙瘩”，绕三圈则称“三疙瘩”。疙瘩式多用于梅花、碧桃以及松柏类树种。四川、扬州及安徽盆景有此式（图 5-33）。

图 5-33　疙瘩式

9. 劈干式

以树干呈劈削状者称劈干式。苏州盆景中有将果梅截去枝冠，树干劈成两半，使每一半都带有根和枝叶，嫁接上骨里红、宫粉、绿萼、玉蝶等观花品种，成对上盆，俗称“劈梅”。四川盆景常将银杏等树作成劈干式（图 5-34）。

图 5-34　劈干式

10. 过桥式

树木主干幼小时卧栽，使两根有一定距离的平行枝插于土内，待分枝基部生出不定根后截去主干根部，以两平行枝为新的主干，再培育枝片即成过桥式。扬州盆景有此式（图 5-35）。

图 5-35　过桥式

11. 游龙式

又称"之字弯"。树干弯曲如游龙，并多位于同一立面上弯曲。宜作正面观赏，并作对称式陈设，常见树种有梅、桃等。安徽盆景多采用此形式（图 5-36）。

二维码 5-6
游龙式树木盆景介绍

图 5-36　游龙式

12. 一本多干式

一本多干树形的特点是多干、同根。各干在同一树干的低矮部位分出，有主次、高低、大小、曲直，布局合理（图 5-37）。

图 5-37　一本多干式

13. 单干式

盆景中最常见的一种形式，树一株，一个主干。主侧枝分布均匀，构图简洁明了，挺秀庄重，它的形式可以是直干、斜干、曲干等（图 5-38）。

图 5-38　单干式

14. 双干式

两株相同或不同的树干并在一起，或树一株，干为二，而造型可以多样化，分主次、高矮、粗细、正斜，生动幽雅，均衡变化，富于画意（图 5-39）。

图 5-39 一本双干式

15. 三干式

树一株或三株，干为三。三主干要有主次之分，或高或低，布局要错落有致，不能雷同，可以做不等边三角形构图，或直或斜，使其具活泼古雅之趣（图 5-40）。

图 5-40 三干式

16. 丛林式

一盆中多株树木丛植，宛如原野，模仿山林风光。相同或各异树木种类，形态有曲有直，有正有斜，疏密适宜，搭配得当，富于变化。所有树木不分老幼皆可，常用树种有红枫、金钱松、五针松、六月雪、满天星、水杉、榆树等（图 5-41）。

图 5-41 丛林式

（三）枝式

主要有垂枝式、顺风式、屏风式、平枝式、滚枝式等。

1. 垂枝式

利用某些树种的枝条细弱、繁多、下垂的特性，如垂柳姿态。通过一定的加工造型，使整株树木所有枝条垂拂盆周。树干多为斜干或曲干式。常用树种有垂枝桃、垂柳、迎春、垂枝梅、黄馨、柽柳、金雀、枸杞、龙爪槐等。扬州、苏州的盆景有此式（图 5-42）。

图 5-42 垂枝式

2. 顺风式

又称“风吹式”。是经过人工刻意模仿大自然风吹枝斜的景象，将树木所有枝条向一个方向伸展，犹如随风飘拂的姿态，而主干则向相反方向倾斜，以达到姿态平衡。此式常用于梅桩。扬州、苏州及湖北盆景有此形式（图 5-43）。

图 5-43　顺风式

3. 屏风式

扬州、苏州、安徽盆景多有此形式，北京丰台也有采用。主干直立，树枝横向两侧弯曲生长，成扁形，正面宽阔，侧面狭窄，似屏风状，主要树种有紫薇、迎春、海棠、梅、石榴等（图 5-44）。

图 5-44　屏风式

4. 平枝式

用棕丝将枝条蟠扎弯曲成一个个椭圆形或扁形的枝片，称“枝盘”。即每一枝盘是由主枝和分枝蟠成椭圆形或扁形，要求平稳而微向下倾。全株树扎成数个左右对称的“枝盘”。成都盆景中的枝盘一般下垂较大，称作“吊盘”；重庆盆景中的枝盆一般呈水平状，称作“平盘”。图 5-45 为四川盆景枝式。

图 5-45　平枝式

5. 滚枝式

此式较自由，但要求全株完满无缺，构成圆锥形。滚枝式处理枝条不分层次，不形成“枝盘”，而是使其枝条均匀地分布在树冠内的整个空间，枝条可以有平弯枝、立弯枝、斜弯枝和回曲枝。此式又有“大滚枝”“小滚枝”之分。“大滚枝”要求叶面、枝梢向外，不能剪除枝梢顶部，适用于桂花、杜鹃、茶花、柏等，枝端着花的常绿树种花期观赏效果更好；“小滚枝”则无上述要求，适用于梅花、樱花、蜡梅等叶腋着花的落叶树种。四川盆景为此式（图 5-46）。

图 5-46　滚枝式

（四）冠式

主要有平顶式、圆顶式、斜顶式、三角冠、转折冠和枯顶等形式。平者端庄，圆者自然茂盛，斜者飞动，三角形冠显得规整，转折冠显得潇洒飘逸，枯顶式给人以险峻之感（图 5-47 至图 5-52）。

图 5-47　平顶式

图 5-48　圆顶式

图 5-49　斜顶式

图 5-50　三角冠

图 5-51　转折冠

图 5-52　枯顶式

二、制作技法

（一）基本概念

1. 身法

通常将树身的蟠扎方式和方法称为身法。

2. 方拐

枝干弯曲的形状是方形的，与对拐相似，树干成方形弯曲，多用罗汉松，是四川盆景的传统形式（图 5-53）。

3. 弯拐

枝干弯曲的形状是弧线形的。将主干在同一立面左右来回弯曲，下部弯大，上部弯小，侧枝两两相对。常用罗汉松、银杏树种。此式为四川盆景传统形式。

4. 正身拐

树桩主干正对着蟠扎人而左右来回拐弯。

5. 侧身拐

树桩主干正对着蟠扎人而前后拐弯。

6. 掉拐

从主干基部的正身拐转向主干上部的侧身拐的拐法称掉拐。将树木斜栽，然后将主干作反向压倒，造成第一弯；继续将主干横拐，换成第二弯；再将主干向上翻成第三弯；接着主干回弯，造成第四拐；最后随弯作顶，使顶部与基部在同一垂直线上。即“一弯二拐三出四回五镇顶”。掉拐多用于银杏、罗汉松、石榴、紫薇等树种。四川盆景传统规则造型为此式（图 5-54）。

图 5-53　方拐

图 5-54　掉拐

7. 三弯九掉拐

将树干在同一立面上扎成九个拐，再在与之垂直的立面上扎成三大弯。特点是：正看三大弯，侧看九个拐。又称“三掉拐”。常用树种有罗汉松、紫薇、银杏、石榴、贴梗海棠等。四川盆景传统形式为此式（图 5-55）。

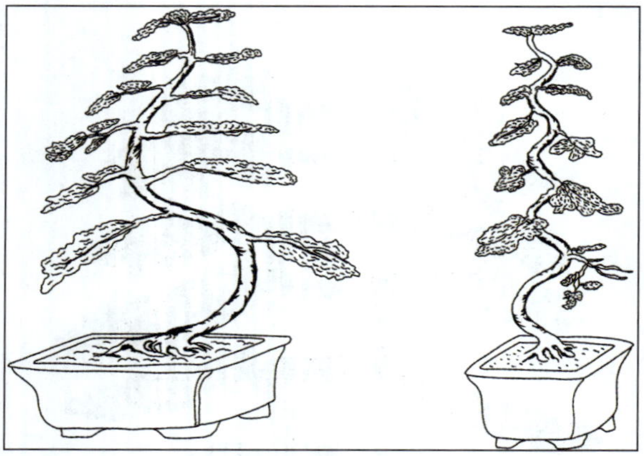

图 5-55　三弯九掉拐

8. 滚龙抱柱

又称螺旋弯法，将树干作螺旋状弯曲，如滚龙绕柱而上，树形下大上小。常见树种有银杏、梅、罗汉松等。此式为四川盆景传统形式（图 5-56）。

图 5-56　滚龙抱柱

（二）制作技法

山野挖掘的树桩，一般培养一年后即可进行造型，而自幼培育的树苗，一般 3 ～ 5 年才开始造型。造型前一般将树坯挖起来，临时栽于大小合适的盆中，造型时置于操作台上。大型树坯也可直接就地加工造型。动手前要对树坯认真仔细地观察分析和推敲，因材处理，巧妙构思，设计适合的造型形式。

造型加工的方法主要有蟠扎、修剪、雕凿、提根、抹芽、摘心等。树桩用哪一种或几种方法加工造型，也必须“因材处理”。一般萌发力弱的树种如松柏类，以蟠扎为主，对于榔榆、雀梅、三角枫、福建茶、水蜡等萌发力强的树种，可以修剪为主。蟠扎法加工树桩，造型自如，曲折多变，且成型较快；用修剪加工的树桩，则苍劲自然，但成型较慢。由于各地盆景流派风格有异，其造型技法不尽相同。如岭南盆景采用“截枝蓄干”的修剪造型法；苏派以“粗扎细剪”造型；扬派以“一寸三弯，精扎细剪”的蟠扎造型等。

1. 蟠扎法

蟠扎法是一种极为重要的技法，树桩枝条的弯曲度、走势在自然情况下大多都不能达到理想的观赏艺术效果，这就需要采取蟠扎的手法，进行完全地调整。根据蟠扎材料一般可分为金属丝蟠扎和棕丝蟠扎两种技艺。棕丝蟠扎是川派、扬派、徽派传统的造型技艺，而海派、日本及世界各国当前主要都采用金属丝蟠扎。

（1）金属丝蟠扎　金属丝蟠扎易于掌握，只要把起点固定好，图 5-57 为金属丝蟠扎固定方法，蟠扎密度、方向、弯曲受力点等几个方面掌握好，基本上便可以随意弯曲造型，工效高，一次蟠扎到位，成型快，可在嫩枝时就可蟠扎。金属丝可塑性强，主要利用金属丝本身的柔韧特征，将其缠绕于枝干进行弯曲造型。此法简便易行，屈伸自如，但拆除时稍有麻烦。

金属丝的粗细根据树木枝干的粗度来选用，一般为 14 ～ 24 号。对于特殊的树种，应根据干枝的粗度和长度，选择金属丝的粗度和长度。通常干枝直径在 1 cm 以下的，选用 14 号铁丝；干枝直径为 1 ～ 3 cm 的用 12 号铁丝；干枝直径为 1.4 ～ 1.5 cm 的用 10 号铁丝；再粗一些的用 8 号铁丝。为了避免金属丝在缠绕和枝干造型时对树皮造成损伤，蟠扎时，先将金属线的一端固定在枝干的基部或交叉处。然后紧贴树皮缠绕，使金属丝与枝干约成 45° 角。金属丝的缠绕方向一定要与干枝弯曲的方向一致，也就是说当枝干往右弯曲时，金属丝应顺时针缠绕；枝干向左弯曲时，金属丝应逆时针方向缠绕。图 5-58 为金属丝的缠绕角度及缠绕方向，注意边扭旋边弯曲，才能使金属丝紧贴树皮，同时枝干不易断裂。用力均匀，不可过猛，防止损伤树皮和折断枝干。对石榴、红枫等一些皮薄易损的树种，可先用麻皮包裹枝干，然后再用金属丝蟠扎。对于两根基部相距不远的枝条，可以利用一根金属丝作肩挎式缠法蟠扎，这样既省材，对树皮影响又小。如枝干弯曲度过大，可以分几次弯曲造型。如果单根丝力量不够使枝条弯曲，则可用两根丝或三根丝同时缠绕攀扎，图 5-59 为双线缠绕及错误的蟠扎方法，但缠绕方向必须一致，不能交叉。

二维码 5-7
金属丝蟠扎法

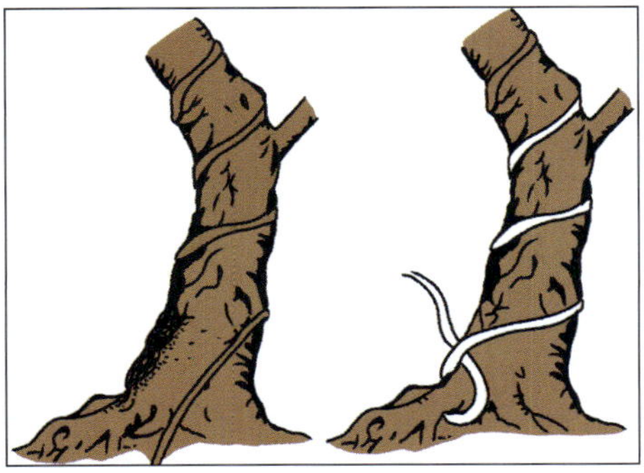

图 5-57　金属丝蟠扎固定方法

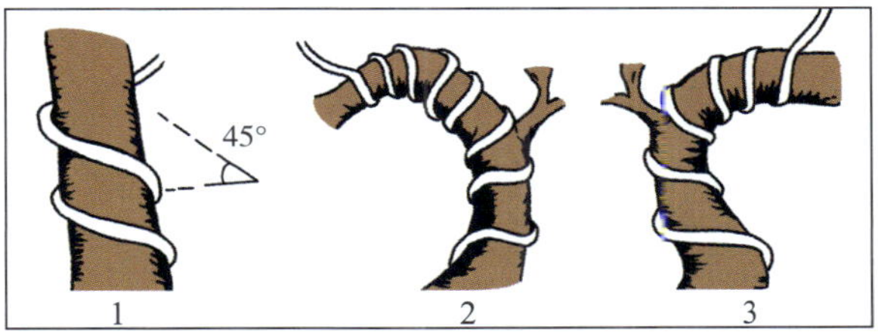

图 5-58　金属丝的缠绕角度及缠绕方向
1. 缠绕角度　2. 向左弯——逆时针绕　3. 向右弯——顺时针绕

图 5-59　双线缠绕（左）及错误的蟠扎方法（右）

目前常用的金属丝有铁丝、铜丝和铝丝。由于铁丝较便宜，所以国内多用铁丝。金属丝特别是铁丝，在使用前为使其变得柔软有韧性，并除去其金属光泽，要先进行退火处理。方法如下：使用前将金属丝放在火上烧一烧，直至烧红，取出使其自然冷却或放在草木灰中冷却，铁丝变得柔软有韧性，并除去了金属光泽，退火处理过的铁丝即可用来蟠扎了。

蟠扎的时期必须适宜，否则枝易折断。在通常情况下，常绿树种如针叶类树种在生长期中进行蟠扎，而落叶树种则在秋季树木落叶后到第二年春天发芽前的整个休眠期进行。

(2) 棕丝蟠扎　棕丝蟠扎是利用棕榈树上的棕皮纤维（棕丝）对树木枝干进行吊（拉）扎造型的方法，也是我国盆景传统造型的方法之一。其优点是棕丝与枝干颜色调和，对观赏性影响不大，并且不易损伤树皮，除拆也方便，但缺点是棕丝只有南方才有，北方很难得到，其应用具有一定的局限性。另外利用棕丝蟠扎，蟠扎难度较大。一般先将棕丝捻成不同粗细的棕绳（在扎很细的枝条时可直接用丝扎），将棕绳的中段缚在需要弯曲的枝干下端（或打个套结），将两头相互绞几下，放在需要弯曲的枝干上端，打一活结，将枝干徐徐弯曲到所需的弧度，再收紧绳打成死结，即完成一个弯。棕丝蟠扎的关键在于掌握好着力点，根据造型需要，选择下棕与打结的位置。棕丝蟠扎顺序：先扎主干，后扎枝叶；枝叶先扎顶部，后扎下部；先扎大枝后扎小枝；每扎一根枝先基部，后梢部。较粗的枝干，可先用麻皮包扎、衬托，以增强树干韧性和保护树皮，如果仍然困难，则可使用“开刀法”，就是在弯曲的枝干内侧用利刀垂直于枝干切数道深口，伤口处用麻皮包扎好，这样既容易弯曲，又不易折断枝干。有时用锯子锯几道口子。

无论是用金属丝或棕丝扎法，一般一年后便可拆除，不会复原。否则会影响树木生长和美观。但生长较慢及很粗的树干，拆除时间可以适当推迟。

在对树桩进行蟠扎时，也可同时利用棕丝和金属丝这两种材料蟠扎。借助两者扎法的优点，对树木进行更有效的蟠扎造型。而对一些较粗的树干，可采用扬派盆景助弯法。

二维码 5-8 扬派盆景助弯法

2. 扬派棕丝技法

（1）系棕方法　系棕方法有单套、双套和扣套三种。单套，多用于树皮粗糙或有节疤的树干，即棕丝（线）不会滑脱的位置；双套，多用于树皮光滑，无节的树干，即棕丝（线）易滑脱位置；扣套，多用于树干主干基部第一弯，紧靠土面的部位。

打结方法有活结和死结 2 种（图 5-60）。活结是弯曲树干或枝条时，系棕后每弯先打活结，便于调节各弯松紧，待树干或枝条弯曲达到理想弯度，然后再将各活节打成死结。死结是扎弯后无需进行调整，遂打死结，并随手剪除余棕。

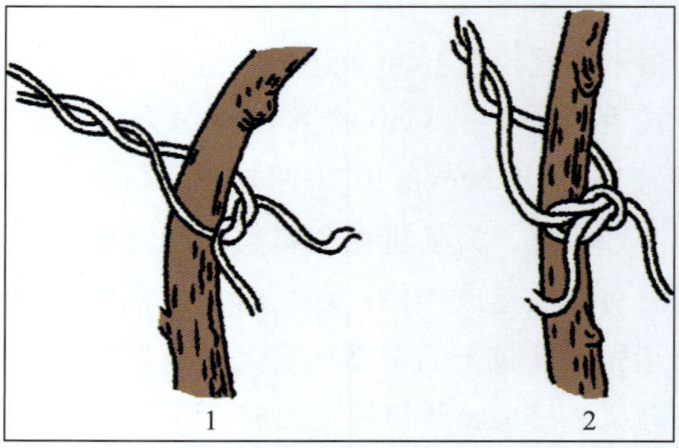

图 5-60　扬派盆景棕丝打结方法
1. 活结 2. 死结

所谓棕法，就是应用棕榈树干上网状纤维托片，梳理出粗硬单棕（棕丝），采用人工方法将细软棕丝捻成粗细不等的棕线，将不同部位的枝条，根据造型和扎片的需要，剪扎成形的技艺（手法）。蟠扎基本棕法有扬棕、底棕、撇棕、挥棕、拌棕、平棕、套棕、吊棕、靠棕、连棕、缝棕等 11 种。

二维码 5-9 扬派盆景棕法

（2）剪扎季节　树木造型（放坯）、扎片一般都在植物休眠期间进行（11 月下旬至翌年 3 月下旬），以春季萌芽前为最佳季节。当植物停止生长或枝条木质化后即可进行复片（云片成型后，隔年重复扎片称复片）。

（3）剪扎顺序　树木造型一般从基部到主干，到顶片。扎片先顶片，后下片。每片则由主枝到小枝到枝叶，使枝枝平行而列，叶叶俱平而仰。

（4）树木造型　为完整表述扬派盆景树木造型剪扎技艺，以瓜子黄杨为树木材料，以剪扎传统的游龙弯式造型为例，阐述树木造型技法（图 5-61）。

树木造型剪扎时，将精心选择的树木斜靠

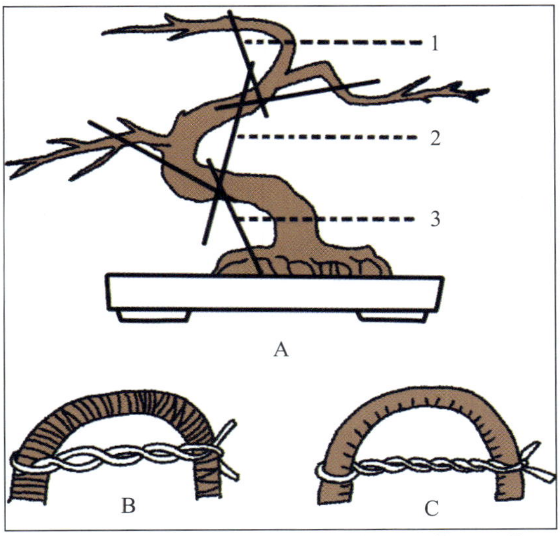

图 5-61　扬派盆景树木剪扎

A. 树木剪扎造型　1. 撇棕　2. 扬棕　3. 底棕　B. 包麻片扎弯　C. 锯口后扎弯

在盆口，第一棕用棕线，应用扣套法，尽量扎在树干贴近土面位置，以使主干下部就近弯曲，然后用底棕活结扎第一弯，调节棕线松紧，待弯曲恰到好处时，系成死结，剪去余棕。然后应用扬棕、底棕、撇棕法，扎成第二弯和第三弯。弯曲角度的大小和方向，既要依据创作立意，又有赖于手腕功底。功底深厚则应用自如，反之，一不小心则易折断树干。倘若树干较粗或木质较脆，为防止折断，先在需要弯曲部位缠上麻皮或布条，然后再行弯曲；亦可在需弯曲的树干或主枝的内侧，用小锯拉几道小口，深度不可超过树干直径的 1/3，然后再扎弯。

主干按游龙弯式造型后，根据分枝多寡部位，选择最佳部位确定顶片，再定中下片。中下片数量视造型立意和分枝多寡而定，1 ～ 9 片均可，无规定法式。

（5）云片剪扎　扬派盆景的个性在其“云片”状，云片的布局在立意，立意的实现在树木，故在创作扬派盆景佳作时，选择树木极为重要。扬派盆景的美感在其“云片”，云片的美感在其挺拔，挺拔的实现在制作人的功底，故在创作扬派盆景佳作时，除有美好立意外，还需具备运用 11 种棕法技巧功底。

在树木剪扎的基础上，先将留做顶片的主枝或小枝用底棕法拿弯带平，然后应用平棕法水平状进行弯曲，再将第一侧枝向上呈反方向，应用平棕法水平状左右弯曲，形成圆形顶片骨干枝，必要时再用主枝下第二侧枝，甚至第三侧枝弥补空缺；然后因枝制宜，应用 11 种棕法，使寸长之枝形成三弯，将枝叶剪扎成平行排列，叶叶俱平而仰，圆形“云片”顶片扎成后，再由上而下剪扎中下片（图 5-62）。中下片一般留在弯曲后主干的凸部，扎片时，先用底棕法，将中央主枝拿弯拉平，然后应用平棕法左右弯曲，使寸长之枝形成三弯，成为骨干枝。随后将侧枝因枝制宜应用 11 种棕法，剪扎成掌状“云片”。顶片、中下片剪扎成形，剪去余枝。

二维码 5-10
云片式树木盆景制作

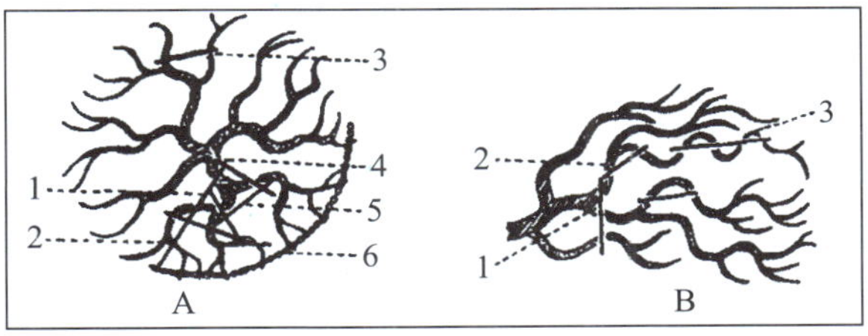

图 5-62　扬派盆景云片剪扎

A. 顶片剪扎　1. 平棕　2. 连棕　3. 拌棕　4. 平棕　5. 靠棕　6. 缝棕　B. 枝片剪扎　1. 靠棕　2. 平棕　3. 连棕

3. 修剪法

修剪也是树体造型的手段，一般是蟠扎基本造型后再进行的，通过修剪枝干，去除其多余部分，保留造型需要的部分，或有目的地培养新的枝叶，使树形美观、自然。在修剪时，可先将枯枝、平行枝、交叉枝、重叠枝、对生枝、骈生枝、轮生枝等进行调整，有些可剪掉，有些结

二维码 5-11
修剪正在蓄养幼枝枝爪的小榕树盆景

合蟠扎进行改造。

树桩盆景的修剪时期因不同植物修剪时期不同。如雀梅、六月雪、榆树桩等萌芽力强的树桩，每年要修剪 3 ～ 5 次，才能保持一定的姿态。罗汉松每年修剪 2 次，一般在 6 月和 10 月修剪。五针松每年修剪 1 次，一般在 4 月换新时进行，同时要摘去新芽 1/3。黑松和黄山松树桩，每年 4 月发新芽时，应抹去主芽，两周后生出的 2 ～ 5 个副芽可保留。黄杨桩、枸骨桩、金钱松，发芽后留 1 ～ 2 节摘心，多次发芽多次摘心，以使枝条短密壮实。花果树中的火棘、垂丝海棠、贴梗海棠等盆景，应多留短枝，少留长枝。石榴桩萌发力极强，需多次抹芽疏枝。梅和迎春可在花后短枝修剪，有利于新枝萌发。真柏、黄金柏 5 ～ 7 月间剪去树冠上的枯枝，摘去树冠以外的嫩枝，使树冠紧密圆满健壮。丛林工盆景的修剪，应有强烈的整体感和节奏感。落叶树桩落叶后，要进行疏枝修剪，去除病枝，保持形态完美，枝质健康。

二维码 5-12
盆景修剪

树桩盆景的修剪方法主要有抹芽、摘心、疏枝和截枝等。

（1）抹芽　抹芽就是抹去新萌发出来的不需要的嫩芽，让桩景健康生长。其实这也属于科学剪枝范围。萌芽力强的树种，常常在主干上或主枝上长出许多不定芽，不但白白消耗营养而且由于枝叶密集，通风透光性能差，影响花蕾生长，破坏树形。

（2）摘心　就是除去新枝顶端的芽，促进腋芽生长，摘心可控制枝条长度，缩短节距，使叶片密集，而且在一定时间之内还能保护桩景原有的美感，是很好的抑制变形的措施。树种不同，摘心的时间先后不一，松柏宜在 4 ～ 5 月，杂木在嫩枝长到预想设计时摘心，花果类避免在花蕾形成期摘心，关键要根据实际情况进行（图 5-63）。

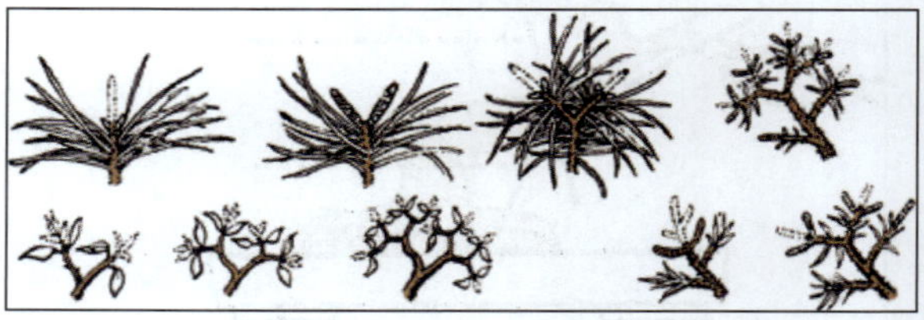

图 5-63　摘心

（3）疏枝　是针对桩景长期生长从而主枝分枝增多、密度过大，造成通风、光照条件差，易发生病虫害的现象，有碍观赏而采取的一项措施。这也属于科学剪枝范围（图 5-64）。

图 5-64　疏枝

（4）截　定型后的桩景经过长期的生长，因枝条的粗度和长度，已不能保持树姿的原有景观，便通过剪截、疏剪和其他的剪枝措施加以控制。对一年生枝条截去一部分叫短截。根据剪去部分的多少可分为轻短截、中短截和重短截。枝疏则截，截则密（图 5-65）。对多年生枝截去一段叫回缩。回缩既是缩小大树的有力措施，又是恢复树势，更新复壮的重要手段，也是岭南派“蓄枝截干”形成“大树型”的主要手法（图 5-66）。截是一个再创作过程，具体实施可将每组枝条缩短至一定比例，不造成脱节现象。剪截不仅可使植物得到生理平衡，也可使某些不理想枝条重新得到改造，以致产生更佳的观赏效果。

应注意的是：有些树种萌芽力强，有些树种萌芽力弱；还有开花、结果的，要有针对性地剪截。避免使呕心沥血的作品造成不必要的损失。

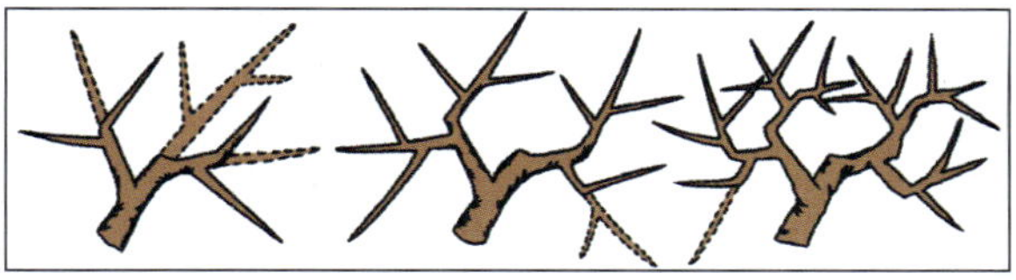

图 5-65　截（短截）

图 5-66　截（回缩）

4. 雕凿法

为了显示树木苍古，有时利用刻刀对树干进行雕凿加工，并剥去部分树皮，甚至将树干劈掉一半，使树木显示自然枯朽之态，以示历经沧桑之意，但是不可露出人工斧凿痕迹。此法常用于松柏类及体量较大的老树桩。雕凿法有时又称“枯干法”，但有些树桩根部也需要经过雕凿加工，方显得盘根错节，老态龙钟，犹如千年古木。具体雕凿方法有刻剥法、挖凿法、砍剁法、锤击法、钉刺法、撕折法、劈剖法等。

（1）刻剥法　对树干的树皮进行刻剥的技巧处理，模拟大自然树木饱经风雨吹打而成树皮干裂、卷曲、残蚀，突出树木久经风雨、历尽沧桑的刚毅形象。刻剥法主要包括：旋干剥、贴皮剥、间隔剥（图 5-67 至图 5-70）。

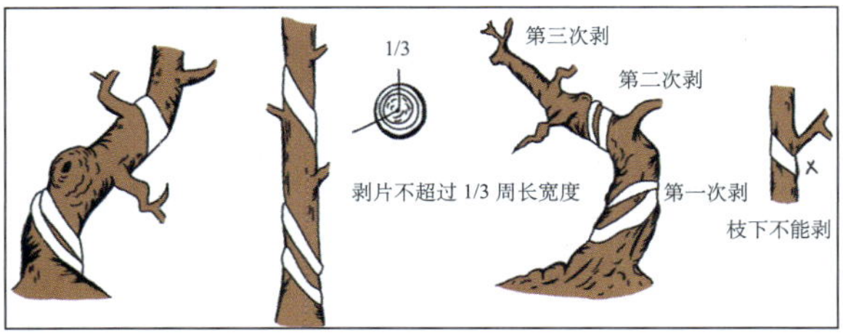

图 5-67　旋干剥

图 5-68　旋干剥实例

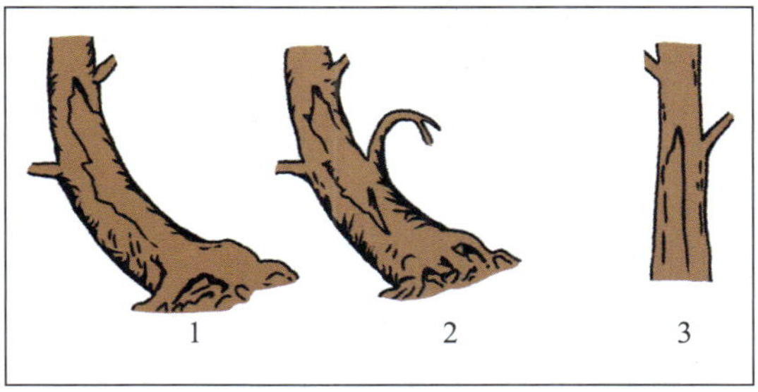

图 5-69　贴皮剥
1. 刻成不规则状　2. 挑起皮层卷曲　3. 不剥枝托处

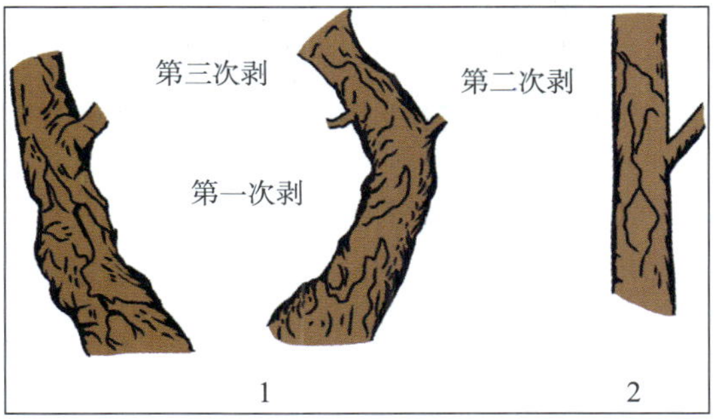

图 5-70　间隔剥
1. 剥皮面不宜过大过多　2. 不剥枝托下部

（2）挖凿法　对树木的局部进行挖凿、雕刻，使之形成孔洞、疤痕、沟槽，造成千疮百孔、疤痕累累、风残水蚀的古貌形象。树干基部洞偏小，挖凿后镶嵌入石头，进行局部掩盖。

在枝与干的截断处，可挖凿成疤痕、腐洞形状（图 5-71 至图 5-73）。

图 5-71 挖凿法 1
槽（左）洞（中）疤（右）

图 5-72 挖凿法 2
挖凿成疤痕、腐洞形状

图 5-73 挖凿法 3
树干基部洞偏小，挖凿后镶嵌入石头

（3）砍剁法 人工培养的树木主干常给人以光滑、平整、幼嫩的感觉，表现不出“历史悠久”的特点，运用砍剁的造型技巧对主干进行“老态”的着意刻画，以创造其苍古的肌理效果（图 5-74）。

（4）锤击法 与砍剁法一样，也是为了改变树干幼嫩的外观使其变“老”的技巧。它用钝器锤击使树皮受冲击压迫而变得凸凹粗糙、古拙苍老，突出树干肌理“点”的特征（图 5-75）。

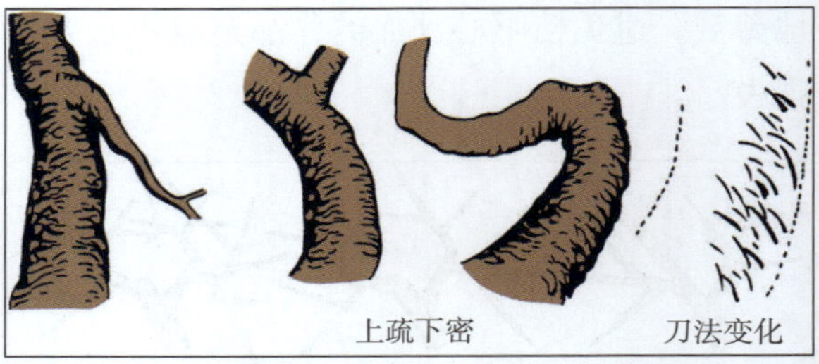

图 5-74 砍剁法

图 5-75 锤击法

（5）钉刺法 运用铁钉或锥子扎刺的技巧，使树木主干形成像虫钻蚁咬的小斑点，如同“鸡皮疙瘩”一般，给人以“曾饱经沧桑”的病态美（图 5-76）。

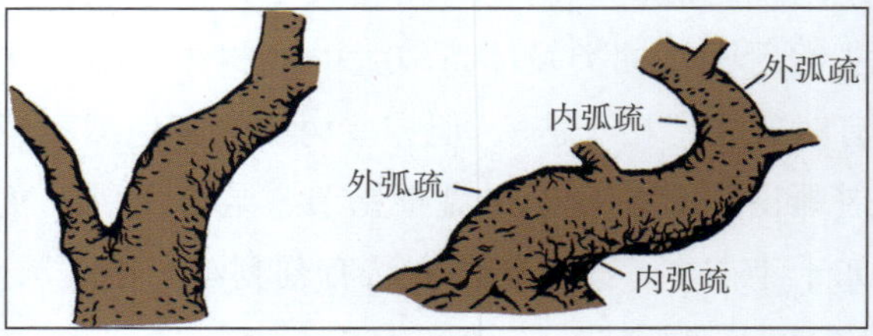

图 5-76 钉刺法

（6）撕折法 用人工手力撕折树木枝干，使干枝的梢尾毛糙古朴，如曾遭遇雷劈电击一般，给人一种具有顽强坚毅、不畏强暴的表现力（图 5-77）。

图 5-77 撕折法

（7）劈剖法　运用锋利的刀具对树木主干进行劈剖造型，既可对不合理想、影响视觉形象的树干中部隆起部位实施割除，也可对过于呆板的树木主干进行人工改造，对它们加以修饰整理，以达到增强主干质感变化的目的（图5-78和图5-79）。

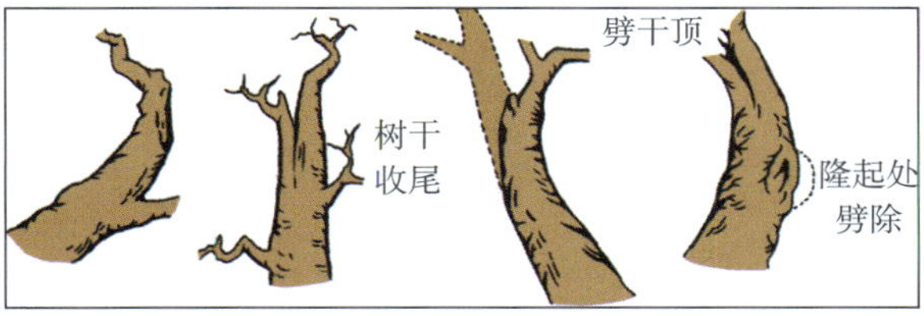

图 5-78　劈剖法

图 5-79　劈剖法实例

5. 换头（接枝法）

为了改良品种，提高观花观果盆景的观赏价值，可在比较理想的老桩上嫁接它种树木（有一定亲缘关系的）。如在狗蝇蜡梅桩头上接素心梅，在刺梅桩上接月季等。有时一些树桩的地上部分不够理想或有局部缺枝现象，也可用嫁接的方法在同种树木的枝或芽进行不同花色的换头或接枝，可在一株上嫁接不同颜色的花，以提高观赏价值（图 5-80）。

6. 分身法

将野外采掘的树桩用锯、剪、劈的方法分解成两个或数个桩头，从而培育出多株桩景的方法。分身法实质上相当于分株法。如南天竹、贴梗海棠、竹等成丛生长的桩景植物，分割成数株独立新株，以作小型或微型盆景材料。或野外挖得连根式桩景素材时，若整个根部形态不太好，就可把它分割成多棵新株，改制丛林式或其他小、微型桩景。有时在野外挖到大桩，虽然形状不错，但难以搬动和运回，即使运回也难以植于合适盆中，这时就可根据形状特点，把它锯截成形状较好的几株独桩，分别造景。分割时尽量保留根系，确保成活。

图 5-80　换头

7. 悬根法

又称“露根法”或“提根法”。就是使树木的根部外露出土表之上，显示树木根部形态美，有时也可人工将树根进行盘曲，从而使盆景达到苍古奇特、盘根错节的艺术效果。这是从大自然中许多古木因长年累月的水土流失而根部裸露于土面所获得的启示。提根可结合换盆，逐年进行。即每次换盆都有意识地使根部露出一些；或将用围砂处理的树桩，随着逐渐解除围砂，使部分根系露出土面。在桩头成活后的养护过程中，利用浇水，逐渐冲去上层土壤，不断使根外露，此法速度较快，而又不影响树桩的正常生长。

常见的悬根技巧有：松基法、提根法、套根法、压根法等。

(1) 松基法　在树木的基部，经常用小刀、竹签、木条等物，轻轻地撬松泥土（每次松土不宜过深），然后利用树木养护浇水时，水对树基泥土的冲刷作用，促使树木根系的显露（图 5-81）。

(2) 提根法　利用每年春季换盆时，有意在盆底加上一层粗培养土，然后将根上提稍加整理，盆边加瓦填土，放入盆内种好，待根系下扎之后，除瓦去土使根显露（图 5-82）。

图 5-81　悬根技巧——松基法
1. 松土　2. 淋水

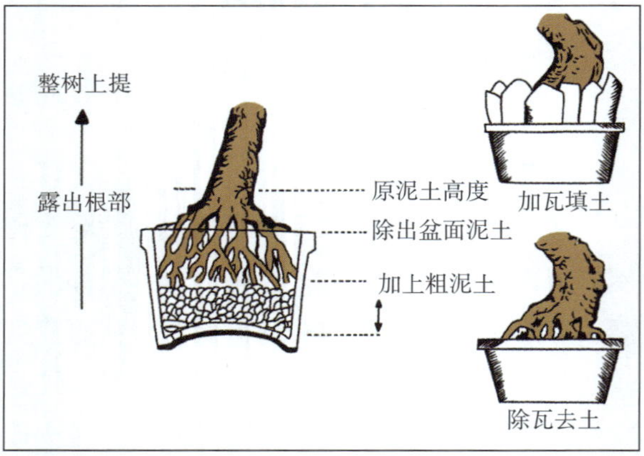

图 5-82　悬根技巧——提根法

(3) 套根法　将原盆底部全部凿穿，套在另一盛满培养土的盆上，使树根逐渐下扎，然后根据根系的生长情况，逐步由上而下地去除上盆的泥土，使树根逐渐裸露，直至除去上盆。使盆树根系发达，增加树根的高度，提高树木根系的观赏效果（图 5-83）。

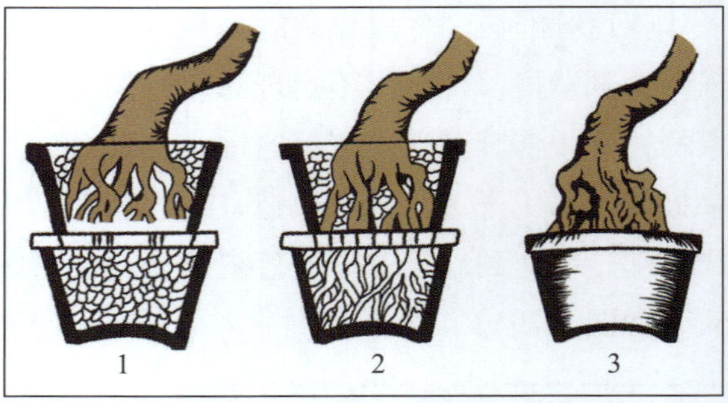

图 5-83　悬根技巧——套根法
1. 加下盆　2. 根从上长下　3. 除去上盆

(4) 压根法　适合于“附石式”盆景。将具有一定长度的盆景树木根系，按照石材的特点和创作意图，用细铅丝或铜线，缠绕扎压在石缝中，再在石缝中填入泥浆，将树木和附石一起种植于盆内。以后根据生长状况，逐步由上而下扒开石上泥土，松开扎缚线，露出根部，修剪多余之细根。这样，根系长得粗壮而且紧贴石缝，形态自然生动，树与石浑然一体（图 5-84）。

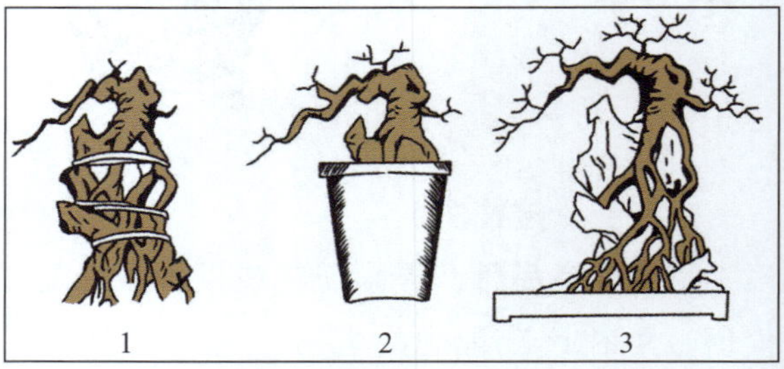

图 5-84　悬根技巧——压根法
1. 捆缚　2. 高盆种植　3. 松缚显露

8. 接根法

接根是在制作悬根式桩景时，如果桩景素材的根部按造型要求缺少一条或几条根，就可用根接法接上同种树木的根，以提高观赏效果。

三、树桩上盆

（一）选盆

造型优美的桩景，只有配上大小得当、深浅适中、款式相配、色调协调、质地相宜的盆钵，才能成为较完美的盆景艺术品。

1. 大小得当

盆过大，盆内显得空旷，树木显得矮小，盛土多，蓄水也多，植物易徒长甚至不注意浇水也会烂根；盆过小，又会显得头重脚轻，缺乏稳定感，水分养分不足，影响生长。一般地，孤植矮壮型树木，盆口必须小于树冠范围，盆长大于树干高度；孤植高耸型树木，盆口必须大于树冠范围，盆长小于树干高度；合栽式用盆应稍大些，以表示一定的空间环境。此外，用浅盆时，盆口宁大勿小，用深盆时宁小勿大。

2. 深浅适中

过深，树木显得低矮；过浅，使主干粗壮之树显得不够稳定（根底太浅），且难以栽种。一般地，合栽式宜用最浅的盆；直干式盆较浅。斜干式、卧干式、曲干式用深盆；悬崖式用最深的签筒盆；大悬崖式有时用中等深浅的盆，以显示垂枝干的长度。此外，规则造型一般习惯深一点的盆，自然式造型，特别是附配件的，盆应适当浅一些。

3. 款式相配

款式与景物内容在格调上要一致。如树木的姿态刚劲挺拔，则盆的线条宜刚直，用四方形、长方形及各种有棱角的盆，以集中表现一种阳刚之美；如树木的姿态虬曲婉转，则盆浅以曲线为主，用圆形、椭圆形及各种外形圆浑的盆，以显示一种阴柔之美；形态挺直的树木宜用矮脚盆；横斜飘逸的树木宜用高脚盆；生长快，根系发达的树木宜用瓢口或直口盆，以便换盆；生长缓慢，根系不发达的树木则各种口式的盆均可用。传统规则式造型的树木，宜用长、宽、高比差不大的圆形或正方形盆，以及海棠形、六角形、梅花形等；无明显方向性的树木宜用圆形、正方形浅盆；斜干式宜用长方形、椭圆形浅盆；多干式、丛林式、连根式、附石式等景物内容复杂的，宜用形状简单的长方形、椭圆形盆。

4. 色调协调

盆与景物的色彩要既有对比又能协调，并以协调为主。松柏类树木四季苍翠，配上深红色、暗紫色一类浑色紫砂陶盆，更见古雅浑朴；花果类色彩丰富的树木，宜配色彩明快的陶釉盆，景色更加醒目。如红梅、贴梗海棠、紫藤、火棘等可配白色、淡蓝色、淡黄色的釉陶盆；黄杜鹃、白梅、金雀、迎春等可配色彩较深的釉陶盆；红枫配浅色，银杏配深色。此外配盆时也要注意树干的色彩。

5. 质地相宜

盆质地对观赏和树木生长有一定影响。松柏类一般用紫砂陶盆，杂木类用釉陶盆；微型盆景宜用釉陶或紫砂陶盆；特大型的可用凿石盆或水泥盆，观花观果类可先用瓦盆培养，待到观赏期外套瓷盆或釉陶盆以供观赏。

以上只是一般规律，我们在具体运用时也要注意灵活掌握，具体问题具体分析，具体树木具体对待，要从美的方面去感受，只要能给人以美感，用什么样的盆都没有固定的格式，尽管选用。

（二）用土

树木盆景的盆土选用必须根据树种的生物学特性来进行，才能有利于植物生长发育。不同树种对土壤要求各不相同，或酸性土，如杜鹃、山茶、檵木等；或中性土、钙质土，如榔榆、榉树、朴树等；而柽柳、枸杞则能耐碱土。但一般盆景植物都需要疏松肥沃，排水良好，富含腐殖质的土壤。盆土种类很多，有腐殖土、稻田土、山泥、腐叶土、塘泥土、河砂等，一般都能作盆景用土，通常用配制过的培养土（园土：腐叶土：粗沙 =4：4：2）。

（三）树木栽种

选好盆和土，即可上盆栽树。栽种时间一

般是在树木进入休眠状态到萌芽前这段时期内，若有较好的管理水平和条件，一年四季均可栽植，但最好避开严寒酷暑。

先将排水孔用碎瓦片或铁丝网、塑料丝网等填塞，起阻土排水作用。最深的签筒盆需要较多的碎瓦片将盆下层垫空，以利排水。如果此项工作做不好，轻则影响树木生长，重则引起烂根甚至死亡。盆栽较大的树木，须用金属丝将根与盆底扎牢。方法是先在盆底下放一铁棒，使系于根上的金属丝穿过盆孔扎住铁棒，这样便能固定住树木，不致摇动而影响生长和造型观赏。

树桩上盆与一般盆栽植物有异，应注意其姿势的正斜、俯仰与腹背关系等，不能仅求端正，要根据不同树桩的各自特点来确定其方向、位置和势态，符合盆景造型艺术构思。树桩初次上盆，尤其要注意根系的删、剪、去、留得当。首先是注意主根剪截的分寸与盆面露根的高度；其次是在保持造型基本骨架前提下，兼顾根系删剪与枝叶去留之间的消耗平衡；再次是注意剪口光滑平整，不能留有碎裂或腐朽之根。此外，还要根据需要将根理顺或扭曲。

填土时从盆底到盆面，土壤由粗到细，而且边填土边用竹扦将土与根贴紧，但不可压得太实，只要无大空隙即可，以利透气透水。土填至盆口处，稍留一点水口，以利浇水。如系浅盆则不留水口，有时还要堆土栽种，这要根据具体情况而定。

树木栽下便可浇水。新土较松、最好用喷壶喷水，第一次务必浇足水。然后置于无风半阴处，注意经常喷水，待半个月至1个月后便生新根，以后便进入正常管理阶段。

（四）配石与配件

树木盆景中常用山石或配件与树木配合布置。在一盆松柏盆景中，适当配置一些山石，会使盈尺之树，显示参天之势，或具山野之趣。在悬崖式盆景中，放置尖削的峰石于根际，就仿佛树木生长于悬崖峭壁之上。树木盆景有山石点缀，既增添了诗情画意和自然之趣，又是一种衬托对比的手法，如松石盆景和竹石盆景，是艺术再现自然景观的重要手法之一。设置树木盆景配件要注意符合自然环境，注意远近、高低的大小的比例，以及色彩的调和。配件通常放置于盆景的土面或配石上。

放置什么样的配件或山石，要根据创造意境的需要而定，切莫乱点乱缀，不能“画蛇添足”。例如：《潇湘流水》点缀湘姬吹笛；《清池饮马》点缀低头饮水的瓷马和浑厚石块等都起到了“画龙点睛”作用（图5-85和图5-86）。

图5-85 《潇湘流水》

图5-86 《清池饮马》

（五）桩景上盆案例

《浩气》的造型轨迹

《浩气》（图 5-87 盆景成型参加展览时的树照）是曾宪烨先生从野外采回的雀梅野桩，经十年精心培育而成的，并在 2005 年 10 月广东阳江“文化江城”艺术节上获得铜奖。《浩气》是典型的岭南派盆景，曾先生运用娴熟的蓄枝截干的技法，缩龙成寸的表现手法，成功地塑造了《浩气》的造型，表达了“吾养吾浩然之气”之意。下面将《浩气》的养育过程以二维码形式，作为桩景的造型案例介绍给大家以供学习参考。

二维码 5-13 《浩气》的造型轨迹

图 5-87　《浩气》

四、树木盆景养护

树木盆景，既是艺术品，又是生命有机体。作品基本成型后，尚需日常养护培育，给予适当的水、肥、温、光、气以及修剪、翻盆、病虫害防治等，才能保持其艺术生命力和进一步提高其艺术观赏价值。

1. 放置

光照和空气对盆景树木的生长非常重要。树木盆景一般放置于通风透光，而且露水能打着的地方，不宜长期置于光线不足的室内。纵然是较耐阴的树木盆景，也需要有一定的光照，才能生长良好、旺盛、充满生机。

一般将盆景置于庭园中，室内只作短时间的陈设观赏，即使需要长时期进行室内装饰，那也应该经常调换出室外，在自然环境中吸取足够的阳光、空气、雨露。夏季早晚出房，冬秋中午出房。在室外要注意夏季防烈日暴晒，冬天防严寒冰冻。

树木对阳光的需求量有差异。针叶松类多为阳性，如雪松、五针松、黑松等；鳞叶柏类树种多耐阴，如真柏、罗汉松、竹柏等。落叶阔叶树木多为阳性，如梅、海棠、紫薇等；常绿阔叶树木多耐阴，如黄杨、杜鹃、山茶等。树叶质薄而大，且展开者多为阳性；叶质厚或革质树种多耐阴。旷野、阳坡上的树木多为阳性，如映山红、雀梅等；野生林下小灌木多为阴性，如六月雪、虎刺等。

树木对温度的适应差异亦很大，有喜温树种，亦有耐寒树种。南方树木一般喜温，不耐寒，冬季应在室内或温室内防寒越冬。而北方较耐寒的树木，可在室外露地越冬，如果为防止盆钵冻坏，可将盆子埋入土中，但具体处理还要看盆景所在地的气候状况，因地制宜。

盆景生产基地，一般要求地势高燥，通风、透光、无污染（包括大气污染和水体污染）、病虫害少、水源条件好等。

2. 浇水

浇水是树木盆景的主要管理措施之一，看起来似乎简单易行，但事实上有不少树桩却死于这个问题上。

（1）常规浇水　通过浇水，来弥补因盆土有限而带来的水分、养分不足。盆土干燥应及时浇水，但浇水不宜太勤，否则水分过多，盆土经常保持潮湿，树根处于长时间的缺氧状态易烂根；干旱不及时浇水，也会使树木因失水过多而死亡。一般原则是“不干不浇，浇则浇透”，防止“半截水”。

浇水还要根据树种习性、生长季节和阴晴天气情况等。一般春秋季晴天每天浇一次，宜在中午浇水；夏季气温高，生长旺盛，蒸发量大，每天浇两次，早晚各一次；冬季隔几天浇一次（中午），以查看盆土干湿为准。遇低温、冰冻时，不可缺水，以防“燥冰”损害树木。

树木浇水又有根部浇水和叶面喷水两种情况，一般常绿树种及喜湿树种如松柏、杜鹃等，可常对叶面喷水，落叶树种多用根部浇水。所用之水，一般以池塘水较理想，自来水因含氯和温差，应搁置于水缸中一天后使用。浇水时的工具以带莲蓬头喷壶为好。

（2）失水后的抢救　树桩盆景一旦失水，阔叶树种即新叶下垂，老叶卷曲；如遇日灼则焦叶更快。针叶树种则针叶软曲。严重者小枝树皮皱缩，此时应先进行少量根部浇水，同时叶面充分喷水。约一小时后再补浇一次，渗透至盆底，情况更严重者还需将盆景移至遮阳处，此后每天叶面喷水 2 ～ 3 次。直至盆口能够干燥，说明根部吸水能力已经恢复，方可恢复正常浇水。

树木失水后不能一下子浇太多的水，以免根系吸水过猛，皮层断裂，导致死亡。此外，如将失水盆景脱盆，删去部分已枯的枝叶，移栽于遮阳处，晴天叶面适当喷水，也可挽救。

（3）霉根树桩的浇水护理　由于上盆时或翻盆时盆底处理不当，排水不畅，盆土长期过湿，或长期浇水过多，或施肥时间不当（如休眠期施肥），往往造成霉根。霉根发生时，整株叶色逐渐变黄，陆续掉叶，枝叶日渐稀疏。盆土一直为潮湿状态。

护理时叶面适当喷水，疏松盆土，或多开气孔，沿盆口边缘用铁棒垂直下戳，直达盆底，使整个盆土结构上下都能扩大水分的挥发和吸收空气。雨天则及时遮盖盆面，防止雨水渗入。高温季节移至遮阳处也要严格绝水，直到盆口易干，可算基本解决问题。但因霉根树桩通常长势较均，在相当长的时期内仍需要精心护养。必要时应翻盆换土，剪去腐根，并加以精心护理。

（4）高温与风燥期的护理　在高温与风燥气候条件下，植物叶面的蒸腾量很大，单靠盆口浇水，不足以改善环境空气湿度，有些虽为阳性树木，在供水及时的情况下，也难免日灼之害。这时就要将盆景移至荫棚下，叶面经常喷水，但对落叶树木不必喷水，以免徒长。

（5）冬季水分控制　冬季进入休眠状态，水分消耗量降低，则必须减少盆景浇水量。除盆土浅薄的盆景在晴燥天仍需每天查看补水外，一般盆景可间隔 1 ～ 2 d 浇水。但为谨慎起见，还是要每天检查盆口干湿程度，考虑是否浇水。在严重低温的冰冻天气，则应对盆土较燥的盆景及时补给水分，以免干冻。

3. 施肥

盆景盆土的养分供应有限，但为了满足盆景树木生长发育的需要，应及时补给营养，注意定期施肥。一般树木生长缓慢，不须施肥太多，否则会徒长，影响树姿的美观。要做到适时适量，当然也必须掌握肥料种类和养分含量。

植物生长所需养分主要有三种：N、P、K。N 促进枝叶生长，P 促进花果生长，K 促进茎干和根部生长，所以施哪种肥料应根据树种特性和生长情况而定。观叶树种宜多施一些 N 肥，观花观果树种宜多施一些 P 肥，山茶、杜鹃、栀子等喜酸性土的树种宜适当施些矾肥水。

有机肥要充分腐熟后才能施用；液肥宜稀忌浓，不宜沾上叶片；新栽树木不宜施肥；盆土干燥，施肥后必须浇水；梅雨季节及秋季一般不施肥雨前施肥；生长季节追施速效性肥，休眠期则宜施迟效性肥。

4. 修剪

修剪是桩景整形的主要技术措施之一，对于落叶类更为重要。盆景树木是不断生长的，如果不加抑制和修饰，即使已经成型的盆景作品也会发生造型的变化而失去艺术价值。所以，要及时修剪，长枝短截，调整疏密。松树类应在芽刚萌发时摘心，控制新枝长度，以保持优美的树姿和适当比例。

（1）摘心　为抑制高生长，促使侧枝平展，可摘去枝梢嫩头。

（2）抹芽　树干或干基生长出许多不定芽，应随时抹去，以免萌生叉枝，影响造型。特别是榆、雀梅、迎春、六月雪等易萌芽树种，更应注意及时抹芽。

（3）摘叶　观叶树木盆景，其中有许多种类的观赏期往往是新叶萌发期，如槭树、石榴等，嫩叶红色可观，通常采用摘叶措施，可使树木一年发几次新叶，鲜艳悦目，摘叶后的叶片颜色呈嫩绿色，叶形变小，从而提高观赏效果。榔榆、银杏等树种盆景，均可利用摘叶的方法，观赏鲜嫩的新叶（图 5-88）。

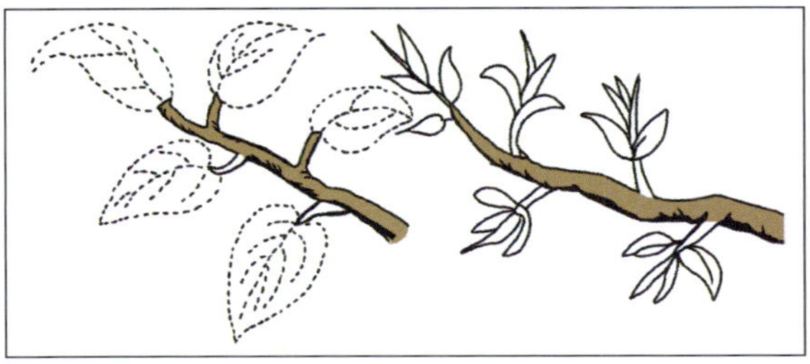

图 5-88　摘叶

（4）修枝　摘心、抹芽不及时或树冠扎片造型需要时，长出许多新枝条，必须加以修剪。修枝方式应根据树形来定。徒长无用的枝条从基部去掉，结合树冠造型的，则要“定向修剪”。有碍美观的枯枝、平行枝、交叉枝、轮生枝等均全部剪去。

5. 翻盆

树木盆景培养一段时间后，树木经过几年的生长，其须根往往密布盆底，浇水难以渗透排出，肥料也不易渗透吸收，必然会影响树木的正常生长发育，这就需要进行翻盆换土。

翻盆可用原盆或换稍大些的盆钵，具体根据树木大小而定。翻盆应结合修根，添换新土等，根系太密太长的应予以修剪删疏。换土则是改善盆土的物理性能和营养条件，有利于树木正常生长。翻盆时期以休眠期为佳，大多在春秋二季。如保留原土较多，则随时可翻盆，不受季节限制。

一般小型树木盆景每隔 1 ～ 2 年翻盆一次；中型盆景每隔 2 ～ 3 年翻一次；大型盆景则 3 ～ 5 年翻盆一次。如果是老树桩景，则可多隔几年翻一次盆。生长旺盛、根系发达、喜肥的树种，翻盆次数应多一些，间隔年限短；生长缓慢，需肥极少的树种，间隔年限可长些。松柏类老树桩不宜常翻盆。

还可通过观察根部生长情况看是否需要翻盆。在盆土不干不湿时，将树木连根带土倒出，检查根系分布和土块板结情况，若土壤较板结，根系密布于盆土底面或侧面，则说明需要翻盆。

树木新根发育生长不良，根系未密布土底，则原盆翻盆，不加修根，适当换些新土，以固其本。根系发达，须根密布底层，应换稍大些的盆，疏剪密集之须根，去除老根或腐根，保留少数新根即可，添新土。一些老桩景，在翻盆时可适当提根，以增加其观赏价值。并修剪去老根和根端部分，培以松肥土，促新根。

松柏类树种根系不发达，须根少，伸长的细根，可酌量剪去根端部分；黄杨、竹类等须根发达，应将需要修去的须根全部剪掉，控制须根保持一定的密度生长，翻盆时换新土。

6. 病虫害防治

盆景树木发现病虫害，应及时采取防治措施，避免盆景树木受到病虫损害，甚至死亡。常见的树木病害有根腐病（或根瘤病）、茎腐病、溃疡病、叶斑病、黄化病、白粉病、炭疽病、锈病、叶枯病、烟煤病、褐斑病等。常见虫害有蚜虫、红蜘蛛、介壳虫等。防治方法如下：

根腐病（或根瘤病）：注意盆土的消毒和浇水量的控制，发现根瘤，应彻底剔除；

茎腐病、溃疡病：及时用药物防治，如喷洒波尔多液，涂以石硫合剂等；

叶斑病：摘病叶，喷洒波尔多液；

黄化病：0.1% ~ 0.2% $FeSO_4$ 液喷洒叶面；

白粉病：0.3 ~ 0.5 波美度石硫合剂喷洒；

叶枯病：摘病叶，65% 代森锌湿粉 600 倍液每隔 7 ~ 10 d 喷一次，连续三次；

锈病：及时除杂草、病叶，代森锌 500 ~ 600 倍液喷洒；

炭疽病：摘病叶，病初喷洒 50% 多菌灵湿粉 500 ~ 600 倍液，或 50% 甲基托布津 600 倍液；

褐斑病：摘病叶，65% 代森锌湿粉 600 倍液喷洒；

烟煤病：消灭蚜虫、介壳虫，清洗叶面，通风透光。

蚜虫：40% 乐果 2 000 ~ 3 000 倍液每周喷洒一次，或 2.5% 鱼藤精 800 ~ 1 200 倍液喷洒；

红蜘蛛：喷洒 40% 乐果 1 500 ~ 2 000 倍液，或 50% 亚胺硫磷湿粉 1 000 倍液，或煮辣椒水喷杀；

介壳虫：人工摘除，或喷洒 40% 乐果乳油 1 000 ~ 1 500 倍液，或 80% 敌敌畏 1 000 ~ 1 500 倍液喷杀。

复习思考题

1. 何为“桩景”？
2. “桩景”的树桩来源有哪些？
3. 野外采桩应注意哪些问题？
4. 人工育桩方法有哪些？
5. 市场购桩应注意什么？
6. “桩景”制作时较粗的树干如何弯曲？雕凿方法有哪些？
7. 露根技巧有哪些？

思政案例

中国老一辈盆景大师——王寿山

1909—1988 年，江苏省泰兴人，曾任泰州市盆景园负责人、江苏省花卉盆景协会理事、扬州市花卉盆景协会常务理事、泰州市花卉盆景协会副理事长。王寿山先生出生于盆景世家，曾祖父王祥源在嘉庆年间就从事花卉盆景业。民国初年，其父王景苏在泰兴租地开设森茂花园。王寿山 14 岁正式随父学艺，为王氏盆景世家第五代传人，到 20 岁时，其剪扎技艺已相当娴熟。60 余年盆景艺术实践经验，总结出创（制）作扬派盆景“层次分明，严整平稳”，具有“铁笔细描”装饰美的扬派风格。为继承扬派盆景，在继承传统上进行创新，作出重要贡献。王寿山是我国著名的盆景老艺人，其一生辛勤，为后人留下众多传世的盆景作品。

1989 年 9 月，建设部城建司、中国园林学会、中国花卉盆景协会授予王青山“中国盆景艺术大师”荣誉称号。

模块六　山水盆景的制作

知识目标：

1. 描述硬石切割和山石胶结的操作步骤。2. 描述作品的立意构思。

3. 判断材料（石、盆）选取是否恰当。

技能目标：

1. 进行硬石切割和山石胶结操作。2. 能够合理布局，运用以上理论完成作品制作。

素质目标：

1. 正确操作，培养安全意识。2. 在操作中培养吃苦耐劳的品格。

山水盆景是指以浅口盆为容器，以山石为主要造景材料和主要构景物，经过精心布局和加工，以亭、桥、舟船等为配件，再配以草木，模仿和表现大自然真山真水天然景色的一类盆景。山水盆景以表现山水景观为主，具有"缩地千里、小中见大"的艺术特点。

学习情境一　山水盆景各式

山水盆景按照其表现的内容和形式，分为水石盆景和旱石盆景两种形式。水石盆景主要表现大自然有山、有水的景观。石料经加工后置于浅水盆中，表现大自然层峦叠嶂、险峰危崖景观。水石盆景的盆中贮水，并有植物及小配件作点缀。旱石盆景主要表现大自然有山、无水的景观，是将山石放置在盆内，盆中全部盛土，并按照自然景色的特征，种植树木植物，并点缀配件。

一、水石盆景

水石盆景是山水盆景中较常见的类型，还可以分为以下各式：

（一）悬崖式

悬崖式山水盆景（图 6-1）用来反映自然界中悬崖峭壁的惊险之态，象征威武不屈和在逆境中拼搏进取的精神。一般主山呈明显的悬崖状，置于盆的一侧，山头向中间悬出。悬崖式山水盆景在制作时应注意以下几点：

1. 注意悬出部位与整体的比例

重心是制作悬崖式山水盆景成功与否的关键。由于悬出了一部分，重心往往会向前移动，因此姿势角度一般要向侧前方倾斜，掌握重心，防止产生不稳定感。

2. 忌四平八稳

为追求悬崖的惊险和动势，使画面看起来更生动，悬崖式山水盆景在感觉上应是下轻上重，让人感觉下部作为一个基础去承担上部的重量和压力。应稳中求险，险中求稳。

3. 对比要强烈

悬出部位是整个造型的主体，主要观赏面的曲线对比要强烈，以大曲线为主，小曲线为辅，皴纹线条宜刚硬，而山的背部曲线则应简洁明了。

4. 主题要突出

山腰和悬出的后部要收紧，不能拖泥带水。山脚布局宜简洁、低矮，并形成曲线，以丰富山脚的变化。主峰朝向画面中心的山脚，可适当延伸，背向山脚必要时可以切除，使画面既干净利落，又稳定均衡。

5. 主次要协调

配峰的形态应与主峰相呼应，既可作远山处理，也可以用类似的悬石做陪衬。高度一般不要超过主峰的1/3，配峰的山脚宽度应小于主峰的底脚宽度。如果配峰高则底脚宜窄小；配峰矮，则底脚宜左右拉开。

6. 造型应把握清瘦的主调

盆景的整体造型，尤其是山腰部位，应以清瘦为主，避免臃肿。这样才能衬托出盆景上部的险和下部的秀。

二维码 6-1　悬崖式山水盆景

图 6-1　悬崖式山水盆景

（二）象形式

象形式山水盆景（图 6-2）是以山石的体形、轮廓表现出大致类似于某些人物、动物以至器物形象的造型形式。

图 6-2　象形式山水盆景

（三）怪石式

怪石式山水盆景（图 6-3）无明显的标准，只要外形奇特，能给人以美感即可。通常要求山腰部分要虚要瘦，整体应比例恰当，舒展大方。

图 6-3　怪石式山水盆景

（四）孤峰式

孤峰式山水盆景（图 6-4）就是在盆内只放一块经艺术加工，形态优美、体态高大的山石。为避免单调，也可用几块矮小的山石，在盆中适当位置加以衬托，但绝不能过大过多，以免喧宾夺主，破坏整体形象。孤峰式山水盆景要突出山峰的高耸和突兀之感，一般峰高是盆长的 80% 左右，也可大于盆长。山石不宜置于盆中央，也不宜紧贴盆边，一般稍稍偏左或偏右。

图 6-4　孤峰式山水盆景

（五）对峙式

对峙式山水盆景又称偏重式山水盆景（图 6-5），由一大一小两组山石组成，分别位于盆的左、右两侧，较高大的一组为主体，较矮小的一组为客体。两组山石在“形”上是断开的，在“意”上又是相连的，构成一个统一的整体。切忌两组山石高低大小相似，主、客体不分。

图 6-5　对峙式山水盆景

（六）开合式

开合式山水盆景（图 6-6）是盆中景物分作三个景物组合，在盆面上形成不等边三角形布局。其中两组景物在前，一左一右分立布局，具有“开”的特点；同时另外一组景物在后，联络于前两组景物中间，起到“合”的作用，一开一合，把近、中、远景浑然一体地布置于同一盆之中。三级景物要有主次之分，不可等量齐观，在平面布置上也不能成等边三角形。

图 6-6　开合式山水盆景

（七）延绵式

延绵式山水盆景（图 6-7）是景物从盆的一端向另一端蜿蜒伸展，构成长长的延绵状山脉，表现群山起伏、重峦叠嶂的景观。峰峦层次较多，但主峰只有一个，而且要有主次之分。在布局上应力求含蓄，空间不宜太满，注意留空白。

图 6-7　延绵式山水盆景

（八）聚散式

聚散式山水盆景（图 6-8）是山峰较多，有聚有散，有大有小，并且山峰与山峰成立状的布局。从立面上要有高有低，错落有致。更应突出主次关系，不可将群峰排在一条线上。

图 6-8　聚散式山水盆景

（九）立山式

立山式山水盆景（图 6-9）是盆中各峰石的纵轴及皴纹线都垂直于或基本垂直于盆面。这种立面造型形式可与平面布局中的任何一种形式相配合，如直立的孤峰式、开合式等。

（十）斜山式

斜山式山水盆景（图 6-10）是峰石纵轴及皴线并不垂直于盆面，与盆面形成一定的夹角，具有强烈的动感，但要动中求稳，做到动而不乱。平面构图中的孤峰式、开合式、聚散式、对峙式都可与斜山式配合。

图 6-9　立山式山水盆景

图 6-10　斜山式山水盆景

（十一）横山式

横山式山水盆景（图 6-11）是山石长轴及皴纹线平行于盆面，山石层层相叠，如同云层，岩层两端要参差不齐。制作横山式盆景时，盆景平面构图中聚散式与其不能相配。

图 6-11　横山式山水盆景

二、旱石盆景

旱石盆景是将山石、草木置于浅口盆中，盆中有土无水的“浅盆薄土”造景法所制成的山水盆景。通常用来表现草原、森林、沙漠、绿洲等自然风光（图 6-12，图 6-13）。

图 6-12　旱石盆景 1

图 6-13　旱石盆景 2

三、三远式

我国山水画中有“三远”之说：“自山下而仰山巅谓之高远，自山前窥山后谓之深远，自近山而望远山谓之平远。”水石盆景中同样有“三远”。

高远式盆景（图 6-14）常用来表现崇山峻岭、悬崖陡壁、群山巍峨的名山大川之风光，是一种常见的山水盆景款式。高远式的主峰高耸险峻，主峰高可达盆长的 4/5，山石占盆面的 3/5，水占盆面的 2/5 左右。配峰低矮，以衬托主峰之高大挺拔。高远式山水盆景常选用刚直有力的瘦质型硬质山石，用椭圆形或长方形盆钵。为了形成上下呼应，常在山峰下部制造平台，在平台上安置亭、塔、茅屋等配件。

图 6-14　高远式盆景

深远式盆景（图 6-15）又称全景式。它把近、中、远三景浑然一体地布置于一盆之中，以表现景致规模宏大，气势磅礴，层次丰富，意境深远。多以一峰为主，群峰夹峙，前后山峰重重叠叠，有隐有现。三组山石在盆中的位置切忌呈等边三角形，水面占盆面的 1/2 左右；多用长方形大理石浅口盆钵，盆的长宽比多为 2 ∶ 1。只有较宽的盆钵才能使山峰前后拉开一些距离，表现出远山的深远。

图 6-15　深远式盆景

平远式盆景（图 6-16）多为低矮平缓的远山，延绵不断，无险峰奇石，排列错落有致，主峰高是盆长的 1/5 左右，水面占盆面的 2/3 左右，如山石太多就难以呈现水天相连、一望无际的气势。平远式用来表现水域辽阔的江南风光、鱼米之乡的景致。布局时还要注意山脚的处理，特别是水岸线，要曲折多变，若隐若现，切忌平直无奇。在完成整个山石布局以后，就可进行植物配植和配件点缀。

图 6-16　平远式盆景

学习情境二　山水盆景制作

山水盆景的制作过程主要包括立意、选石、配盆、石料加工、山石的布局、山石胶合、整理、栽种植物、点缀配件、题名和陈设。

一、立意

立意是山水盆景创作前的酝酿和思考过程，也是作者确定自己的创作意图和创作动机的过程。在山水盆景的创作中，立意必须具有真实性。只有真实才能表达出真情实感，也才能具有艺术的感染力。立意还应新颖有个性，在模仿大自然崇山峻岭和湖光山色的同时，传达一种精神、一种情感，突出内涵。

二、选石

山石材料是山水盆景创作的主要素材，山石种类繁多，一般可以从大自然中采掘而得，其质地、形态、色泽、皴纹都具有天然本质。

选石有两种方法：一种是“因意选材”，即根据创作意图选择石料的种类、形状和色泽等；另一种是“因材立意”，即根据石料的种类、形状和色泽等因素来决定创作意图。例如选择皴纹直立简炼、形状长条、轮廓自然的砂积石作为盆景素材时，最适宜表现剑峰峻峭、高耸挺拔的山景景观。

选材时还应注意素材的质地、种类、皴纹一定要统一，一盆盆景最好只选用一种素材，色彩差异不可太大。选材时还应注意适当地多选择一些山石，给制作留出余地。

三、配盆

配盆是山水盆景整体造型中不可分割的部分。好的配盆本身就是件艺术品，配盆还必须与盆景主体保持和谐统一。

山水盆景的配盆讲究造型轻巧，如盆体狭长、盆边薄、盆口浅等。为方便贮水，一般采用无洞眼的水底盆。材质一般以汉白玉、大理石、花岗岩等为好，其次是釉陶盆，特大型山水盆景也有采用水泥盆的。颜色通常选用白色、淡蓝、淡绿、淡黄等浅色，还可少量选用黑色、紫砂、陶瓷、釉彩等盆。具体选用时要根据盆景的表现内容及山石的色彩而定。

山水盆景一般选用较浅的水底盆。首先浅盆更容易衬托出山的雄伟，其次浅盆可以将山麓坡脚的曲折起伏一览无遗的展示出来，使景观层次更丰富，再次浅盆便于安置船、桥、水榭等配件。

水底盆的形状，一般以长方形或椭圆形最为常见和适用（图 6-17），偶尔用正方形、圆形、船形、海棠形、长六角形等式样。形状以简洁大方为好，可以根据造型形式考虑配以不同的盆。如开合式和延绵式山水盆景宜配长盆或超长盆，用来表现画面的开阔境界；怪石式等高耸的造型可用短盆、方盆和圆盆等来衬托山体的高耸。总之，盆的大小和形状要根据盆景主体来选择，用盆过大，会使山峰显得矮小而失去气魄；用盆过小，景物则拥挤闭塞，缺乏开阔的意境。

四、石料加工

石材与盆钵选好以后，就要对选好的石料进行加工造型。加工时首先要对原料进行仔细观察和分析，取其精华、去其糟粕，通过自己的情感、审美，并结合山石自身的特征进行构思，使山石更有动势和韵味。石料有软石和硬石的区别，加工方法也不尽相同，下面我们分别介绍一下。

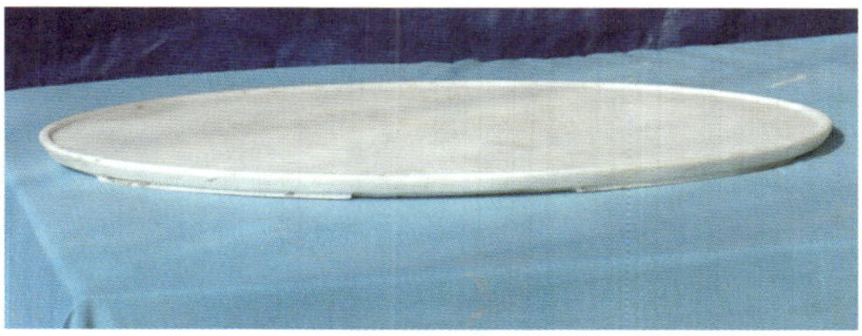

图 6-17　山水盆景用椭圆形无孔水底盆

（一）软石的加工方法

1. 确定山石观赏面

仔细观察选出的石料，根据立意找出山石的主观赏面和做峰顶的一端，以确定山石的下端，为锯截做好准备。

2. 锯截山石

根据立意构图确定山石下端的锯截线。为了使锯截准确，一般将山石下端要锯截的部分放入水盆中浸一下后迅速拿出，再用笔在山石干湿交界的地方画一条线作为锯截的参考线（图 6-18）。

图 6-18　画锯截参考线

软石锯截一般使用手锯。锯截时，锯条要直立，握锯的手一定要稳，以免产生偏差，影响锯截效果。锯截时一定不要图快，太快了锯条易退火不耐用，而且也容易别断（弯）

锯条，正确的做法是有节奏地慢慢锯（图6-19）。锯好的山石一般锯截面不够平整，可以放在水泥地面上来回摩擦找平，或者用手锉挫平，也可以放在平整砂轮上磨平。这样可以使锯截面与盆底充分结合，在与盆底粘合时不易因翘棱而损坏山脚等薄弱处，加工时也不会跳动。

图 6-19 使用手锯锯截软石

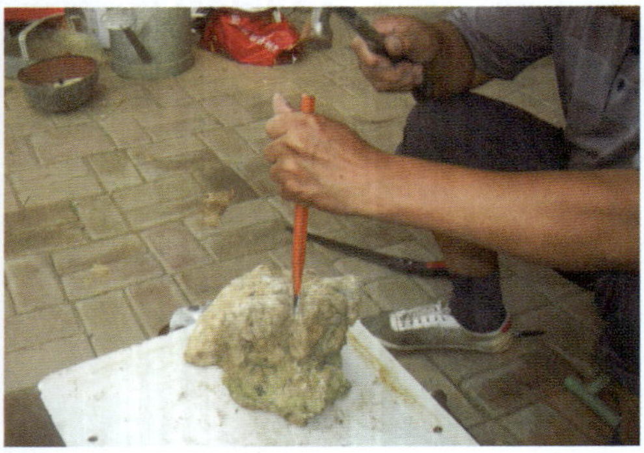

图 6-20 软石雕凿

3. 雕凿

石料经过锯截后，便可以进行雕凿加工了。雕凿时要先对整块石头进行全面审视，根据石头的自然纹理，观察哪些部位适宜雕凿洞穴、峰峦、峡谷、岗岭、斜坡、悬崖、峭壁等，做到心中有数。然后用平口凿或錾子对山峰外形不理想的地方进行加工，凿出峰峦丘壑的大致轮廓，这一步将影响整个山石造型，最好一气呵成。大致的外形轮廓确定以后，就要对细部着重刻画了，加工出栽种植物的洞穴和山石的纹理沟槽，一般按“顶部、上部、中部、下部”的顺序完成。最后还要对重点脉络部位做进一步的夸张处理。可采用废旧的锯条斩成斜断口，利用尖头及锯齿进行刻、拉处理，区别于其他线条脉络，使主次对比更强烈。最后用薄碎砂轮将全山凹凸之处轻轻磨过，去其火气，使其线条更柔和自然（图 6-20，图 6-21）。

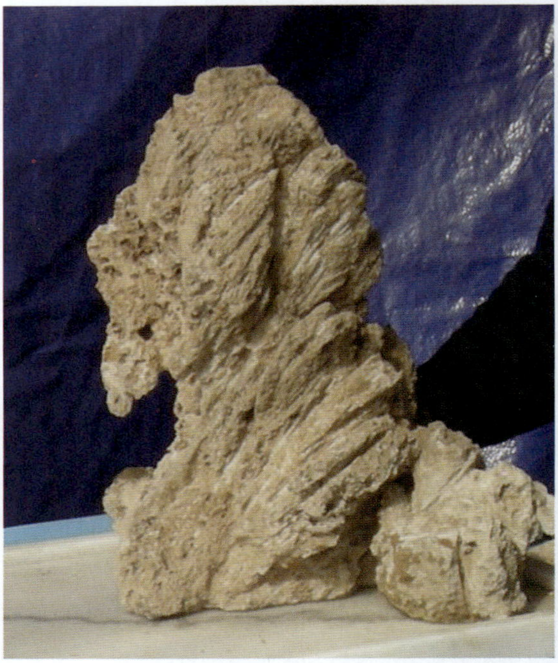

图 6-21 软石雕凿好的形态

（二）硬石的加工方法

硬石加工和软石不同，软石可以通过雕琢成形，而硬石由于质地坚硬，加工困难，因此只能进行局部小范围的简单加工。但是硬石纹理较好，自然形态奇特，质地坚固耐久，因此又是制作山水盆景的上乘材料。很多好的山水盆景都是由硬石制作而成的。

1. 确定山石观赏面

对于产自土中的硬质石料，一般应先用钢丝刷、螺丝刀等将选出的石料表面泥土清理干净。仔细观察挑选出来的石料，对其色泽、纹理、形态等仔细观察，反复对比，并根据立意将其摆放好。

2. 锯截

在石上适当部位画出锯截线。锯截硬质石料一般使用金刚砂轮锯。锯截时手一定要稳，使金刚砂轮锯锯片保持直立状态，以免锯偏。锯截速度要慢，以防刀锯抖动，使石料裂碎。锯截争取一次成型，第二次锯截会加大难度。在锯截的过程中，金刚砂轮锯与石料由于摩擦会产生大量的热量，因此一般一边锯截，一边用水枪向锯截的部位喷水冷却（图 6-22）。

图 6-22　硬石锯截

3. 清洗

将锯好的石料放入清水中清洗，去除石料表面尘土等不洁之物，如果用毛刷刷洗一遍更好。这样做既可以使石料表面的纹理更加清晰，又可以增加将来胶合时水泥的硬度（图 6-23）。

图 6-23　刷洗石料

4. 雕凿

硬质石料由于材质坚硬，雕凿困难，一般不采用雕凿处理，而是着重表现石材的自然纹理。如果由于纹理缺陷等原因，确需雕凿时，一定要注意与原来石料的纹理一致，确保石料的自然观赏性。硬质石料主要用钢錾或手工锤敲凿。

5. 腐蚀处理

采用腐蚀方法处理山石一般有三种情况：一是想造成一种特殊意境和特殊环境（如雪景或梦境），而采用稀盐酸或稀硝酸把石头表面腐蚀处理，以达到预期的艺术效果。二是石料经雕琢后容易留下人工痕迹，一般情况常用钢丝刷刷去残迹，如果雕琢痕迹重，不够自然，可用稀盐酸、稀硝酸略加腐蚀，再用清水洗净，可使其面目一新。但多数石种经腐蚀处理后，显得石色枯燥，光泽消失，天趣不浓，如英石、钟乳石不能用酸腐蚀，其遇酸会弄得面目全非，故此法非不得已时，是不可滥用的。三是使用燕山石制作山水盆景时一般要对石料进行腐蚀处理。燕山石原始石料表面纹理不明显，但是用稀盐酸浸泡后会显现出形态各异的优美纹理。

此外，由于盐酸、硝酸容易腐蚀衣服、人体，因此腐蚀时要多加小心，防止发生事故。腐蚀处理后，一定要用清水把石料表面沾着的稀酸残液清洗干净。

五、山石布局

山石布局就是将加工好的山石按照一定的原则布置在盆中，是山水盆景制作过程中的一个重要环节。

布局开始时，应先将加工准备好的山石集中起来仔细观察，根据立意要求和材料特点全面考虑，包括布局的形式、主峰的位置、配石的安排、水面的处理，以及植物的栽种、配件的放置等问题。加工好的山石在布局过程中，如果发现有不合要求的地方，可以重新加工或者调换。因此，山石布局和石料加工往往是交替进行，不可分割的。

主峰是盆景制作的重心，布局时应先将主峰放在设计框内进行构思，确定主峰在“盆”内的最佳位置，再根据主峰的形态考虑配峰的形态和位置。主峰朝向面的布局是视觉的中心，也是作品布局的重点，所以山脚要低矮，不能遮挡主峰，这样既可以突出主峰，又能使视野具有可穿透性而显开阔。

配峰的形态和位置应考虑整体造型的需要，讲究气势、韵味和对比关系。配峰有两种概念，一种是如果作品中有大小几个山峰组合而成，大的山峰称主峰，其余称配峰；另一种是以组的概念存在的。大的一组山峰称主峰，余下的一组则称为配峰。因此要明确主峰和配峰在某一组的主配关系和在总体布局中的主配关系。配峰与主峰在风格上要统一，在形状、体量上要有变化。配峰本身不可突出，以免喧宾夺主。

“露”与“藏”是山水盆景造型艺术的主要表现方法之一，只“露”不“藏”，一览无余，观赏者就没有想象的空间，意境也就会显得肤浅。因此在制作山水盆景时，峰峦要高低错落，主次分明，山峰之间的疏密关系要疏中有密，密中有疏，主体部分要适当密一些，客体部分要适当疏一些，要刚柔并济，露中有藏。在山水盆景中，挺拔雄劲的峰峦应以直线为主，以表现阳刚之美，低矮、外轮廓比较圆的峰峦应以曲线为主，以表现优雅的柔线美。主体组山石的前面可以胶合一些比较矮并有一定姿色的小石，以增加层次。客体组山石是衬托主体山石的，用石比较小，数量也相对比较少，但也要高低错落，有层次感。

布局完成以后，为防止胶合时石料错位，影响后期效果，可以给石料按主次关系编上号，并用笔大致在盆中勾画出山石的位置轮廓，给以后的胶合工作做一个参考。如果胶合时在盆底铺衬纸，为防止衬纸遮挡山石位置记号，则铺衬纸工作应在布局前完成，如果铺的是塑料布，此项工作则可以在布局之后，胶合之前进行（图 6-24）。

图 6-24　山石编号及画位置轮廓线

六、胶合

在胶合之前，如果不想让石材和盆面胶结在一起，可以在盆面上铺上一层报纸做衬纸，然后用喷壶向报纸上均匀喷水，使报纸与盆面结合紧密。也可以用塑料布代替报纸，先向盆面喷水，然后铺上塑料布，用手轻轻将塑料布擀平，防止气泡产生。也可以不铺衬纸（图 6-25，图 6-26）。

图 6-25　向盆面洒水

1. 软石的胶结

软石胶结一般采用 400 号以上水泥，按水泥和沙 1 ∶ 1 的比例混合均匀，然后按 3 ∶ 1

的比例在水中加入107胶水，再倒入水泥和砂的混合物中反复搅拌。用白水泥和颜料调和成与山石颜色相近的胶结物可以使胶结效果更自然。

图 6-26　铺塑料布

胶结时由于软石易磨损，因此软石底部要抹上一层水泥，防止搬动和摩擦时造成底部损坏。石与石的接触面上要抹上水泥，接缝外溢水泥要及时用挤干、洁净的毛笔刷净。

软质石料需要能够吸水以供山石上栽植的植物所需，因此胶合时必须留出吸水线路，防止中间隔绝水分，造成石的上半部分断水，影响植物生长。

胶合完成之后要将锯截时产生的粉末撒在山石的胶合处，使其更自然。小型山水盆景胶结3 d后，中型山水盆景胶结5 d后可基本牢固成型。然后向报纸上喷水，使其湿透，用手将报纸沿盆景边缘撕去，即可进行下一步栽种植物。

2. 硬石的胶结

硬石盆景中整块山石成景的很少，一般都是若干块山石经过精心布局组合成景的。胶结的目的就是要将组合好的造型完整地保留下来；也可以通过胶合将损坏的部分修补好；另外，有些山石材料存在一些不足和缺陷，也可以通过胶结使其更完美。

胶合的材料以白水泥最为经济实用。白水泥中加入颜料，调和成与山石材料相接近的颜色，方法和比例同软石胶结。也可以使用环氧树脂。环氧树脂和凝固剂按3∶1的比例混合，再加入适量水泥搅拌均匀即可。

胶结的厚度要合适，太厚会加大山石之间的缝隙，不易嵌均，太薄在勾缝时易挂滴染污石面。将要胶结的山石在底部及相互接触处均匀地抹上水泥，胶合时一定要上下左右轻磨一下，保证缝隙中的水泥均匀吻合，多余的水泥刮除，不足之处补上，必要时应立即做出相应的纹理。

抹缝又有平缝、阴缝（凹缝）、阳缝（凸缝）的区别。平缝是抹缝与石面相平的一种抹缝方法，这种抹缝可以加大山石的平面效果；阴缝是抹缝比石面低的抹缝方法，这种抹缝可以区别两山分隔，增加层次。阳缝则是抹缝高于石面的一种做法，可以增加石面的纹理感。抹缝时要根据不同的情况采用不同的方法，切不可千篇一律。

胶结时如果在盆面铺衬纸，一定注意衬纸要匀贴，因为衬纸干后收缩变形力很大，小的石缝会被拉裂。除了铺的时候要尽量平整，还要经常向衬纸喷雾保持湿润，直到水泥硬后能移动为止。尤其是小型和微型盆景更要注意这一点。

七、整理

胶合山石时，如果不小心水泥玷污了山石，一定要及时处理。可以用毛笔蘸水并挤干后，仔细刷洗掉山石上的水泥，也可以在胶合的第二天，水泥刚刚变硬的时候，用锯条轻轻刮除底部外溢和缝隙中多余的水泥，再用钢丝刷仔细刷洗，最后用毛笔蘸清水漂洗干净。

八、栽植植物

画论中有“石本顽，树活则灵”“山借树而为家，树借山而为骨”的说法。石是无生命的，有了植物才能体现景物的生命特征。因此，山石组合造型完成之后，可进行植物的配植。

1. 植物选择

选择植物时应注意植物、山体、水体之间的体量比例关系。植物矮小，才可衬托山之高大，因此以叶细枝矮为好。中小型山水盆景也可以以草代树。常用的木本植物有五针松、小叶罗汉松、真柏、米柏、瓜子黄杨、珍珠黄杨、六月雪、杜鹃、虎刺、榔榆、雀梅、小叶女贞、龟甲冬青、石榴、金雀、福建茶等。常用的草本植物有香港半支莲、酢浆草和蒲草等。此外，在可以吸水的山石上，青苔的种植是不可缺少的。

2. 栽植时间

一般全年均可栽植，但以树木落叶后至发芽前的休眠时期或梅雨季节（南方）为好。夏季栽后要避免阳光直射，注意遮阳；冬季注意避风保暖。

3. 栽植方式

植物一般栽植于山石缝隙或预留的种植穴内。植物栽植时应符合自然规律，并与盆景的意境表达相一致。如高山顶上植树，应种植矮小结顶、枝干弯曲并耐旱的树种；山腰则宜种植悬垂式耐旱树种；山脚水边应选喜湿性树种。另外还要注意用树木遮掩山形的不足之处。 栽植的方法主要有石缝种植、种植穴种植两种方法。

（1）石缝种植　一般要选里宽外窄的缝隙，填土要适宜，过少不利于植物生长，过多又容易污染盆面。可选择需土少的植物种植。

（2）种植穴种植　是在加工山石时预留的洞穴中种植植物。

洞穴有开放式和封闭式两种。开放式种植穴口大底小，一般用于不易加工的硬石类山石。洞穴设在山峰的背面、侧面或缓坡处，一般不设在正面显眼处，以避免栽种植物后遮掩山形及纹理之美。穴边可用铁丝做成环形并用水泥胶合牢固，用以扎缚树根或捆扎棕包。栽植方法是根据穴的大小，剔除植物根部部分泥土及部分根系后放入穴内并使根系舒展，摆正植物姿态，填入营养土并用竹签揿实，稍喷一些水使土面略湿，再覆盖苔藓并浇一次透水即可；封闭式种植穴呈口小腹大的罐状，适用于易于雕凿的软石类盆景。与硬石类山石不同的是洞穴可设在山的正面。种植穴可雕凿而成，也可用小石拼接而成。种植穴下部要留出排水孔，以利于排除穴内过多水分。在封闭式种植穴内种植植物时，先把根系拢成一束，再将细铁丝的一端固定在茎干上，用细铁丝从上到下将根系缠紧，然后将细铁丝另一端穿入穴内，并从排水孔穿出，再把根系拉入穴内。最后，松开固定在茎干上的铁丝上端，把铁丝从下部抽出，即可使根系在穴内舒展开。封闭式种植穴在填土时可用纸围成漏斗状，将土灌入并用竹签揿实。

4. 棕包栽植方法

一般应用于硬石类山水盆景。制作方法是：先将棕片摊平，抽除中间的硬筋，中间撒上细土，然后将植物脱盆并去除部分根部泥土和部分根系，把植物放在棕片上，四周加营养土，然后将棕片包拢裹紧，用铁丝穿扎缚牢，放在种植穴中，将细铁丝紧紧地扎在种植穴周边预先胶合好的铁丝环上，校正姿势角度，再浇足水分即可放荫蔽处养护。

植物栽植时应符合自然规律，并与盆景的意境表达相一致。如高山顶上植树，应种植矮小结顶、枝干弯曲并耐旱的树种，山腰则宜种植悬垂式耐旱树种，山脚水边应选喜湿性树种。另外还要注意用树木遮掩山形的不足之处。

5. 滋养青苔

青苔可消除斧凿痕迹，使山石青润可爱，

更加自然。滋养青苔的重点部位一般在山脚、山谷和山的阴面，石形好、皴纹好的部位不宜滋生苔藓。滋生苔藓的方法主要有嵌苔法、接种法及自生法三种。

（1）嵌苔法　在苔藓滋生处（潮湿略见阳光的墙角、地面等处），用利铲将苔藓薄薄铲下一层待用。在欲铺设苔藓处刷一层薄泥浆，然后贴上事先准备好的苔藓，贴合一定要紧密，贴好后放于背阴处，每天喷水 1 ～ 2 次，数日后便可成活。

（2）接种法　将取来的苔藓除去杂质后放入容器中，加入适量稀泥浆轻轻搅拌成糊状，用毛笔蘸取做好的泥糊涂抹于山石适当位置，然后将山石置于荫蔽处，每天喷水，保持山石湿润，不久涂抹处即可长出青苔。

（3）自生法　雨季将山石放在树下等阴湿的地方，让雨水自然淋湿山石，经一段时间便能自然生苔。

九、点缀配件

在山水盆景中，盆景配件虽然很小，但所起的作用却很大。恰当的配件点缀可以深化主题、加强意境和增加内涵，此外还可以起到比例尺的作用。

二维码 6-2 山水盆景制作实例

山水盆景中安置的配件要根据盆景的题材、布局、石料等因素来选用。一般表现名山大川，宜选用古典的亭、台、楼、阁、宝塔等；表现山野景色、田园风光时则宜选用茅屋、茅亭、板桥、牧童等配件。配件点缀还应因景制宜，如次峰、崖头或江岸高处可安置宝塔，而山腰和水岸则宜放置亭台；水面宽阔之处宜设舟楫，而礁石之畔则宜设人垂钓。

二维码 6-3 山水盆景制作视频

配件不宜过多，要少而精。配件比例要适当，应遵循近大远小、低大高小的原则。另外还要注意色彩的和谐。

十、题名和陈设

上述工作完成以后，经过一段时间的养护，盆景即可成型观赏了。为了提高盆景的艺术品位和观赏效果，往往还要根据立意给盆景起一个贴切和意境深远的名字（见第九章）。另外，盆景的陈设环境也是很有讲究的，这些我们会在后面的章节（第八章）中讲到，这里不再赘述。

学习情境三　山水盆景养护

山水盆景养护管理的目的是使盆中山水景象长久保存下去。因此，要维持盆景中植物的健康生长并尽量保持其已有造型，同时还要对山石进行清洁保养，防止其损坏。山水盆景中植物的养护管理与植物盆景基本相同，只是应当更加精细。山水盆景养护管理工作主要有以下几方面内容。

一、浇水

一般硬石类山水盆景应经常向石上植物浇水。对于软石类山水盆景，除将盆内贮满清水外，也应向石上植物喷水。为防止软石盆景的山峰顶部出现白色盐斑，浇水时可使水从峰顶顺山坡缓慢流入盆中。

二、温度

山水盆景一般应放于半阴、温暖、湿润的环境中养护。因为山水盆景中的植物根系极浅，既不耐旱，又不耐寒。苔藓的良好生长也要求半阴、温暖、湿润的环境。夏季盆景摆放在室外时应避免阳光直射。

在我国华南地区，由于四季温暖、无霜冻现象，一般盆景冬季都可在室外越冬，但需防西北风危害。在北方冬季应将山水盆景比一般盆栽花木提前移入室内进行防寒。

盛夏是易于发生高温危害的季节，因此，在夏季应采取遮阳措施避免高温危害，即使是喜光树种，也应注意遮阳。

三、光照

光照影响盆景植物生长主要有两方面：一是光照强度，二是光照时间的长短。

1. 光照强度

对于阳性植物盆景必须放置在阳光充足的场所，以满足其对光照的需要。但在盛夏高温季节对多数阳性植物也应适当遮阳，以免发生高温伤害。阳性植物盆景用于室内陈设时，应定期转换到室外接受充足光照。对于阴性植物盆景的放置必须要有遮阳条件，避免强光直射，应以见到稀疏光照为宜。对于耐阴植物盆景的光照管理可以不如前两者严格，但一般也应将其放置于光照充足场所养护。

2. 光照时间

不同植物种类对光照时间长短的要求也有差异。一些为短日照植物的盆景植物，如菊花、叶子花等，只有在每日光照时间减少到 10 h 以下才能进行花芽分化，才能正常开花。根据这一特性点，我们可以人为地创造短日照条件，以达到控制其开花的目的。

四、维护

定期更换盆中贮存之水，以保持盆水清澈透明。换水的同时要洗刷盆具，并将盆擦干后打蜡，以防沉淀物污染盆底。

山水盆景中的植物因为根部土少，并且穴内种植时不易换土，因此应注意经常追施肥料。山水盆景中的植物也要及时整形，以控制其大小，并保持其造型优美。

搬动盆景时要轻拿轻放，不要碰坏山峰和山脚。在北方冬季即使未种植植物的山水盆景也应放于室内，以防把山石冻裂。山石因风化、碰撞等原因损坏时，要对山石进行重新整形，整形时要尽量保持山石原样。

复习思考题

1. 按表现的内容和形式分，山水盆景可分为哪几种类型？
2. 水石盆景和旱石盆景有何不同？
3. 悬崖式山水的制作要点是什么？
4. 简述山水盆景的制作流程。
5. 软石类山石和硬石类山石在锯截和雕凿时有何异同之处？
6. 山水盆景的植物栽植有哪些方式？
7. 什么是棕包栽植？如何进行棕包栽植？
8. 山石上怎样滋养青苔？
9. 山水盆景养护管理要点有哪些？

思政案例

中国老一辈盆景大师——朱子安

1902—1996年，江苏省常熟市人。朱子安自幼随父亲来到苏州，在虎丘一花农家打工，1916—1924年，在无锡耀明电气公司做花工，十年回苏后，与父亲一起开荒，以栽培花木，制作盆景为业。他继承传统，用棕丝蟠扎，采取粗扎细剪技法，在造型上，枝片设置的多少、大小依桩形而变异，做到结顶自然，减少了人工痕迹，使其千姿百态，形成了苏州桩景古朴典雅，苍劲自然的特色，成为苏州盆景流派风格的主要创始人。

1989年9月，国家建设部授予朱子安“中国盆景艺术大师”荣誉称号。

模块七　树石盆景的制作

知识目标：

1. 说出树石盆景的类别。2. 区别不同树石盆景的形式。

3. 描述全旱类树石盆景和水旱类树石盆景的特性。

4. 说出全旱类树石盆景和水旱类树石盆景的操作步骤。

技能目标：

1. 能够根据立意构思选择适合的材料。2. 能够合理布局，完成作品制作。

素质目标：

1. 提升审美意识。2. 有意识地提高参与度，尝试有效的方式与团队沟通，表现出合作精神。

3. 提升锐意进取、开拓创新的精神。

树石盆景是指应用创作树木盆景、山水盆景的手法，以植物、山石、土等为素材，按立意组合材料，在浅盆中再现大自然树木、山水兼而有之的景观的艺术品。它不同于树木盆景，只能单一地展现树木之景；也不同于山水盆景，意在表现山川秀峰。树石盆景是将树木山石巧妙地结合在一起，通过高低、疏密、聚散等层次变化创造出一种更接近自然的艺术品。

学习情境一　树石盆景的分类

依布局形式，树石盆景可分为水旱类和全旱类两大类别。在全旱类盆景中，有一种盆景重点表现树木攀附石上的景观，强调根的力量，我们单独介绍，叫作附石盆景。附石盆景根据树与石的关系又可分为抱石式、贴石式和附石式三种。

一、水旱类树石盆景

水旱类盆景表现的是大自然中水面、旱地树林、山石兼有之景观。应用浅盆，并在浅盆中注入清水表示小溪、江河、大海等水面（图 7-1）。

二维码 7-1
水旱类树石盆景

二、全旱类树石盆景

全旱类树石盆景不同于树木盆景，是表现大自然中树木、山

二维码 7-2
全旱类树石盆景

图 7-1　水旱类盆景（赵庆泉：八俊图）

石并重的无水景观。它强调的是旱景整体的和谐美（图 7-2）。

图 7-2　全旱类树石盆景

三、附石类树石盆景

1. 抱石式

树木的根系将整个石块裹挟于根系网络之中，扭结成一体，树木仿佛抱石而生，如鹰攫兔（图 7-3）。

图 7-3　抱石式附石盆景（摄影：苏郑宝）

2. 贴石式

因用来制作盆景的树桩基干过细，或者根系缺少或者动势有余，稳定不足，为了弥补缺点，增加盆景的观赏价值，可在树干下部拙劣处贴附一块山石，补其不足（图 7-4）。

图 7-4　贴石式附石盆景

3. 附石式

将树木栽植于山石之上，天长日久，树木根系攀附于石头缝隙之间，形成树生石上的景观（图 7-5）。

二维码 7-3
附石类树石盆景

图 7-5　附石式附石盆景

学习情境二　树石盆景的制作步骤

树石盆景表现的内容中既有山水景观又有

树木造型，所以制作树石盆景应该融合山水盆景和树木盆景的基本制作技术，两者缺一不可。

一、构思立意

盆景在创作之前，首先应确定主题，即立意。然后根据立意来确定材料选择，考虑布局以及艺术表现手法等。

好的立意是制作意境优美的树石盆景的关键。如贺淦荪大师1997年为迎接香港回归创作的树石盆景《海风吹拂五千年》，意在表现香港历经沧桑终于回到了祖国的怀抱。根据主题构思，作者选用圆润的礁石象征着海，礁石上两株对节白蜡高低有致、顾盼有情，在动势上体现了风的神韵，景中作者选用浅灰色的青田石雕出高低错落的长条形高层建筑群，象征着现代化都市——香港，用空白的盆面和小礁石表现大海的宽阔。两株对节白蜡虬曲的根系如巨爪一般紧抓着岩石，苍劲的枝条伸向大海，表现了中华儿女以不屈不挠的精神迎接一个崭新时代的到来。盆景不但外观美观，而且立意深远，引人遐思，得到了盆景爱好者的一致好评。只有立意在先，构思成熟，才能选用合适的材料和表现形式来表现主题。当然，立意构思只是初步设想，不一定是一成不变的，在制作过程中还需根据材料等因素适时调整变动（图7-6）。

图7-6　《海风吹拂五千年》（作者：贺淦荪）

二、精选素材

总体构思确定好后，要根据构思选择材料，树石盆景的用材包括创作所需的树木、山石、配件、青苔、盆钵等材料。

1. 树木选择

树木是树石盆景中的主要景观，因此树木选择很重要。选择的树木必须是服盆多年、生长旺盛、合乎自然、少有人工痕迹的成型树木。因树石盆景中树木大多是两棵以上合栽，并有山石组合陪衬，因此，选材时可不必过分追求每棵树木的完美形态，但必须注意树材的整体效果的配合是否协调和融洽。

2. 山石选择

水旱类树石盆景中的石料主要用来做坡脚、水岸线和土中点石，所以形态不宜太奇特。但要求纹理、形态、质地、色泽等统一协调，并要能与盆中的树木相匹配。选用的石料以形态浑圆、纹路清晰、没有明显的棱角和硬角为好。全旱类树石盆景中的石料，可依据山水盆景的选石要求，但要注意在石种、形态、色泽、纹理上应尽量统一，并能与盆中树木匹配。

一般情况下，由于山石材料更难觅得，所以通常都是先解决了山石材料的问题，再根据山石的大小、形态、纹理等情况寻找合适的树木。在准备材料时，为了避免材料不合适而使制作中断，制作前一定要多选用一些备用材料，以便在制作过程中不断补充和调换。

其实构思和选材的过程是不可分割的。有时可以根据构思选择材料，有时看到好的材料，也可以根据材料来构思盆景的主题。

三、材料加工

经过精心的挑选，创作要用的素材都已选定，这时我们要先根据造型的要求对这些材料进行加工，以便提高后期创作的工作效率。

1. 树木加工

一般我们选定的树木材料，都是经过蟠扎、修剪等造型方法初步成形的桩材，方法在“树木盆景制作”一章我们已介绍过，这里不再重复。进行树石盆景造景时，还要根据总体布局的需要，作进一步的修剪整理。修剪主要有三方面的目的：第一，去除树体的多余部分，使树形符合创作需要。如平行枝、交叉枝、对生枝、重叠枝、轮生枝等影响美观的枝条，一定要剪除或者剪短，有些枝条也可以通过蟠扎调整其姿态，总之要使树形美观自然、枝干苍劲、结构合理。第二，保证整体协调。树石盆景多是两株或两株以上树木组合，就是一株树木也需与山石配合，因此必须保证构图的整体协调，这是和树桩盆景不一样的地方。两株树木相靠拢的一侧大枝应该剪除，以求整体协调，第三，修剪根系，树石盆景尤其是水旱类树石盆景栽种树木的地方往往很小，有时形状也不规则，所以在栽种树木的时候要对根系做一些整理和修剪。特别是要剪除或剪短向下生长的粗根。剪根的多少要根据盆景中旱地部分的形状及大小而定，为了景树尽快服盆，应尽量减少对根系的伤害。

2. 山石加工

山石的加工方法主要有锯截、雕琢、打磨、拼接等。

锯截就是根据立意构图，选出山石的最佳观赏面，划出锯截线，把山石锯为大小不等的若干块。锯截的主要目的是使石料底部平整。

锯截前要先观石。用扫帚或铁刷子除去山石表面尘土等不洁之物，使山石的纹理、沟槽清楚的显露出来，以找出山石最好看的一面和最佳的观赏角度。根据总体构思需要考虑如何切割，并划出锯截线。硬质山石一般使用金刚砂轮锯截，由于锯截时锯片转动速度快而产生大量热量，为了操作安全，应一边锯截一边向锯截的山石缝隙处洒水。软质山石可根据山石的硬度选用手锯或钢锯。操作时手要稳，开始时速度要慢，当锯到一定的深度后，可逐渐加快速度。

如果石料的外部形状不理想，在锯截之前应先进行雕琢；雕琢方法同山水盆景基本相同，在这里不再重复。

对于山石外部有残缺或有棱角的地方应使用金刚砂轮片或水砂纸打磨，目的是使其浑圆、自然，减少山石的人工痕迹。打磨时应先用较粗的砂轮片粗磨，然后再用水砂纸带水细磨。

为了得到形态理想、体量适合的石料，树石盆景常常要用到拼接法。拼接时要注意石料的大小搭配和石料的整体感。选用的石料，色泽要相同，纹理要相近，这样石料相接后才能气势连贯，浑然一体。

附石式树石盆景用石要求较高，常常要求石头表面皴纹丰富，并有明显的沟槽。软质山石通常使用小山子凿出沟槽，操作时，用小山子沿已划出的沟槽凿出浅浅的轮廓，然后再用锐利圆锥状端把山石一小块一小块凿除。凿时用力不可过猛，要根据山石大小选择适宜的小山子。硬质山石通常使用錾子。一般硬质山石上的沟槽雕凿只是将上下不贯通的沟槽凿通，或将山石上原有的孔洞凿大。操作时将前端刀状部放在要去除的山石部位，錾子与山石呈45°左右的角，用大小合适的铁锤敲击錾子后部，注意用力要适度，以免凿坏石面，同时注意不要被溅落下来的小石块砸伤。

四、合理布局

组合布局是树石盆景制作的重要步骤。反复比试、调整树木与石料在盆中的位置和姿势，遇到不合适的材料要更换或重新加工，直到达到预想的总体效果为止。先安排树木还是先安排山石，要视主要景物是什么，当主景是树木时，应先安排树木，然后再安排山石，反之亦然。

树木的布局要注意树木的朝向和树木之间的高低、前后、疏密、穿插、呼应以及透视等关系。

全旱类树石盆景一般在树木布局成功后再安排石头布局。石块要有大小、聚散的区别，并要注意与树木的合理搭配。也可以利用石料来掩盖和弥补树木材料主干、根部或其他枝条的缺陷。

水旱类树石盆景中石头的布局主要是坡岸、水岸线的安排，可参照山水盆景中的坡岸点石处理。坡岸山石要有高低、远近、大小、厚薄的层次变化，不可成阶梯状。选择的石头在色泽、纹理和形态上要基本相同，以求整体协调统一。与水面接触的石头可做成斜坡状，尤其是最前面亲水的几块石头，也可以做成陡坡直接接触水面。水旱类树石盆景还要在水面和旱地上安排点石，以形成点石与坡岸。

树木和山石的位置安排好后，就要做配件的选放。应选择色彩、样式与盆景主题、景树协调的配件。安放位置要注意其合理性以及“丈山、尺树、寸马、分人”的比例关系，还有近大远小的透视原则。

布局设计完成后，用铅笔将主要景物的位置在盆上做记号，尤其是水岸线的位置，记录要准确，石块还应编上号，以免胶合时搞错，破坏了原设计效果。布局步骤见图 7-7（布局 1 ～ 4）。

五、胶合与栽种

水旱类树石盆景在布局工作完成后，要对石头进行胶合。一般先将分隔水面和岸地的石头胶合固定在盆中，再盛土种植树木。也可以先把树木种植在盆中，以确定其大概位置，然后再胶合石头，最后将土填实。

全旱类树石盆景只对主要山石胶合固定即可，一般先胶合固定主要山石，然后再填土栽树。

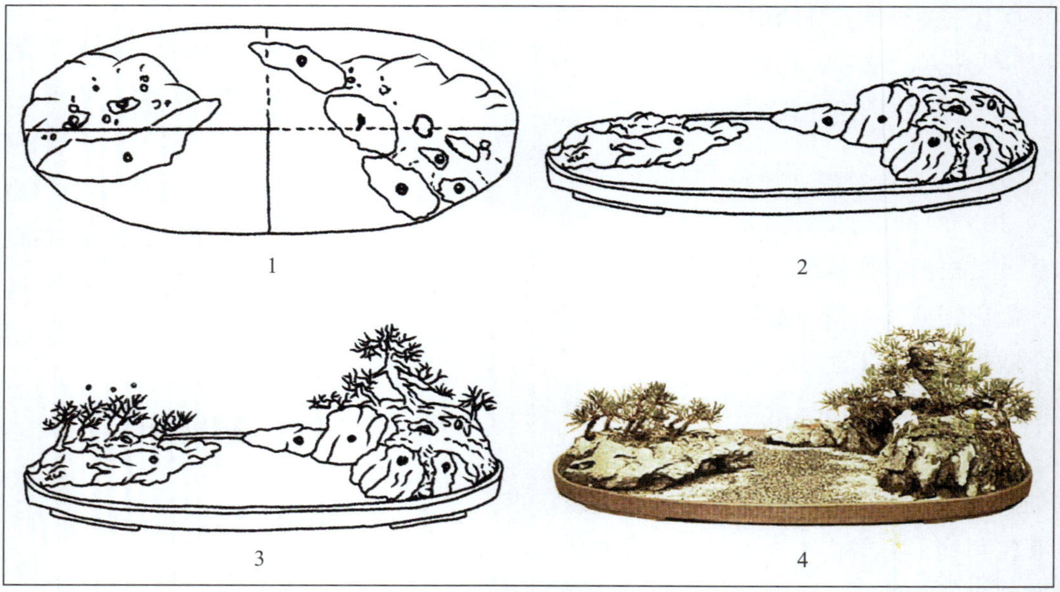

图 7-7　树石盆景布局

1. 平面布局　2. 山石　3. 立体布局　4. 实物布局

1. 胶合山石

树石盆景山石胶合与山水盆景山石胶合基本相同。不同的是山水盆景中的山石胶合一般要在山石下面垫纸，以免山石同盆面胶合在一起；而水旱类树石盆景中的山石则必须完全胶合在盆面上，使旱地与水面截然分开，使盆面中的水不至于进入旱地盛土部分而影响树木生长，旱地部分的泥土也不能进入到水中而使水面污染，弄脏盆面。

2. 栽种树木

石头胶合完成，水泥干透后，就可以栽种树木了。先在盆面上铺一层薄薄的土，如果盆钵上有排水孔，则还需在排水孔上垫一块塑料纱网，以免漏掉盆土。然后将事先准备和整理好的树木按照原先布局好的位置摆好，再将事先筛好的中粒土和细粒土放入盆中，填进根部的间隙，用细竹签把土与根部揿实（只要无过大的孔隙即可），调整树木的朝向和位置以求达到最佳观赏效果。在确定完成后，用土将旱地部分全部填满，然后用喷雾器在土表面喷水以固定表层土面，不必喷透。

由于树石盆景的配盆一般都是浅盆，用土不多，为了使树木稳定，可选用金属丝数根，用强力胶水将其胶合在盆面需要栽植树木的地方。当树木栽完后，收紧金属丝，固定树木的根部，再用泥土覆盖金属丝，不让其露出。

如果是附石式树石盆景，栽种树木的工作是在石上进行的。

六、处理地形

树木栽好之后，就要作地形处理。

水旱类树石盆景中土面部分一般占盆面的 1/2 还多，为了更符合自然界地貌特征，土面一般应有起伏变化。土中往往还要配置“点石”。“点石”必须与土层紧密结合在一起，放置时可以用力将石揿实，周边还要用细土围上，给人稳固感。

全旱类树石盆景的盆面全部为土和配石，故地形处理更为重要。通常盆景中的大块山石或主要山石在没有盛土之前就已经安置好，并与盆面作胶合固定处理。然后再向盆中填土，结合小的点石作盆面地形处理。

七、铺种苔藓

苔藓是树石盆景中不可缺少的一部分，因树石盆景盆土较少、较浅，如不铺以苔藓，盆土特别容易干燥，浇水时盆土也容易造成流失。同时铺种苔藓还可以保持盆面绿色，增强色彩艳丽感。通过苔藓的铺垫，还可以使盆中的树与土连成一体，增加自然的生活气息和盆景的整体感觉。

苔藓的种类很多，最好以一种为主，适当少配些其他种类，使盆面上展现的草地、灌木景象更加自然逼真，以达到统一中求变化的目的。

为了使苔藓尽快成活，必须要保证铺种时苔藓与土面紧密结合，先将苔藓撕成小块，细心地将其铺在土面上，用手轻轻按实，让苔藓与土面充分结合。铺种时苔藓不可重叠，也不可铺到盆沿上。为了使其更自然，苔藓与树木根部结合处、苔藓与石头结合处不宜全部铺满，也不宜铺成直线，而应交错状布置。苔藓全部铺种完毕后，要用喷雾器再喷一次水，喷水量以苔藓吸上水即可，不可过多。

八、审视整理

苔藓铺种好以后，要仔细审视作品的整体效果并对疏漏之处及时进行修改。随后再对树木作一次细致的修剪和调整，直至满意为止。

九、清理盆面

盆景制作效果满意以后，将树木、石头、盆面全部清理干净，将盆中杂叶废物拣出，并用喷雾器将苔藓喷湿，同时为点缀配件做好准备。

十、点缀配件

配件在树石盆景中起着点明主题、丰富内容、增加生活气息的重要作用。一般用胶水固定在石头或盆面上，但有时为了避免损坏，也可不作固定胶合，只在展出或供欣赏时才放在盆面上。

通常配件固定在石坡或旱地部分的点石上，也可以在需要放置配件的旱地上埋进石块。如果是舟楫、拱桥之类的配件，可将其直接固定在盆面上；如果是石板桥，可将其搭在两边的坡地上；如果是渔翁垂钓，则可将其放在临水的平坡上；如果是下棋、读书、吹箫等多种形态人物，则可将其放在树荫下。

学习情境三　树石盆景制作案例

一、水旱式树石盆景制作案例

水旱式树石盆景制作案例见表 7-1。

表 7-1　水旱式树石盆景制作步骤

步　骤	图　示
①准备植物、石头、大理石浅盆、苔藓、水泥等材料 ②试布局并用记号笔记录山石的位置 ③粘贴主峰 ④粘贴配峰 ⑤粘贴前脚 ⑥清理盆面	

续表 7-1

步　骤	图　　示
⑦ 填培养土 ⑧ 栽种树木 ⑨ 揿实土壤 ⑩ 整形修剪 ⑪ 清理盆面 ⑫ 浇 水（喷透水） ⑬ 铺种苔藓 ⑭ 浇 水（以苔藓能吸上水即可，不可过多） ⑮ 安放配件 ⑯ 作品完成	

二、全旱式树石盆景制作案例（二维码）

二维码 7-4
水旱式树石盆景制作案例

二维码 7-5
全旱式树石盆景制作案例

三、附石式盆景制作案例（二维码）

二维码 7-6
附石式树石盆景制作案例

二维码 7-7
溪涧式附石盆景制作案例

四、抱石式盆景的制作

1. 选盆

抱石式树石盆景一般选用水底盆或盆栽浅盆，色彩淡雅，形状为椭圆形、长方形、正方形或圆形盆钵。盆的质地以紫砂、南泥或凿石盆为好。

2. 选择石料

抱石式盆景必须根据树木形态大小选择体量适当的石块，吸水石或硬质石均可。石料形态力求“瘦、皱、漏、透”。“瘦”是石料有棱角，宜配制孤峰；“皱”是纹理清晰，皱而不乱，如山峦之皱褶；“漏”是石有孔隙，能通气排水；“透”是石内有孔道相通，像天然山岩洞穴，有清幽之感。常用的有英石、钟乳石、砂积石、龟纹石、黄蜡石等。岭南附石盆景大多数以英石作石料，色泽青灰，有较深的纹理或洞穴、石隙多，腰部有大小孔眼，石纹顺乎天然，表现丑、怪、奇的形态美。可采用截锯、雕琢及水泥黏合法加工。

石料加工主要是在石料表面的各个方向刻凿一些勾缝，勾缝必须曲折变化自然，忌直线形。硬质石料以天然勾缝为主，适当加以敲凿。石料底部必须锯平整，山石表现显得凹凸不平。

3. 选择树种

树木要选择树根柔软发达，耐旱，生命力强，粗生易长的，以榆树、福建茶、罗汉松为优，次为六月雪、细叶榕、宝巾、相思。此外，五针松、黑松、榔榆、黄杨、桧柏等树种均可。树姿栽法可直、可斜，多为单干。

4. 培养与造型

地上部造型方法与树桩盆景的造型方法相同。树与石比例要协调，统一和谐。石刚树柔，刚柔相济。磐石树根，有粗有细，有露有藏，曲直分明。悬崖树景与绝壁石景，一奇一险，互相映照。在造型上因石而异，树木玲珑屈体石上。形态上：一是根部裸露，抱附山石而生，树干挺拔；二是树根扎于岩石缝中，主干斜飘，迎风飞舞；三是树根穿石而长，树干虬曲，直探悬崖，气势磅礴。

抱石式盆景培养初期地下部要注意培养根系。树木如果是从小培养，则在培养过程中，要以筒盆培养根系纵向生长，待树木枝干和根系都近乎成型时，将树木从盆内或地里挖出(树桩地栽时土壤要求疏松深厚)，轻轻抖掉根上的泥土，然后将根理顺。把树木坐于石块上部，使树根能顺着石块表面的沟缝与石块贴紧，有的还可从石洞中穿过。主根走向至少有三个不同方向，以保证树木的稳定性。根与石贴紧后，外面可用苔藓适当包裹，如有松动，还可用细铁丝或草绳等稍加固定，然后一起埋进土里，经过几个月的培养后，树根与石块紧密结合，重新挖出，用水将石块上的土逐渐冲洗掉，露出树根。超出石底部的可以不剪，以栽于盆栽浅盆内或置于水底盆中，有利于植物生长，但根过长就要适当修剪。

盆栽抱石式盆景可以适当配植一些小型草本植物和青苔等，亦可点缀配件一二，但要根据布局需要；水底盆抱石式盆景一般不配植其他植物，可以根据构思和表现意境的需要点缀一些小配件。

复习思考题

1. 树石盆景与山水盆景、树桩盆景有何联系和区别？
2. 树石盆景有哪几种分类？
3. 简述树石盆景的创作过程。
4. 胶合时，树石盆景与山水盆景有什么不同？
5. 制作树石盆景，在栽种树木时怎样使树木更稳定？

思政元素

我们坚持绿水青山就是金山银山的理念，坚持山水林田湖草沙一体化保护和系统治理，全方位、全地域、全过程加强生态环境保护，生态文明制度体系更加健全，污染防治攻坚向纵深推进，绿色、循环、低碳发展迈出坚实步伐，生态环境保护发生历史性、转折性、全局性变化，我们的祖国天更蓝、山更绿、水更清。

——习近平总书记在中国共产党第二十次全国代表大会上的报告

思政案例

中国老一辈盆景大师——朱宝祥

1914—1994 年，江苏省南通人。朱宝祥 12 岁随父学艺，26 岁时，受聘于上海荣毅仁公馆等处，管理花卉盆景。从 1952 年开始，朱宝祥一直在南通市劳动人民文化宫专事盆景创作工作。朱宝祥一生致力于通派盆景艺术发展，创作甚丰。在传统“两弯半”造型上，总结出“满、残、清、奇、古、怪”的选材六字诀，推出独树一帜的“贴骨棕”棕法。

1989 年 9 月，建设部授予朱宝详“中国盆景艺术大师”荣誉称号。

模块八　其他盆景

知识目标：

1. 描述异型盆景、微型盆景、花草盆景及象形盆景的特点。
2. 说出异型盆景、微型盆景、花草盆景及象形盆景的制作方法。

技能目标：

1. 能够根据不同盆景特点，选择适合素材。2. 能够进行合理布局，进行不同盆景的制作。

素质目标：

1. 提升审美意识。2. 培养创新创业意识。3. 培养大局意识。

学习情境一　异形盆景

异形盆景是盆景艺术中较为奇特的类型，主要分为挂壁式盆景、立（竖）屏式盆景、雾化盆景及珍宝盆景。

一、挂壁式盆景

挂壁式盆景也称为壁挂式盆景，是盆景艺术与现代工艺美术，如浮雕、贝雕、木刻等的巧妙结合的艺术品，是挂在墙上的盆景。挂壁式盆景可分为挂壁式山水盆景和挂壁式树木盆景两种类型。

（一）挂壁式山水盆景

1. 立意

挂壁式山水盆景在造型方法上与一般的山水盆景相同，常常利用平远式的表现方法。有近山、有远山，山上还可以种植小植物作为点缀。在制作之前要根据表现的主题思想，构思山石的布局、草木的栽种、配件的点缀。在盆面适当的位置题名、落款、印章等。

2. 材料的选择与准备

（1）背景　挂壁山水式盆景一般选用汉白玉、大理石浅盆或已抛光的石板作为背景，大理石浅盆或石板上，如果有天然抽象的山水纹理就更理想了。也可以选用金属薄板或三合板，上边涂上湖蓝色的漆摹仿天空和湖水。常用的样式有圆形、椭圆形、长方形、扇面形等。制作时要根据实际情况选择大小样式适宜的背景。

制作前先在选好的盆背面用钨钢钻打洞，注意不要把盆或石板穿通，洞口要小，里面略大一些，用粗细适宜的铜丝制成大小合适的挂钩并用万能胶调和 400 号以上高标号水泥将其固定于洞内，以便制作完毕后可以把盆钵挂在墙上。

（2）石料　可以选用斧劈石、英德石、石笋石等硬质石料，也可选用便于雕凿的砂积石、海母石等软质石料。为日后在山石上栽种草木考虑，山石上最好有孔洞和裂隙。因为硬质石料加工难度较大，所以在选材时除需考虑山石大小、色泽、厚薄之外，山石上有自然洞孔、缝隙、凹坑为最佳。

挂壁式山水盆景的山峰背面要粘贴在盆面上，为了减轻重量，使粘贴更牢固，需将石料加工成薄片。加工时只加工正面，背面切为平面。

（3）其他材料　根据立意准备好石上栽种

的小植物、点染的青苔以及大小合适的亭、塔、风帆等配件。

3. 布局制作

挂壁式山水盆景在布局时要遵循近山大、远山小，近山清晰、远山模糊的透视原理。用作近山的山石分量要大于远山，山石上宜有清晰的纹理；而用作远山的山石则不需要纹理清晰，山石要适当薄一些，颜色也要淡一些。远山的形状要低矮透迤，下沿水平。近山的山石上，要预留洞穴，栽种小植物，植物大小与山峰的高度比例要协调，山石缝隙或凹隙处可以点缀青苔，以起到绿化山石的作用。

胶合山石的水泥色泽应与山石相同。如果不同，可以在调和水泥时加入和山石色泽相同的颜料，也可以在水泥的表面撒上与山石材料一样的石粉。粘贴山石前要用砂纸把盆面黏合山石的位置打磨几次，再用布把打磨下来的石粉擦干净，这样可以增加山石和盆面牢固度。

4. 落款、题名、加盖印章

山石粘贴完毕后，要根据构思在盆面适当的位置落款、题名和加盖印章。如果盆面上的小船粘贴有困难，也可在盆面适当部位绘上几只小船，注意小船也要遵循近大远小的透视关系（图 8-1）。

图 8-1　挂壁式山水盆景

（二）挂壁式树木盆景

1. 立意

挂壁式树木盆景着重要表现树木的优美形态，在制作之前要仔细思考立意构图。

2. 材料的选择与准备

挂壁式树木盆景一般选用白色的石板作为背景，如同在白纸上作画一样，可以将树木形态衬托得形真神活。石板的背面也要事先做出挂钩。

树木材料要选择生长缓慢、适应性强、枝密叶小、树姿优美并具有一定耐阴力的树种。如松柏类、榔榆等。

3. 制作

挂壁式树木盆景的布局方法有两种。一种方法是在石板的适当位置处打洞，然后在石板背面洞孔下方粘贴半个素烧盆或其他容器。树木脱土后，将根系由洞孔穿入，栽入容器中。栽好后，只见正面树木的优美姿态而不见盆器裸露，好似一幅清雅的写意画 (图 8-2)。

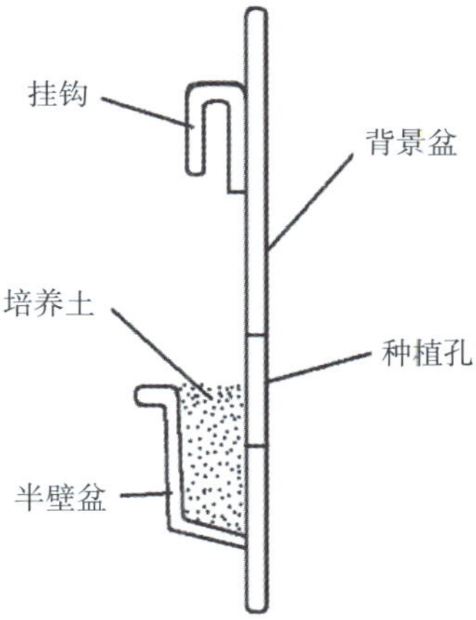

图 8-2　挂壁式盆景侧面结构

另一种方法是将盆器和树木的姿态完全显露在画面上。先选用悬崖式或曲干式成型小型树木盆景，通过比较找到合适的位置，按盆的形状锯一个洞，洞的大小和形状要与盆器相同，将盆器放入洞中，板的正面露出 1/3 左右，在板的背面将盆器固定。也可以将选好的花盆竖直切下一半，用树脂胶等强力胶将切好的花盆粘贴在板面的适当位置上，粘牢后，再在盆内栽上景树（图 8-3 至图 8-5）。

图 8-3

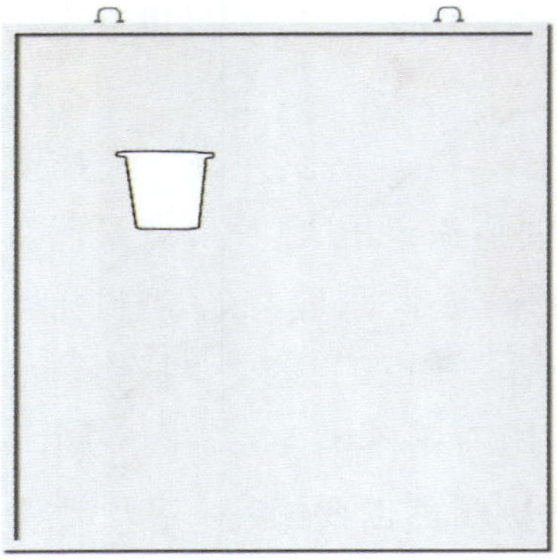

图 8-4

图 8-5

注：

图 8-3 为挑选已经造型好的树木盆景；

图 8-4 是根据立意在背景板面上挖一个能把盆钵嵌入板面的洞孔（约需嵌入盆钵的 1/3 左右）；

图 8-5 是完成的盆景。

4. 落款、题名、加盖印章

挂壁式树木盆景也要根据立意主题落款、题名、加盖印章。不同的是为了方便，这个工作通常在树木栽种之前进行。

无论是挂壁式山水盆景还是挂壁式树木盆景，养护管理都要更精细。除了“树木盆景制作”和“山水盆景的制作”两个章节中提到的养护管理方法外，还应注意浇水时不要污染环境并要经常用喷雾器喷洒植物。

（三）挂壁式花草盆景

1. 立意构思

挂壁式花草盆景在立意构思上不仅应突出花草，还应使花草与框架协调，体现整体美。

二维码 8-1
挂壁式盆景

2. 素材收集

依据立意构思收集所需素材，包括背景框架素材和花草素材。

3. 制作步骤

（1）制作木质外框，喷漆晾干备用。

（2）在框上相嵌、粘贴打磨好的石料背景板。

（3）在背景板上布局并粘贴打磨造好型的配石（配石上选择合适部位，即栽种花草处应事先打好洞穴）。

（4）在石料上的洞穴处栽种花草（图 8-6 和图 8-7）。

图 8-6　圆形挂壁式花草盆景

图 8-7　矩形挂壁式花草盆景

二、立屏式盆景

立屏式（立式）也称竖屏式盆景，一般选用大理石浅口盆或大理石板做背景，也有选用白水泥或塑料等其他材料浅口盘做背景的，将背景盘竖起来放在特制的几架上，并在盆面上粘贴山石，栽种草木，成为一件独特的有生命力的立屏式盆景艺术。立屏式盆景对几架的要求很严，不但要求款式优美，与景物比例协调，而且要求能使景物立的稳固。立屏式盆景也有树木立屏式和山水立屏式两种类型。

（一）树木立屏式盆景

（1）挑选大小样式合适的背景盆，已经成型的盆景树木，合适的几架等材料。

（2）根据立意构图，在浅口大理石盆的合适位置打一个洞，目的是栽种树木。再挑选一个大小合适的瓦盆，将瓦盆从中间锯开，粘贴到大理石盆背面孔洞的下方。

（3）将准备好的成型树木盆景根部穿过大理石盆上的孔洞，栽种到大理石盆背面的瓦盆中。

（4）在盆面上结合树木粘贴几块山石，注意树木山石要结合的自然无人工痕迹。在盆面空白处适当部位题名、落款、加盖印章。

（5）把制作好的盆景，放置在挑选的几架上，作品即可陈设欣赏（图 8-8）。

图 8-8　树木立屏式盆景

（二）山水立屏式盆景

（1）挑选大小样式合适的背景盆；根据背景盆的大小，选择大小样式合适的几架。为了使背景盆立的稳定牢固，要对几架做一些处理。可以在几架上面适当靠前的位置上凿一个长条形沟槽，宽窄长短以能把大理石盆立起放入为度，深度不要过深，能使盆景盆立牢即可。然后在沟槽后固定支撑物，支撑物的高度不要高于背景盆，以免影响正面的观看效果。挑选几株有一定形体的小型草木和青苔。

（2）挑选石料。如果用硬质山石，应选用纹理美观，具有凹凸或孔洞的山石；如果用软质石料，则只要石的种类好，有一定姿色即可。石上有孔洞就更好。

（3）根据立意构图粘贴山石近景景观。用黑色油漆在盆面适当位置绘出远景山峦及舟船。

（4）在山石的孔洞或凹陷处栽种小草木，点染青苔。

（5）落款、题名、加盖印章。把大理石盆立起，放在几架上，即可陈设欣赏（图 8-9）。

图 8-9　山水立屏式盆景

（三）立屏式盆景创作实例

立屏式盆景《碧海青天夜夜心》创作实例见表 8-1。

立意：取自李商隐的《嫦娥》诗，“云母屏

风烛影深，长河渐落晓星沉。嫦娥应悔偷灵药，碧海青天夜夜心”。通过表现月宫嫦娥的孤寂生活反衬人间团圆欢聚的幸福美满。

表 8-1 《碧海青天夜夜心》的制作过程

图　示	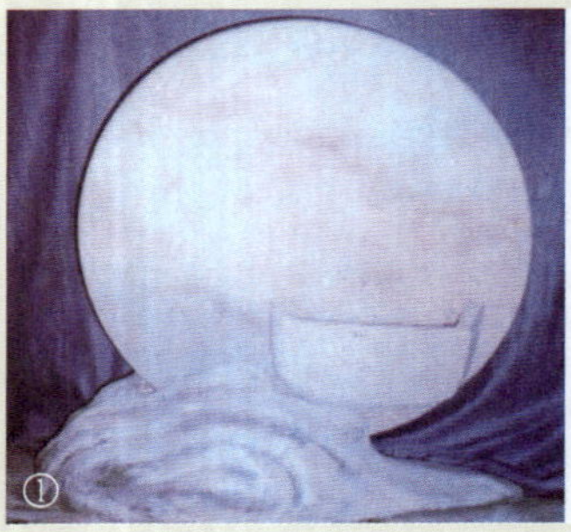  
步　骤	① 用底座把圆盆固定起来，并在盘底挖洞，然后在盘后粘贴半个盆，以利于后期栽种植物。 ② 根据立意将海母石粘贴在圆盘上。注意景观层次。作为远景的山峦和广寒宫要虚化。在适当的位置题诗，落款。 ③ 栽种树木，铺上青苔，摆放配件。

三、雾化式盆景

云雾山水盆景是在山水盆景的基础上，在水下安装雾化装置，只要在盆中注入清水，接通电源，就可以产生淡淡雾气，使山峰周围云雾缭绕的一种盆景形式。云雾山水盆景不但能增加盆景的神秘感，深化盆景意境，还可以调节空气湿度，含有负氧离子的雾气还有净化空气的作用（图 8-10）。

图 8-10　雾化盆景

制作雾化式盆景的造型方法和原则与一般山水盆景基本相同。但由于要安装雾化装置和产生雾气，所以一般需注意以下几点：

二维码 8-2
立屏式盆景

（1）盆景盆要比一般山水盆景深一些。例如 50 cm 长的盆钵，普通山水盆景有 1 cm 深度即可，而雾化山水盆景则要求达到 5 cm 深度。只有盆中能够装入足够的水，才可能被雾化而产生雾气。

（2）要有足够的山峰空间掩藏雾化装置。原则上云雾山水盆景不用平远式造型。小型云雾山水盆景常常用独峰式，如果感觉太单调，可以在旁边配一个配峰。总之雾化装置必须能掩藏在山峰内。

二维码 8-3
雾化盆景

（3）雾化装置必须处理妥善，注意用电安全，不可漏电。

四、珍宝盆景

珍宝盆景是指利用珍珠、玛瑙、翡翠、玉、金、银等珍宝制作的无生命的但却价值连城的一类盆景。这类盆景极具收藏价值，也是古代朝贡佳品，如金架翡翠葡萄盆景（图 8-11）。

二维码 8-4
珍宝盆景—清·故宫珍宝盆景

图 8-11　金架翡翠葡萄盆景

学习情境二　微型盆景的制作

微型盆景又称些子景、掌上盆景或袖珍盆景，是指高度不足 10 cm 的盆景。更细更小的还有超微型盆景，又称指上盆景或迷你盆景。微型盆景虽然体积微小，但具备一般盆景的基本特征，一木一石依然要求师法造化，形神兼备，要求能充分体现盆景艺术的美和意境内涵（图 8-12）。

二维码 8-5
微型盆景

图 8-12　微型盆景

一、微型盆景的优点

（1）微型盆景占地少。能放置一盆大型盆景的地方，可以放置十多盆微型盆景。如果利用博古架将微型盆景挂在墙壁上，则更节省空间。

（2）微型盆景成形时间短。培育一盆大型树木盆景，需要几年甚至更长时间，不容易出效果。而微型盆景利用嫁接、扦插、压条等方法，略经加工造型，一般 2 ～ 3 年即可成形观赏了。

（3）微型盆景成本较低。相对于大型盆景来说，微型盆景的价格非常便宜。

（4）微型盆景体积小、分量轻、易于搬动。由于家里的光照条件有限，有时需要对盆景挪动以调整盆景受光条件，大型盆景分量重，搬动起来不容易，尤其对年纪偏大和患有慢性病的盆景爱好者更是望难止步，而微型盆景则不用担心这个问题。

（5）微型盆景与家里的小花瓶、小动物等小工艺品更易取得意境上的协调，使生活气息更浓。

二、微型盆景的制作

微型盆景制作一般可以分成三步进行：

（一）取材

微型盆景与普通盆景一样也有植物盆景和山水盆景之分。但一般以植物盆景为主，山水盆景为辅。

植物盆景选用的材料应当具备叶小、干粗、枝细、容易驯化成矮干和盘曲姿态，易于造型；耐阴、生长缓慢、适应性强、萌芽力强、上盆易于成活等特征。常用的有五针松、罗汉松、真柏、地柏、榔榆、雀梅、六月雪、小叶女贞、杜鹃、黄杨、小叶栀子、迎春、火棘、虎刺、枸杞、南天竹、爬行卫矛、小叶常春藤、小石榴、小凤尾竹、金雀、小苏铁、小榕树、小菊、矮干文竹等。

山石材料应选用形态美观、纹理细腻、色彩明晰的石材。常用石料有英石、斧劈石、石笋石、钟乳石、千层石、宣石砂积石、芦管石、海母石、浮石等。

（二）造型

1. 造型形式

微型盆景并非是大中型盆景的简单缩小，而是要更加细致精巧，因此要根据树干的特征设计盆景造型形式，再适当地作画龙点睛的加工。常见的形式有：

(1) 临水式　仿照自然界岸旁、池边、溪畔、山涧生长的临水之树的姿态。主干呈斜立状态，越出盆面，重心外移，但树干不下垂。树冠横空，树影横斜，如探水状。

(2) 露根式　根部拱起，裸露于盆面之上，提起的根部不应过分细密，线条应简洁流畅并有粗细、曲直和疏密的变化。

(3) 悬崖式　树干虬曲，下垂于盆外，但枝叶一般向上生长，表现身处逆境而奋发向上的精神。根据主干下垂程度不同，又分成全悬崖和半悬崖两种。树梢低于盆底的称全悬崖；树梢不低于盆底的，称半悬崖。为了构图均衡，一般需进行提根或点石处理。

(4) 大树型　表现自然界古朴苍劲的大树形象，主干粗短，直立或略弯，左右分生侧枝，层次分明，枝叶繁茂，树冠浑厚大气。

(5) 丛林式　又称合栽式，意在表现树木的群体组合美。一般将多株同种树木合栽于一盆之中，树态差异较小，但讲究高低、粗细、疏密、远近的变化呼应。并用山石苔草映衬和摆件点缀，以表现出原野、山间茂林丛生的自然风光。

(6) 卧干式　树木的主干几乎横卧于盆面，稍带弯曲，姿态苍古，主干不宜太直也不宜太细，而后又向上生长。用横表现静，用扬表现动，使景树整体动静有致。根部应适当提起，以显示构图的均衡。

(7) 枯干式　用于表现枯木逢春的景象。一般下部裸露出虫蛀风蚀的木质部，极富苍古之气，而顶梢则枝叶繁茂。

(8) 附石式　树木栽种于山石之上或树根扎于石缝之内，用于表现大自然树与石的巧妙结合景观。

(9) 双干式　一树双干，或两株同种树木共栽一盆，树干一高一低、一大一小或一直一斜，树型极富变化。

(10) 劈干式　对主干实施劈、撕等技法，表现老树的枯、斑、节、裂等特征，塑造枯荣共存的艺术形象。

(11) 微型山水盆景　用盆多选用白色大理石、汉白玉等加工成的长方形或椭圆形浅盆。造型制作多用高远式，盆内放置山石不可多，但要有主峰、次峰和配峰，可放置一个比例恰当的小点缀品，以衬托山石的高大。

各式微型盆景见图 8-13。

图 8-13　各式微型盆景

定植时还可以使根系裸露于盆面外，增加根的观赏性。总之，微型盆景的造型应运用亲切尺度大写意的手法，注重神态的表现。

（三）上盆

古人鉴赏盆景艺术有“一景二盆三几架”的说法，微型盆景的配盆对盆景的整体表现同样有着至关重要的作用。微型盆景的配盆一般从三方面考虑：

1. 大小

盆的大小深浅要与景树协调。一般树木盆景盆的直径要比树冠略小一些。微型盆景用盆较小，签筒盆口径一般应为 4 ~ 5 cm，圆形盆口径在 5 cm 左右，浅口长方形或椭圆形盆口径一般在 10 cm 左右。

2. 颜色

要根据景树的花、果、叶的色泽选择盆钵的颜色。如花、果色泽较深的，宜用浅色盆；花、果色泽较浅的则宜用深色盆；绿色枝叶的植物不要用绿色盆。总之盆钵要求颜色雅致，忌用大红大绿、色彩艳丽的盆钵。

3. 款式

盆钵的款式应与景树的形式相配。一般情况下，悬崖式应配高深签筒盆；大树型或临水式宜配椭圆或长方形盆；丛林式宜用浅口盆。家庭制作微型盆景还可以选用生活器皿作盆，如鸟食罐、烟灰缸、酒瓶等（树木盆景用盆底部需钻孔，以利排水，否则易烂根），只要匹配得当，也会别有一番情趣。还可以陈列在博古架上。

2. 造型技法

蟠扎、修剪、提根等适用于大型树木盆景的造型技法也同样适用于微型树木盆景。入冬后至第二年春天植株萌芽前是对一般植株进行造型的最适宜时间。

首先要确定造型方式，根据选出来的植株的特点和姿态确定微型盆景主干的形式，如“大树型”“临水式”一般主干不加蟠扎；悬崖式则必须对主干蟠扎，以使主干弯曲成型。其次可根据造型设计对植株进行具体的蟠扎造型。在实际操作中因铅丝材料易得，操作简单，常常使用铅丝对主干蟠扎缠绕。具体操作是：根据枝干的粗细选用直径合适的铅丝缠绕枝干，再把枝干弯成所需要的形态。缠绕时必须紧贴树皮，疏密适度，绕的方向大约和枝干直径成 45° 角。一般 1 ~ 2 年即可定型。主干形态确定后要对植株进行一次修剪，把多余的杂乱枝条短截或去除。由于微型盆景所用植物均较矮小，造型时宜简不宜繁，弯曲一二个弯即可，枝条留 2 ~ 3 条为好。对于根系较强健的植株，

三、微型盆景的养护

微型盆景体量小，盆土少，养护管理必须更加认真、仔细。

1. 光照

微型盆景常在室内摆设，长期见不到阳光，易导致生长发育不良。因此，有条件的话应每隔一段时间放到朝南的阳台上或室外养护，时间一般不要超过一周，其他时间宜放在半阴的环境条件下养护。

2. 浇水施肥

微型盆景盆小土少，水分和肥分的保存极为有限，因此必须经常、及时地给它补充水肥。但是浇水过多容易烂根，施肥过量容易造成小枝徒长，破坏树形，因此要遵循“见干见湿，浇则浇透”和“薄肥勤施”的原则。冬天，北方室内一般用炉子或暖气取暖，室内空气干燥，因此不但要保证盆土湿润，还要经常向叶片喷水，以保证空气湿度。生长期间，一般每 10 d 左右施肥一次。可用充分腐熟的豆饼水，蹄片水等，也可施用全元素复合花肥。

3. 病虫害防治

发现各种病虫危害如叶斑病、蚜虫、红蜘蛛、介壳虫等，应立即人工清除或喷药防治。(参见“树木盆景制作”一章)。

4. 修剪整形

微型的树冠，应少留些枝丛，以便尽量显露主干的风姿。要经常修剪以保证盆景姿态。

学习情境三　花草盆景的制作

以草本花卉为主体，配以适当的山石或小件而成的盆景，其特点是取材方便，成本低廉，易于加工，且移动布置和养护管理方便。花草盆景既要突出名花芳草本身的观赏价值，又要着意盆景布局造型的优美。其形体规格多以小型或微型为多，适于放置几案，厅室橱架，具装饰之美。花草盆景有以表现草为主体的（图 8-14），也有以表现花为主体的（图 8-15）；有以单一的一种植物为素材的（图 8-16），也有二种或二种以上的花草为素材的组合盆景（图 8-17 至图 8-19）。常用作花草盆景的植物有多肉植物、水仙、文竹、灵芝草、蝴蝶兰、常春藤、菊花、景天、棕竹、万年青、吊兰、虎耳草、兰花、伞草等。

图 8-14　以草为主体的盆景

一、花草盆景制作

1. 取材

花草盆景所选用的植物有兰花、菊花、文竹、吊兰、伞草、石菖蒲、万年青、鸢尾、碗莲、麦冬、翠云草、虎耳草、水仙等。植物材料多自幼培育。

二维码 8-6
花草盆景

花草盆景用盆与树木盆景差不多，有浅盆

图 8-15　以花为主体的盆景

图 8-16　小菊盆景

也有深盆，还常用一些装饰性很强的异形盆、象形盆等。色彩在与植物景色相协调的情况下可以丰富多彩一些，有时为突出主景花卉，盆与花的色彩对比可以较强。质地有釉陶盆、紫砂盆、瓷盆或凿石盆。

配石一般用砂积石、芦管石、英石、太湖石等，很少用斧劈石、石笋石等峰状石料，形态

图 8-17　棕竹和万年青

图 8-18　景天类及仙人球类

图 8-19　蝴蝶兰和常春藤等

多柔和浑厚，并以“皱、瘦、透、漏”者为佳。

2. 修饰加工

修剪装饰为主，或反复进行摘心、抹芽，控制植物生长趋势和形态，对木质比较强的花草还可适当加以造型，如菊花盆景，尤其是小菊盆景，主要通过摘心、抹芽和肥水管理，或用细号铅丝绑扎造型，能把小菊花培养加工成自然界大树形，观赏价值不亚于树木盆景。不过大部分不需要绑扎造型，而且修剪也很微弱，只是将不美观的茎叶或长后将影响美观造型的新芽除去。对水仙花种球可进行雕刻，使水仙盆景具有一定的艺术造型，增加观赏价值。

3. 配置

花草盆景的配置很重要，可以丰富景物内容和层次，体现意境，增加作品的深度，创造诗情画意，提高观赏价值。如花草盆景作品“采菊东篱”，几株秋菊，配一块松石、几枝枯竹和一人家，使不但能观赏秋菊的姿色，同时还联想到诗人陶渊明弃避世俗，向往大自然的休闲自得的生活情调，“采菊东篱下，悠然见南山”，意境深远，值得回味。

配置花草应该分清主次，疏密有致。可配植一种花草，也可几种，但以一种为主，宜少不宜多，切忌繁杂。配置山石时要注意体量，只能作为花草的陪衬，不可喧宾夺主，不宜配置山峰状石块。至于人物等配件，要符合意境的创造和表现，不可盲目乱放，同时注意比例恰当。

二、花草盆景养护

花草盆景养护相对树木盆景则简单易行，主要通过日常适当的肥、水、光及病虫害防治等养护，使花草植物生长良好，更好地体现其观赏特性。

学习情境四　象形树木盆景

象形式盆景为民间喜闻乐见的一种盆景造型形式，它是利用植物材料模仿各种人物、动物以及传说中的神仙、龙、凤、麒麟等形象的一种盆景，整体造型在似像非像之间，栩栩如生，令人触景生情，更回味无穷。制作象形式盆景应根据树种、桩材的不同进行造型，使之形神兼备，太像则“媚俗”，不像则有“欺世”之嫌，最好能在似与不似之间，以植物的形态塑造出各种不同动物、人物的神态，还可将树桩上的疤痕、朽洞、凸起等制作成动物、人物的眼睛、鼻子、嘴巴，但不要刻意去追求这种效果，更不能用颜料去画，否则作品会显得矫揉造作，没有灵气；树冠的处理不可游离于主题之外，而应使其成为人物或动物的一部分（图 8-20 至图 8-24）。

二维码 8-7
灵芝盆景

图 8-20　灵芝盆景《孔雀》

适合制作此类盆景的树种很多，如各种松树、柏树以及榕树、枸杞、六月雪、迎春花、黄荆等杂木类树种（图 8-23 至图 8-25）。

图 8-21　《鹤舞》（树种：雀梅　作者：卢尚杰）

图 8-22　《白鹿回首问苍穹》（树种：榕树　作者：郑永泰）

图 8-23　《金蛇狂舞》（树种：榕树　作者：魏积泉）

图 8-24　《华夏图腾》（树种：小叶女贞　作者：朱瑞宗）

制作象形式盆景一般要选取天然有形态的老桩，如外形像动物之类的根、干，去掉多余的枝干、根，经“养坯”成活后，再用修剪、蟠扎、牵拉等方法对枝条进行造型，使之显现出动物的形态，制作成类似鹿、猴、狗等动物造型的盆景；对于生长速度较快的刺柏、六月雪等树种，也可以用幼树蟠扎、修剪的方法使之成型。

图 8-25 是用榕树制作的象形式盆景《小鹿》，表现的是一头正在吃草的小鹿。右上部的两个枝杈进行定向造型，呈鹿角状，左侧枝条处理成鹿尾，还利用榕树容易萌发不定芽的特点，在鹿嘴处保留一个小枝，犹如小鹿口衔青草，造型生动活泼。

图 8-25　榕树制作的《小鹿》盆景

图 8-26 是用迎春花制作的象形式盆景《小鹿》，表现的是一头正在漫步的小鹿。对多余的枝条进行修剪，只留下左上部的两个枝条，使其呈鹿角状；在尾部用芽接的方式为鹿添加尾巴，嫁接成活后进行修剪，就可以形成悠闲漫步的一只小鹿。

图 8-26　迎春花制作的《小鹿》盆景

象形式盆景的养护应因树种而异，与桩景的养护大体相同，但由于其对造型的要求严格，因此要注意保护已成形的根、枝、干，避免人为损伤及生长不良，而导致变形；还要注意防止植株徒长，一般在生长期要做到薄肥勤施，不要水肥过大，以免破坏造型；经常修剪整形，及时去掉影响造型的枝条，以保持盆景的美观及形象。

二维码 8-8
象形盆景

复习思考题

1. 什么是挂壁式盆景，什么是立屏式盆景？
2. 山水挂壁式盆景选择什么样的材料做背景？树木挂壁式盆景选择什么样的材料做背景？如何处理背景盆？
3. 树木挂壁式盆景的布局方法有哪两种？
4. 简述立屏式盆景的制作过程。
5. 制作云雾山水盆景的注意事项是什么？
6. 什么是微型盆景？微型盆景的优点是什么？
7. 简述微型盆景的制作养护要点。
8. 花草盆景的特点是什么？制作时有何要求？

思政案例

中国老一辈盆景大师——徐晓白

1909—2006 年，江苏省南通人，中国盆景艺术大师、中国盆景艺术家协会名誉会长。历任南通学院、苏北农学院、江苏农学院及扬州大学农学院教授。

徐晓白先生认为，盆景是一门综合性的艺术，没有深厚的文化素养和一定的园艺知识是很难创作出好作品的。早在 20 世纪 50 年代全国第一次花卉会议在沈阳召开时，徐晓白先生就在会上提出“盆景艺术”一词，将盆景与艺术在概念上联系在了一起。徐晓白先生非常重视盆景艺术的继承与创新，多次强调盆景作品应该体现强烈的时代精神和鲜明的民族风格。

1994 年，徐晓白先生被中国盆景艺术家协会评为中国盆景艺术大师。2001 年徐晓白先生又荣获建设部城建司和中国风景园林学会授予的“盆景专家”称号。

欣赏篇

盆景赏析

模块九　盆景的陈设与欣赏

知识目标：

1. 描述盆景命名的基本方法。2. 说出盆景的陈设技巧。3. 归纳盆景的欣赏技巧。

技能目标：

1. 能科学地对盆景进行命名。2. 能科学地选盆，并有机地对盆景进行点缀和配置几架。3. 能巧妙地陈设盆景。4. 能较高水平地欣赏盆景。

素质目标：

1. 具有沟通联络和一定的语言、文字表达能力。
2. 热爱园林事业，具备良好社会公德和职业道德。
3. 能灵活运用所学知识解决实际问题，提高分析问题能力。

学习情境一　盆景的命名

盆景的名字是盆景艺术品的灵魂，不但能突出主题，诠释作品内涵，还能引起观赏者的遐思，深化盆景作品的意境，提升盆景作品的品位和档次，有画龙点睛的效果。因此一件立意新颖，造型别致的盆景完成以后，必须给盆景起一个好的名字。

一、盆景的命名方法

1. 依据盆景的素材命名

直接点明盆景的景观内容和主题，反映盆景的制作材料，如《苹果》(图 9-1)、《梨》(图 9-2)、《迎客松》(图 9-3)、《竹石图》《柳下笛声》《五针松》《岁寒三友》《四君子》《六月雪》等。这种命名法使人一目了然，但不够含蓄。

图 9-1　《苹果》

图 9-2　《梨》

2. 根据盆景的造型命名

对景物造型进行概括、想象，再命名。如《龙回首》(图 9-4)、《展翅》(图 9-5)、《金蛇狂舞》、《奔驰》、《鹿鸣》、《飞榕》等。再如孤峰式盆景命名为《孤峰独

二维码 9-1 据盆景素材命名

图 9-3　《迎客松》

秀》，直干式盆景命名为《古木参天》，风吹式盆景命名为《风在吼》，等等。

图 9-4　《龙回首》

图 9-5　《展翅》

3. 依据盆景的配件命名

如《少林雄风》（图 9-6）在一苍健的老松树下置一少林武僧习武配件，故而得名《少林松风》；再如肖文华作品《双骏图》（图 9-7），在一本双干的旱山盆景的山脚草地上放置两姿态各异的骏马配件，则命名为《双骏图》；在丛林式盆景中摆放几个打拳的老翁则起名为《晨练》；在树石盆景水边石上摆放一个钓鱼的老人，则起名为《垂钓》，等等。

图 9-6　《少林雄风》

图 9-7　《双骏图》

4. 依据诗词佳句或成语典故命名

如《战地黄花分外香》（图 9-8）、《安得广厦千万间》《轻舟已过万重山》《春风又绿江南岸》《我欲乘风归去》等。

5. 依据歌曲、戏剧、电影等进行命名

如《涛声依旧》（图 9-9）、《渔舟唱晚》、《百鸟朝凤》《在水一方》《北国之春》等。

图 9-8　《战地黄花分外香》

图 9-9　《涛声依旧》

6. 依据拟人手法命名

给盆景以人格化，突出主题，以加深意境。如一株山橘附石探头，观看一对老者对弈，命名为《山橘观弈》(图 9-10)；一锦鸡的根缠在山石上的盆景，命名为《情意绵绵》；一枯桩展出几枝劲枝，命名为《老态龙钟》；再如《生死恋》《兄弟本是一母生》等，都属此类命名法。

7. 依据盆景意境命名

根据盆景所表达的意境符以恰当的、能引起欣赏者共鸣名称。如《古老的回忆》树桩造型

图 9-10　《山橘观弈》

奇巧苍老，苍老的树干与绿色的冠形成强烈的对比，有道是：苍古奇景牵动了古老的回忆！故而取名《古老的回忆》(图 9-11)。

8. 依据时间命名是

根据不同的季节、不同的时间给盆景命名。如《春韵》(图 9-12)、《春华秋实》(图 9-13)、《日出》《夕阳照晚》等。

图 9-11　《古老的回忆》

图 9-12　《春韵》

图 9-13　《春华秋实》

9. 依据时代气息命名

如《同根同种两岸情》（图 9-14）作者在一枯桩上培养两干，一大一小，一高一矮取名《同根同种两岸情》；再如《海风吹拂五千年》《女排之歌》等都是根据时代气息而命的名。

此外，还有很多其他的命名方式，如依据名胜古迹命名：如《三峡风光》《漓江秋渡》等。总体来说，盆景命名要求要含蓄、贴切，格调高雅，切忌粗俗呆板。

图 9-14《同根同种两岸情》

二、命名注意事项

命名应根据形式和内容的要求，语言力求精练、活泼、新鲜，富于个性。

1. 要切题

无论命什么样的名，一定要与盆景的主要特征或艺术意境紧密相连，要与盆景的内容和形式相统一。不能离题杜撰，与盆景的形式和内容毫不相干。名不切题就会使人不知所云。

2. 要含蓄

命名不要太直露，直则无味。含蓄的命名才能引发人们的联想，令人回味无穷。如一老者站在大树下的作品，如果以《树下老人》为名，则过于直露，倘更名为《盼归》，则意境深远得多。含蓄并非要隐晦难懂，而是要给观赏者留有想象的空间。

3. 要高雅

命名应典雅健康、格调高尚，反映向上的

人生观和积极的思想情感，富有诗情画意，不要过于粗俗，市井气。如一枯桩发出新枝，不要命名为《老而不死》，命名为《枯木逢春》或《鹤发童颜》则要高雅些。

4. 要形象化

盆景命名要避免概念化，不宜采用本身就需解释的概念作为盆景的命名。如《青峰如剑》就比《青山高耸》要形象化，要生动；如一盆初开的贴梗海棠盆景起名《佳人晓起试红妆》，拟人化，生动绚丽。命名要传神，紧扣盆景最有特点的一面去命名。

5. 要精练

在充分表达含意的前提下，字数越少越好，要突出特点，忌面面俱到，忌烦琐。多了不利于记忆，且感累赘。常见的命名一般以四字为多，二三字稍多。

学习情境二　盆景陈设

盆景是供人观赏的艺术品，常被誉为“无声的诗，立体的画”。盆景陈设是指盆景在特定的环境中加以艺术的装点设置，以体现盆景艺术的完整性和艺术品的群体美，陈设是为了更好地欣赏。一件优秀的盆景作品，只有在一定的环境衬托下，才能充分发挥艺术“魅力”和观赏效果。盆景的陈设，主要应从盆景的种类、大小、盆几架的搭配、环境的烘托、人与盆景间的距离、盆景的高度和盆景之间的相互关系等几方面来考虑。

一、不同类别盆景的陈设

树木盆景大多以放在视平线上为好，这样可以较好地欣赏树干的形态姿势和树冠层次。树木盆景一般正背面不是非常明显，陈设时可以放在中间做四面观赏，如果做单面观赏的话要注意调整最佳观赏面。树木盆景一般都需要有光照，在室内陈设时间不宜过长，要靠近窗户，以利吸收阳光，正常生长。

平远式的山水盆景放置低一些，以表现其水面的开阔；高远式盆景可置高一些，以突出山峰的高耸雄伟。

色彩较灰暗的盆景，如斧劈石一类的山水盆景，背景色彩应鲜明一些，以避免过于单调沉闷。

二、不同形式盆景的陈设

悬崖式盆景宜放置在视平线以上的高几架上，以符合自然界的真实观感，下方还应有与之相呼应的其他景物等；露根式盆景宜放置在视平线稍下的台座上，以利于观赏其根部的优美姿态。

二维码 9-2
相互呼应的盆景陈设

平远式的山水盆景可放置在较低的台几上，以欣赏其水面的开阔、山景的深远；高远式的山水盆景则可放置在略高的地方，以突出其山峰的雄伟。

三、不同体积盆景的陈设

一般中小型盆景宜放在不太大的空间里，可以欣赏到盆景的全貌；特大的盆景则应放置在较大空间里，既可远看全貌，又可近观细节，位置宜稍低些；微型盆景配上精致的几架一般适宜放置在室内桌案上，如果采用博古架组合陈设，效果最好。

四、不同环境和场合盆景的陈设

盆景的陈设环境分为室内陈设和室外陈设两种。另外，由于陈设的目的场合不同，陈设的布局方法也有区别。

（一）室内陈设

室内陈设的目的主要是装饰点缀和美化环境，因此要注意在体量、色彩等方面与其他景物相协调。不但要体现出盆景的个体美，更要体现出环境的整体美（图 9-15）。

二维码 9-3
室内盆景陈设

图 9-15　室内盆景陈设

一般室内陈设盆景多用中、小型甚至微型盆景，数量不可过多，陈设时注意不可前后重叠。为了不影响人的活动，多放置于靠墙的边、角处，可结合几架或博古架，使盆景摆放大小相间、高低错落，形成层次，达到“繁而不杂、多而不乱”的效果。墙面又为盆景提供一个单纯的背景，墙壁上可挂字画，作为衬托。字画应利用盆景之间、盆景上方或盆景与其他家具物品间的空白处布置，不可与盆景前后重叠。同时还要注意内容和色彩方面的统一变化，如树木盆景旁边宜挂竖幅山水画，而山水盆景上方，则宜挂横幅字轴。室内陈设盆景要注意以下几个方面：

1. 盆景陈设应与房间大小相协调

布置房间与写字作画一样讲究留白，盆景陈设只是居室的一种点缀，一定要根据室内空间的大小选择盆景，如若房间很小，盆景很大就会给人一种压抑感。

2. 位置不同，盆景样式选择不同

室内不同位置应根据场所特点选择不同样式的盆景，如橱柜、书柜等顶部应选择放置悬崖式盆景，位置宜靠边；茶桌、茶几上应选择矮式呈平展形或放射形的盆景，位置宜中；墙壁上可选择挂壁式盆景；墙角可用高几架盆景，或用高低组合架陈设小型或微型盆景。

3. 室内用途不同，应选择不同的盆景

家庭卧室、书房要求创造宁静、清雅的环境。应选择形态雅致、飘逸的盆景。

会场要求创造庄严和隆重的气氛。可于入口处对称布置松柏、苏铁等大中型常绿盆景。

纪念堂气氛庄重肃穆，可陈设一些具有象征性特征的盆景。如梅兰竹菊和松柏类等。

宾馆、商场等的大厅注重表现庄重、典雅的气氛，应选用形态端庄、枝叶丰满的大、中型树木盆景。

4. 背景要淡雅简洁

盆景后面的墙壁宜选择淡雅的单色，才能更好地衬托出盆景的姿态，一般白色、乳白色、淡蓝色或淡黄色最好。

5. 要注意盆景的采光

盆景是有生命的艺术品，植物离不开阳光，因此，盆景最好设置在有光线，通气良好的地方。同时还要根据植物对阳光的喜爱程度来掌握其在居室摆放的位置和摆放时间的长短。一般应准备 2 ～ 3 套盆景轮换摆放，定期将盆景（10 d 左右）移出室内置于阳光充足的地方养护，以备再换。也可以有目的地选择耐阴的盆景种类，减少轮换的次数。

（二）室外陈设

室外盆景陈设包括公共建筑庭院、住宅庭院、盆景园等在室外的露天陈设。室外露天陈设盆景在光照、水分和通风条件上都

二维码 9-4
室外盆景陈设

对树木生长十分有利，因此可以一边欣赏一边养护（图 9-16）。室外陈设盆景应注意以下几方面：

图 9-16　室外盆景陈设

1. 盆景宜放在几架上陈设

为了防止地下害虫对盆景根系造成危害和美观的要求，室外陈设盆景应放在几架上，常用的有石质、釉陶、水泥等制作的几架。一般大型盆景单独设置，中、小型盆景多用条架陈设。

2. 不同盆景种类及大小的搭配

室外陈设盆景应注意不同树种、不同样式、不同大小的搭配。陈设时要注意不能前后重叠，互相遮挡，也不能均匀布置，以免呆板。同时要考虑盆景植物的生长习性，喜阳的和喜阴的区别布置，一般山石盆景多陈设于阴处，以利山石上青苔的生长。

五、盆景布展

盆景布展指的是盆景展览之前至结束的一系列工作。盆景展览是盆景应用的主要方面，是盆景欣赏的主要形式之一。盆景展览不单纯是个陈设艺术，它实际上是一项极其复杂的系统工程：它包含组织动员、场地规划、场地准备、展品筛选、包装运输、陈设布置、养护管理、安全保卫、评比发奖、撤展收尾，一环紧扣一环。

二维码 9-5
盆景的布展

（一）组织动员阶段

1. 组织动员

由主办单位向参展单位发出通知，文件中要写清展览会的名称、目的、意义、参展时间、地点、规模、参展单位、各单位参展任务（数量），并且明确展览会指挥部成员及其分工（总指挥、副总指挥、总体布置设计负责人、评委负责人、秘书组负责后勤、保卫、养护、新闻发布的秘书长、副秘书长等），同时也要明确各参展单位的负责人以及展出注意事项和具体要求等。

2. 场地规划与财务预算

展览会指挥部要在了解掌握参展单位、数量的基础上，结合展出现场具体情况及时制定展览布置规划，并画好图纸。展览会布局可大体按出入口序幕—高潮—结尾安排。图纸上注明展出总面积、各单位展出位置及面积、展架分配等。现场如有干扰和障碍物应及时排除。大会指挥部要做好财务支出预算并请求上级审批拨款或联系赞助。

3. 展品筛选与收集

为把真正代表当地（参展单位）水平的盆景送上展出，各单位必须组织当地盆景界有鉴赏力的人进行筛选把关，严格控制数量和质量，要绝对按照大会指挥部下达的任务指标选送。如有变动应及早向指挥部汇报。

（二）展前筹备阶段

1. 包装运输

目前国内大的展览，运输工具有火车、汽车、轮船、飞机（随身携带）等。更多的情况下是用汽车，汽车运输关键在于固定盆景。汽车装运固定法有：

①两固定法：盆景固定在包装箱内，包装

箱固定在汽车里。

②埋砂固定法：车槽中先填 30 ～ 40 cm 湿沙放上盆景，再填 10 cm 湿沙。

③沙发椅固定法：盆景直接固定在客车的沙发椅上。

④“井”字形固定法：车槽内将木杠固定成“井”字，“井”字中固定盆景，小盆景填空。

⑤竹竿固定法：为保护枝片而将竹竿两端固定在板条箱上，用竹竿夹住枝片，以防途中把枝片吹断。为了提高包装运输质量，今后应采用集装箱的形式。

2. 陈设布置

盆景展览可以在室内展览馆进行，也可以设置专门的盆景园。盆景运到展览现场后，大多是由参展单位派出园林设计师、画师和木工自己现场设计施工。

盆景陈设布置首先要考虑主题思想及展出风格的确定。如 1979 年国庆期间第一次全国性盆景展览会中，广东馆的立意就是要创造一个“南国风光”的岭南风格并具有浓厚的生活气息，使观众在广东园林里欣赏广东盆景并产生亲切感，从而得到艺术享受，取得了理想的艺术效果。加之将盆景放置在具有浓厚的地方色彩的斑竹几架之上，布置富有南国园林特色的鱼眼笪竹棚和松木曲廊周围衬以各种南方植物，朴素典雅，地方色彩浓郁。苏北馆采用传统的厅堂布置方法，古香古色，富丽堂皇。而上海馆布置则在室外采用新型的金属展架，室内用仿明式的新型家具和博古架，气氛明朗活泼，饶有特色。

其次要考虑主景突出，分组布局。布置展览，要把展览室（架）分割成若干个小空间，盆景分组，几架也分组（或隔断空间），每组中即每个小空间中，要有主有次、高低错落、上下呼应、左顾右盼、疏密有致，形成艺术整体，达到统一协调。

最后要确定好参观路线，出口入口设计合理，引导观众有序进行浏览。

盆景陈设布置时应注意以下几点：

（1）展览馆陈设盆景的注意事项

①盆景是展览的主体，环境只是起到衬托盆景的作用，布展时一定要注意突出主体。陈列厅的单个空间不宜太大，可将一个较大的空间划分为几个适当大小的小空间。厅内要求光线和空气流通性要好，以利于观赏和盆景植物生长。

背景多用白色等单色，盆景配上几架后最好放在特设的展台上，展台应靠边放置，色彩应稍深些，与背景色有所区别。

②同一风格流派的作品应放在一起。如果参展的盆景作品较多，并且分属于不同风格流派，布置时应将同一流派的作品陈设在一起。同时还要注意陈设用品也要特点突出，各具特色。如苏派、扬派盆景一般采用红木几架和桌案。用作衬托的字画内容和形式最好也能同盆景在艺术风格上一致，如扬派盆景可用“扬州画派”的作品做衬托，从而使盆景艺术与书画艺术相互统一，相得益彰。

③整个展览馆的盆景陈设一定要有节奏感。不同类别、形式、大小的盆景应间隔放置。如山水盆景与树木盆景间置，曲干式与直干式间置，悬崖式与直干式间置，大盆景与小盆景间置，观花观果盆景与观叶盆景间置等。一般放置的前后层次不宜超过 3 层。盆景与盆景之间也要相互呼应和衬托。如悬崖式树木盆景的下方可放置山水盆景，雄伟壮观的大树型盆景后边则可放置体量稍小的丛林式盆景。

④盆景作品须设说明牌。说明牌不宜大，一般为长方形，可用硬纸、木板、塑料、石片

等材料制成。说明牌上应注明盆景的名字，盆景的主要素材，作者姓名、单位等。

（2）盆景园陈设的注意事项

①盆景园是以盆景为主要观赏对象的园林。相当于长期的室外展览馆。除室内展览要求的统一与变化、节奏与韵律、联系与呼应的要求外，还要注意光照、空气、雨水等植物生长必备的条件，同时要注意冬、夏的保护等。

②盆景园的陈设用具一般使用砖、石、水泥、陶瓷或钢材等制作而成，讲究牢固性和永久性。

③盆景园的设计还要考虑与其他园林景观的结合，如厅堂、曲廊、景门、景墙、漏窗等。一般采用古典园林布局，把大空间分隔成若干个小空间。每个陈设空间都要有一个或几个较突出的作品作为本段重点。大盆景应突出个体美；中、小盆景则应注重群体景观。

④在布置盆景园时，还应考虑方便日后养护管理。

3. 展出阶段

①养护管理。养护管理要有专人负责。

②保卫安全。白天要有专人管，夜间要有专人值班。

③评比。这是盆景展览中一项重要工作，要通过评比评出水平和方向，否则就失去了评比的意义。评比中主要有两个问题要解决，一是品评标准，二是评比办法。

品评标准：目前品评标准众说纷纭，其中有代表性的是耐翁先生提出的八字标准：树桩盆景品评标准是“势、老、大、韵”四个字。就是说，树势要有紧凑良好的结构，多变化，符合植物生长规律（即表现自然）；植株苍老；气魄浩大；神韵盈溢。山水盆景也有“活、清、神、意”四字标准。就是说，假的山水让人看起来像真的一样，景中要有人，加深景物的感染力（即表现自然）；清静典雅，景物精炼；创作技艺要巧妙，天衣无缝，出神入化（即离神于形）；立意在先，景物要有所指，突出主题思想。上述八字品评都是互相依存不可分割的。桩景重点是树姿美又符合植物生长规律；山水重点是做假成真，有目的有立意。品评时既要抓住重点又要把四条灵活起来综合细察神韵，深解意境，全面评论。盆景评比用模糊数学的方法比用分割按条记分似乎更合理一些，因为盆景是综合艺术。主要应该评“景”，至于盆、架，只能作参考。

盆景评比要有一个健全的评委会，评委会应采取民主集中制的方法，统一认识。评委中要推选出有实践经验又有理论、大公无私的真正专家任主任委员、副主任委员，由他们负责解决评比中的难题和对评委会所决定的问题作最后裁决，对群众所反映的问题作最后审定。初评要公布，听取群众意见。不要采用简单的绝对民主的投票方式，防止有人搞拉票等不正当行为。

4. 收尾阶段

展品包装运输，安全运回原送展单位。

清理现场，总结工作。

通过开展盆景展览活动，可以促进盆景技艺的理论研究，提高盆景制作技艺的水平，加快盆景艺术的传播，推动盆景事业的发展，从而更好地加快社会主义精神文明建设，提高地方经济建设水平。

学习情境三　盆景欣赏

盆景作为雅俗共赏的造型艺术品，能丰富人们的文化生活，陶冶人们的情操，同时还能振奋人们的精神，使人身心愉悦，直接给人一定的艺术感受。但要达到较高的艺术欣赏水平，则并非易事。欣赏盆景艺术，是主观和客观相互作用的结果。欣赏者必须具备一定的基础条件。主观上，欣赏者必须具备一定的思想水平、文学修养、美学和绘画知识以及对大自然和生活的热爱等；客观上，作为被观赏对象，盆景作品必须具有一定的观赏价值，另外还要有一个优美的欣赏环境，只有这样才能让欣赏者达到最佳的欣赏状态，方能体味到盆景作品的艺术魅力，获得美的享受。

盆景欣赏是盆景艺术活动的重要组成部分，它包括盆景欣赏者(欣赏主体)、欣赏对象——盆景作品(欣赏客体)以及主体、客体相互关系三个方面。盆景欣赏者通过视觉观察，感受盆景作品之形态、特征、姿势、色泽、质地、气味、具体空间与环境关系，以及意韵、题咏、制作水平、制作风格等。从心理上、情感上产生联想与共鸣，顾名思义，触景生情，从而激发出美的情感、意愿和向往，使人受到美的教育和启迪。

由于盆景作品有良莠之分，欣赏者艺术素养有高低之别，见解不同，反应各异。因此，要想搞好欣赏活动，提高欣赏水平，必须有个共识，只有掌握一定的欣赏标准，才能衡量作品，权衡轻重。只有具备一定的艺术素养，才能领略造化之奥秘，欣赏自然之神功，鉴别技艺之高低，体会情景之交融，领略艺术之真谛。

盆景欣赏的标准也就是盆景制作的标准，因此，盆景制作者、欣赏者都应该努力做到：第一，深入社会生活，丰富生活观察力、感受力和反应力；第二，多看真山、真水、古树、名木，领略自然生态规律，提高表现自然能力，丰富热爱自然情感；第三，理解或掌握植物栽培加工技艺，提高造型能力；第四，多学绘画，运用画理，理解画意，创作画境；第五，多看山水园，学习造园理论，融于“小园林”的创造；第六，多学造型艺术理论和运用艺术哲学，提高艺术理论水平，理解和运用艺术结构美；第七，多学文学和艺术，丰富知识，开阔眼界，提高文化修养；第八，多看盆景佳作，务实求真，继承传统，博采众长，提高创作水平和审美欣赏能力。

由于盆景艺术是在“第一自然”的基础上创造“第二自然”，是精神与物质的统一，是自然美和艺术美的交融。欣赏盆景的美，主要是从以下三个方面来进行欣赏。

一、盆景的自然美

盆景是以大自然之树、石为主要用材，是“活”的造型艺术，欣赏盆景的自然美，欣赏大自然所赋予的固有神韵，是欣赏盆景美的前提。

● 《牧马图》(图 9-17)

景名：牧马图

树石种：锦松，龟纹石

规格：盆长 110 cm

作者：林鸿鑫

赏析：《牧马图》，日照松林间，马行乱石原。悠然且自得，牧人何处见。这是一幅极具天然野趣的作品。锦松形态自然，树干显苍古之感。林间乱石成堆，马行其间，形态各异。让人有返璞归真的轻松感。

图 9-17　《牧马图》

●《春风杨柳》（图 9-18）

景名：春风杨柳

树石种：小石积，龟纹石

规格：盆长 100 cm

作者：陈志远

赏析：《春风杨柳》作品表现的是江南水畔、杨柳依依的自然景观。用龟纹石做成的山冈小坡自然、柔和、舒畅。山冈延伸至江边的坡脚均处理得非常细致，曲折变化极其自然，为作品的成功奠定了基础。左侧岸边石旁栽一棵弯曲老到的小石积，做成垂柳式造型，土坡上布满苔藓小草，仿佛来到了如诗如画般的江南水乡，配用的红色紫砂浅盆也令人有别具一格的新意。

图 9-18 《春风杨柳》

这些大自然固有之神韵，是自然美的关键所在，是盆景艺术加工的矛盾主要方面。盆景创作首先要求"选材得体"，以树石固有神韵为主体。因势利导，因材施艺，不矫揉造作，不显病态，充分展现自然美，方为佳作。植物的生长势良好，是植物栽培管理技艺的具体体现，也是衡量盆景作品优劣的先决条件。

二、盆景的艺术美

艺术美是内容美和形式美相统一的美。盆景艺术美的创造和欣赏必须先充分理解盆景的本质特征——活的自然物（山水盆景也要栽以植物）。要求艺术美顺从自然美。技术为艺术服务，艺术加工为充分展现自然神韵服务，使加工对象固有的自然神韵青春焕发，达到艺术美和自然美的和谐统一。

●《卧崖行舟》（图 9-19）

景名：卧崖行舟

树石种：真柏，英石

规格：盆长 100 cm

赏析：《卧崖行舟》作者用一块体态嶙峋、自然平卧的英石作主景，依山造势，以石布局。将山石布以盆左侧至中，占据盆面的 2/3，剩下的水面上用几块较低矮的山石作配山、岛屿。主山栽植两棵真柏，不加修饰，显得非常随意。作品景物集中，自然中流露出几分野趣。

图 9-19 《卧崖行舟》

盆景艺术美就是在艺术美的前提下依据立意、构思进行艺术加工，运用"缩龙成寸，小中见大"的艺术手法和运用艺术结构美的造型规律，对自然物进行高度的艺术概括和升华，以达到能表现自然，反映社会生活和表达作者思想感情的艺术美的境界。盆景艺术美包括加工技艺美、艺术造型美和装饰美等方面。

1. 加工技艺美

盆景制作由客象（自然物）到艺象（盆景作品）需经过作者的立意、选材、构思、造型等过程，如何能使小树具有“参天古木”之感，几块山石能显“泰华千寻”之概；如何使幼嫩之树具有苍劲古朴之感，使百年老树能保型、保健、永葆青春。这里不仅含有栽培管理技术，也含有丰富的造型加工技艺。因此，要求盆景制作者和欣赏者必须学习、继承传统加工技艺，理解各地方风格和加工特色，实地理解或操作加工技法，不断地创造加工技艺美；要遵循“顺乎自然，巧夺天工”“顺乎天理，融以人情”“虽由人作，宛若天成”诸原则，使加工对象，一无刀砍斧劈之痕，伤口愈合健美；二无人工雕琢之气，合乎固有纹理；三无绳捆索绑之态，枝干走向自然；四无矫揉造作之势，去来天然成趣；五无胶合水泥之痕，真伪莫辨，虚实相宜；六无怪异庸俗之态，自然高雅清新；以达到技术为艺术服务的目的。盆景的加工技艺反映在造型方面，要求树木盆景“主干苍劲，根理健壮，枝分四歧，几见波折，收尖渐变，结顶自然，层次活泼，动势飞扬，神采天然”，要求山水盆景“因材制宜，按形分类，石质相同，石色相近，石纹相似，脉理相通，布局合理，加工自然，坡脚完整，树石并茂，神韵天成”，方为佳作。

●《古树参天》（图 9-20）

景名：古树参天

树石种：福建茶，龟纹石

规格：盆长 86 cm

赏析：《古树参天》作品选用的福建茶树干苍劲，旁逸斜出，盘根错节，生机盎然。叶色墨绿，伸展有致。配以精心构筑的龟纹石堤岸，曲折有致，远近有别，主次过渡自然，江上往来渔船，烟波浩渺，坡上绿草茵茵，煞是一幅好图画。

图 9-20　《古树参天》

2. 艺术造型美

盆景的立意、构思都要通过造型来体现。它将分散的、零乱的、野性的自然美，变成集中的、概括的、典型的艺术美。盆景造型过程中必须遵循“规律有共性、创作无定型”的原则。必须遵循艺术结构美的共性规律，在布局造型中以结构形成美法则和艺术哲学思想作指导，要求盆景造型“有天有地、虚实相宜、盈亏相得、轻重相衡、疏密相间、聚散合理、动静结合、险稳相依、奇正相存、巧拙并用、刚柔相济、雄秀结合、弛张互用、藏露有法、高下相称、大小相比、长短相较、曲直相存、起伏相间、繁简互用、浓淡相和、冷暖互补、主宾相从、点面照应、争让不紊、顾盼有情”，以达到“气韵生动、神形兼备、情景交融、情质一致”的艺术境界，在掌握共性的基础上，“因地制宜、因材施艺、因时而变、因人而异”地充分发展个性，创立新风，不拘一格，创作出具有民族特色、地方风格、体现时代精神的作品，才是上好的盆景艺术作品。

●《牧童过村》（图 9-21）

景名：牧童过村

树石种：刺柏，龟纹石

规格：盆长 85 cm

赏析：《牧童过村》作品，刺柏虬曲苍古，舍利干色泽自然，桩身倚石而生，一枝顺势平行飘出，一枝回首直冲云霄，在自然平缓的龟纹石坡地上顽强生长，且一片葱郁，宛若村头老树，树下牧童悠然过村，呈现出小村一片祥和之境。语出黄庭坚“骑牛远远过前村，短笛横吹隔陇闻。多少长安名利客，机关用尽不如君”。

图 9-21　《牧童过村》

3. 装饰美

盆景的装饰美是盆景艺术美不可分割的一部分。盆景的盆、座、几架和摆件本身就是精美工艺品，如配置得当，将锦上添花，强化艺术效果。配置不当，则画蛇添足，喧宾夺主，起相反作用。因此，要求配盆得体、配座相宜，以达到“一景、二盆、三几架”完整统一的整体美和装饰美。如直干高耸者置于浅盆，更显其高；悬崖倒挂者置于签筒盆，以示其险；丛林树石置于矮座，以显树高林深；悬崖松置于高几，更示雄峻；高悬树桩配以平远山水，则远近相适；清新之竹草配以赏石清供，则刚柔相济。

盆景的展出环境与设置，也是强化其装饰效果的重要因素。要求盆景陈设于雅静环境，背衬清淡；适当地配以诗、书、画、鸟、虫、鱼、赏石、根艺和工艺品，以及雾装置，加上清雅乐曲的播放，则会产生“亦静亦动、有声有色、天人合一、物我交融”的艺术效果。

●《幽人独卧》（图 9-22）

景名：幽人独卧

树石种：五针松，太湖石

规格：盆长 40 cm

赏析：《幽人独卧》山腰一枝横空出，洒下一地绿荫凉。幽人独卧滞虑清，闲云野鹤天地畅。语出张九龄：“幽人归独卧，滞虑洗孤清。”故名之。

图 9-22　《幽人独卧》

三、盆景的意境美

意境是盆景作品与欣赏者在情感上、心灵上、知识上相互沟通时所产生的一种艺术境界，是一种深层次的情感交流，给人带来丰富的遐想，能够引起欣赏者共鸣，使人神游，流连忘返。盆景的意境美则是盆景的自然美、内涵美、加工技艺美、艺术造型美和装饰美的高度融合和集中体现，是盆景艺术美的真谛，也是盆景作品追求的最高标准。

由于盆景的本质特征是有生命的艺术品，它要求在造型过程中应顺从自然美。盆景造型必须是依自然之天趣，创自然之情趣，以达到艺术美与自然美的和谐统一。

盆景是通过造型来表现自然，反映社会生活和表达作者思想感情的艺术品。其关键在于主题思想的表达。盆景造型必须“立意为先、依题选材、按意布景、形随意定、景随情出、造景抒情、以形传神、景在盆内、神溢盆外”，以达到“神形兼备，情景交融”的境界，这就是创造盆景意境美的关键和途径。因此，欣赏盆景的意境美的关键，首先，要视其是否具有自然的神韵和写“意”的效果；其次，再视其加工技艺美，艺术结构美和装饰美是否恰如其分地表达了自然神韵和写意的效果。

● 《盘踞得地》（图 9-23）

景名：盘踞得地

树石种：榕树，石笋石

规格：盆长 42 cm

赏析：《盘踞得地》作品所选榕树根部有一大弯，基部细长，用石笋石为附石，将桩根扎缚于石之周围，种于盆盎。经多年精心护养，形成树抱石。盘锯石崖，悬于崖腰，得天地灵气，汇日月精华，叶片葱绿，呈现一派自然之趣。

总之，盆景的欣赏可从以下四个方面进行。

第一，要有自然神韵，长势良好。植物要枝壮、叶茂、花好、果硕，给人勃勃生机；山石要顺乎纹理加工，保持天然美态，令人心旷神怡；而不是树呈病态，精神萎靡，石现伤痕，生雕硬琢。

第二，要有整体美感，艺术造型好。要能把握“第一印象”，扣人心弦，“一见钟情”，又能逐步深入细部，经久耐看；而不是忽视整体，舍本逐末，罗列、堆砌，主次不分。

图 9-23　《盘踞得地》

盆景讲究“一景、二盆、三几架”，指的就是“景、盆、架”三者的配合所创作的整体美。同时，盆景还需配上与其相符的配件、起名和陈设。只有整体的适宜，才能使其表现出最佳的欣赏效果。

第三，要能引人入胜，加工技艺好。要求造型生动，布局合理，技巧精美，设置得体，令人流连忘返；而不是造型僵化，加工粗糙，构置失调，令人乏味。

第四，要能情景交融，写意效果好。要主题突出，题名确切，寓意深刻，画境优美，意境深长。能耐人寻味，发人情思，给人美的享受，激发人创造美的热忱；而不是形不达意，景不寓情，名实不符，物我两分。

二维码 9-6
景、盆、架
三位一体

复习思考题

1. 如何科学地对盆景进行命名？
2. 陈设盆景应注意哪些方面？
3. 你如何策划一次盆景展览？
4. 如何用盆景装饰家庭环境？
5. 从哪些方面来欣赏盆景？

思政元素

大自然是人类赖以生存发展的基本条件。尊重自然、顺应自然、保护自然，是全面建设社会主义现代化国家的内在要求。必须牢固树立和践行绿水青山就是金山银山的理念，站在人与自然和谐共生的高度谋划发展。

——习近平总书记在中国共产党第二十次全国代表大会上的报告

思政案例

中国老一辈盆景大师——韦金笙

1936年9月生，上海市人。从事风景园林、花卉盆景研究和建设四十余春秋。曾系统探讨扬派盆景个性，发扬“云片”特色，打破“师传口授”的习俗，总结剪扎技艺的11种棕法，倡导在继承传统基础上进行创新。1984年10月主持筹建扬州盆景园。1986年5月主持规划、设计并施工在意大利举办的第五届国际花卉博览会的中国馆，荣获最佳布置荣誉银质奖。2001年5月建设部城建司、中国风景园林学会，为其颁发突出贡献奖，表彰韦金笙为发展中国盆景事业作出的突出贡献。

模块十　佳作欣赏

一、桩景盆景

1.《中国龙》(图 10–1)

景名：中国龙

作者：陈昌（广东）

树种：榆树

赏析：作者以大悬崖式造型展现，主干虬曲神似巨龙，枝如爪、如云，酷似中国画的写意，将中国龙的不屈向上，呼风唤雨，腾飞之势表现得淋漓尽致。配合古朴的容器，完美的演绎出中国传统文化的精髓。

2016 年中国盆景展获奖作品。

图 10-1　《中国龙》

2.《风韵奇古》(图 10–2)

景名：风韵奇古

作者：吴成发（香港）

树种：对节白蜡

赏析：盆景作品选用对节白蜡展现的是典型的岭南派风格，主干苍老古朴，树洞与露根自然，经历了悠长的时光；枝条弯曲遒劲，寸枝三弯，整体表现出自然感，右侧飞枝灵动，使树体整齐中不失动感，达到了疏密有致，风韵古朴的艺术效果。

2016 年中国盆景展获奖作品。

图 10-2　《风韵奇古》

3.《正气风云》(图 10–3)

景名：正气风云

作者：容园（福建莆田）

树种：真柏

赏析：作品为自然式的双干大树形造型，树相飘逸正气，双干刚柔相济，协调统一，老枯的舍利与嫩红的水线，相得益彰，更加突出了古柏的韵味。叶片处理通透自然，聚散合理；双干处理上以全局为主，更加突出整个树的景深层次。

2016 年中国盆景展获奖作品。

4.《秋艳》(图 10–4)

景名：秋艳

作者：刘传富（安徽）

树种：老鸦柿

赏析：作品表现秋的盆景主要是果实和叶

色。《秋艳》以秋果来表现硕果累累，特别是将果实与金黄的颜色结合，做到了名副其实。树体有分有和，疏密有致，主次分明，中间合适的留出空白，与自然景色相符合，为应时应景佳作。

2016 年中国盆景展获奖作品。

图 10-3　《正气风云》

图 10-4　《秋艳》

5.《回眸一笑满园春》(图 10–5)

景名：回眸一笑满园春

树种：三角梅

作者：陈昌

赏析：盆景作品尽显“师法自然，妙造自然”的创造思想。盆景作品结构严整，线条流畅自然，主干沧桑却筋肉饱满，态势婉转，富于动感。充分利用植物的特点，枝条飞动舒展，长短适宜，开花妩媚，与景名互相呼应。

本作品获 2015 年国际盆景大赛金奖。

图 10-5　《回眸一笑满园春》

6.《酡颜弄舞腰》(图 10–6)

景名：酡颜弄舞腰

作者：陆学明

树种：红果

赏析：《酡颜弄舞腰》是岭南派作品，尽显岭南派盆景“师法自然，妙造自然”的创造思想。盆景作品结构严整，线条流畅自然，主干瘦硬却筋肉饱满，态势斜伸，富于动感。左侧“飞枝”走势险峻，飞动舒展，长短适宜，“飞枝”上部的一段主干似乎直且长，然而置一顶眼出枝将其化解，不仅为这一段呆直的主干增加灵动，同时也使左侧外轮廓显得虚实相生，曲折有致，空间的层次感更加丰富。

本作品获首届中国盆景精品大奖赛总冠军；唐风展一等金奖。

图 10-6　《酡颜弄舞腰》

此作品获第三届中国盆景香港杯大展一等奖。

8.《本是同根生》(图 10-8)

景名：本是同根生

种名：榕树

规格：170 cm × 60 cm

作者：黄就伟

赏析：《本是同根生》是一盆大型山林造型盆景。作者在长形大理石浅盆上，以一大一小遥相呼应的两组山林，象征海峡两岸的同根生的连理情怀。主景是那绵绵的山脉，枝繁叶茂的树林，体现了祖国日益强盛、朝气蓬勃。两岸一水相隔，“本是同根生，遥牵两岸情”，创作意境跃然盆上。

7.《幻境》(图 10-7)

景名：幻境

树种：雀梅

规格：盆长 50 cm

赏析：《幻境》作品选用一棵雀梅栽在天然云盆中，一本双杆相依相偎，造型采用云片状手法，由多个云片组成丰茂的自然大树形。向左侧伸展的根系裸露，增添了树木的老劲，自然形成的石盆和树景配合相得益彰、协调自如。

图 10-8　《本是同根生》

图 10-7　《幻境》

台湾自古以来就是中国的领土，大陆与台湾一脉相连，祖国母亲深情地呼唤着游子的回归。作者以其爱国的激情和娴熟的造型技艺，通过盆景创作，表现了这一深刻的主题。

作品在技艺上同样出色。在榕树头上造林，却能浑然天成，高低错落，疏林密爪，呼应得当，体现了非凡的功力。

该作品于 1999 年获昆明世界园艺博览会盆景展览最高奖项——大奖。

9.《行云流水》(图 10-9)

景名：行云流水

树种：五针松

规格：飘长 120 cm

赏析：作品主干从盆中横伸出盆外后即呈90°直角弯曲向下，跌至盆底沿后开始向左侧飘出。云片形成上下两部分，上部由四个云片组成，错落交互，显得轻盈灵动；下部的枝片左右相叠，严谨工整。盆中配以顽石两块，压住根系，轻重相衡，配上黄色六角中深紫砂盆和树根几架，景、盆、架浑然一体。上部的枝片如天上的云彩，下部的枝片则似高山瀑布，故名“行云流水”。

此作品获第三届中国盆景香港杯大展一等奖。

图 10-9 《行云流水》

10.《彩云飞》(图 10–10)

景名：彩云飞

树种：刺柏

规格：树高 42 cm，树宽 98 cm

再创作作者：王红芳

赏析：该作品原为杨派盆景清代后期遗物，中华人民共和国成立后移交泰兴市人民公园时已“长荒”，后经再创作作者精心养护和继承中国盆景艺术大师王寿山（作者系其侄女）剪扎技艺，剪扎成具有动感彩云。其树种虽是刺柏，但剪扎的云片似同黄杨云片“平如水，薄如纸”，可见剪扎之功底。

11.《龙马精神》(图 10–11)

景名：龙马精神

图 10-10 《彩云飞》

树种：桧柏

规格：树高 20 cm，树宽 75 cm

再创作作者：王寿山

赏析：该作品为扬派盆景清代遗物，移交泰州市公园时已成“残桩”，经再创作作者精心养护和剪扎，利用残桩，并在顶端育成一云片，使作品生机盎然，体现出了龙马精神。

图 10-11 《龙马精神》

12.《腾云》(图 10–12)

景名：腾云

树种：黄杨

规格：树高 42 cm，树宽 145 cm

再创作作者：万瑞 陆春

赏析：该作品为扬派盆景清代遗物，移交时已“长荒”，经再创作作者十余年的精心养护管理和复原，又焕发青春，并在原自幼剪扎卧干式造型古桩的基础上，随势延长下层云片增添动势，形成具有阳刚之美的巧云佳作。

曾荣获第二届中国盆景评比展览一等奖；荣获日本大阪国际花卉博览会金奖。

图 10-12 《腾云》

13.《初夏》(图 10–13)

景名：初夏

树种：水杉

规格：80 cm × 95 cm

作者：潘仲连

赏析：作者将几棵水杉小树作丛林造型，左低右高、粗细相间、疏密有致，空间有起伏、平面有进退，复于左侧蓄一小枝伸出盆外，犹如尾声、余波。作品似常见于村郊、陌上，情调较为轻松。因其新叶初吐，生机盎然，故名“初夏”。

14.《回头是岸》(图 10–14)

景名：回头是岸

树种：榆树

树龄：50 年

桩高：56 cm

作者：周奉国

图 10-13 《初夏》

赏析：该作品桩干垂挂，悬根露爪，临岸而倾危。前望是苦海无边，后看则回头是岸，故名。语出佛家“苦海无边，回头是岸”之语。多用于劝人悔过自新，及警告恶人回心向善。

图 10-14 《回头是岸》

15.《五福同寿》(图 10–15)

景名：五福同寿

树种：榆树

规格：80 cm × 75 cm

作者：牟选芳

赏析：这是一件连根式的一本五干作品。五干既有高低错落、主次分明，又有前后、疏密之分，这就是优点之所在。作者对该素材能按丛林盆景的技法进行造型处理，将五干组合成一个统一的整体，形成一幅直立挺拔、枝叶茂繁、层次丰富、生机盎然，具有丛林特色的好作品。

图 10-15　《五福同寿》

16.《双雄》(图 10–16)

景名：双雄

树种：刺柏

作者：鲍世骐

赏析：《双雄》作品为自然式的双干大树形造型，树相雄浑霸气，双干刚柔相济，协调统一，老枯的舍利与嫩红的水线，相得益彰，更加突出了古柏的韵味。叶片处理通透自然，聚散合理；主干后枝托的强硬部分，被后拉隐藏一些，与主干的结合更加贴切；双干后枝在处理上以全局为主，更加突出整个树的景深层次。

此作品在 2006 中国（陈村）国际盆景赏石博览会上获总冠军，与深圳莊伟才的“神龟仙寿”卷纹水冲石盆景并称“双王”。

图 10-16　《双雄》

二、树石盆景

1.《别有洞天》(图 10–17)

题名：别有洞天

树石种：山黄杨、拓木，幽兰石

作者：冯连生

赏析：《别有洞天》让人联想到唐·李白“桃花流水窅（音：窈，深远）然去，别有天地非人间”的诗句，作品从立面造景到平面布局，都十分讲究意境的深邃和近、中、远三景一体的艺术效果。整体构图上，主体山石与客体山石通过一弓形过山石的贯通，使其成为一景；左客右主，左小右大，左低右高，左收右放，左隐右露及后隐前露，近大远小，以小见大的透视效果，使画面立体感极大限度地得以升华，恰到好处。

图 10-17　《别有洞天》

2.《思乡》（图 10-18）

景名：思乡

树石种：锦松，墨石

规格：盆长 100 cm

赏析：作者用主次式布局造景，一主一次，中间空出江水，这种布局手法在水旱类树石盆景中较为常见，选用的锦松主干虬曲老到，松针舒展，色泽近黄，犹如落日余辉洒在松树上，水岸边端坐一老者，眼望江水，似乎在思念故乡亲人。

图 10-18　《思乡》

3.《沂蒙秀色》（图 10-19）

景名：沂蒙秀色

树石种：真柏，层石

规格：盆长 180 cm

赏析：沂蒙风光好，碧树峻山腰。牧童林间藏，羊儿忙吃草。这是一风景秀丽之作。层石纵向高高垒起，险峻之至。高低两组遥相呼应，草地茵茵，中间两只羊儿悠闲自得，好一幅山林秀美图。

图 10-19　《沂蒙秀色》

4.《野趣》（图 10-20）

景名：野趣

树种：榔榆

规格：80 cm × 100 cm

作者：吴克铭

赏析：该作品由奇桩培养成丛林式水旱盆景。该桩体天然嵌有山石，树根与山石浑然一体。在奇桩上培育的五棵树，分组合理，组合恰当，伸展方向自然协调，枝条疏密、粗细到位，妙在能在岸边配上几株野生的小树作为对比衬托，在树根与石洞间隐藏着一只野兔使作品极具野趣。

5.《画意》（图 10-21）

景名：画意

树石种：真柏，墨石

规格：盆长 80 cm

赏析：这是一件颇具“画意”的佳作，全景简洁得体，别具风采。作品仅以一块墨石，一棵真柏为主要材料，巧妙利用了石料天然变化的形态，置盆的右侧土上，向左边江中伸出悬崖临水，水面上点缀几块小石。真柏栽种在洞穴中，主干倒向江边，而一侧分枝压向右边，使之轻重相衡，足见作者树石造型功底之深厚。树荫之下，端坐着两位老人，互诉衷肠，谈兴正浓。作者用一树一石勾勒出一幅优美的图画。

图 10-20 《野趣》

图 10-21 《画意》

6.《惊龙欲飞》(图 10–22)

景名：惊龙欲飞

树石种：刺柏，钟乳石

赏析：《惊龙欲飞》作品选用姿态富于变化的两棵刺柏，植于形态奇特、奇丽多姿的钟乳石堆上，根部从石缝中挣扎而出，旋即盘旋而起，态若欲飞之惊龙。其中右边一棵自然腾飞的同时身姿向右攀出，垂枝平衡了右边盆盎上部空间，而又与左边一棵的腾飞之势呈一定的对称。实在是一件不可多得的动感强烈的作品。

图 10-22 《惊龙欲飞》

7.《坐看云起》(图 10–23)

景名：坐看云起

树石种：罗汉松，英石

赏析：罗汉松主干苍劲古朴，根爪粗壮有力地破石而出，并呈回头之势，姿态甚是优美雄伟。结顶自然，回首枝不仅起到平衡作用，而且正护荫着峭壁凌空处一平台上观云之士，整个构图简洁得体，意境脱俗。

图 10-23 《坐看云起》

8.《盼归》(图 10-24)

景名：盼归

树石种：铺地柏，英石

赏析：作品右侧由数块英德石排列组合而成的旱地中，并列栽种着一大一小两棵铺地柏，一棵大的为主，其主干弯曲变化，丰茂的树冠之下，临空伸出一大飘枝，犹如一片绿云，洒向盆的左侧、洒向空阔的水面，正好弥补了左侧由于缺少树木的呼应而达到轻重均衡，使之整体构图协调呼应；主树右侧另植一棵小树，浓密的树冠与主树连成一体，形成完美的树木景象。英石组成的坡岸势态起伏极为自然美观，向中间江面延伸的坡脚边，有一块自然平台，背后则是峰峦状的山峰，令人感觉山景遥远产生无穷的遐想。

图 10-24　《盼归》

9.《古柏情深》(10-25)

景名：古柏情深

树石种：真柏，龟纹石

赏析：该作品选用数棵丰茂成形的真柏，用龟纹石隔开水面，石中堆土植树。主景部分的一棵真柏稍大略高，山石堆土的分量比重也大些；副景部分栽植的三棵真柏略小些。在栽植时注意了树姿的相互呼应，有既分开又相连的感觉。全景浑然一体，虚实相生，疏密有致。

不足：作为坡岸的山石处理稍感随意粗拙，如能加以改进，则作品更有韵味。

图 10-25　《古柏情深》

10.《山林野趣》(图 10-26)

景名：山林野趣

树石种：檵木、榆树，雪花石

赏析：作品选用杂木类树种檵木、榆树数棵，不加修饰，自然随意地布置在山岸水边，树的姿态粗犷、略显杂乱，作者就是在这种氛围中刻意营造出一种自然的山林野趣。

图 10-26　《山林野趣》

11.《疏林泛舟》(图 10-27)

景名：疏林泛舟

树石种：对节白蜡，石灰石

赏析：该作品为水旱式树石盆景，对节白蜡和石灰石有着巧拙互补的作用，使作品收到意外的艺术效果。树材一般，五株对节白蜡形态极为简单，弯曲变化并不理想。作者着重于树木的构图布局，高低错落有致，石灰石坡脚自然生趣，坡上小草生机盎然，泛舟林间，呼吸着来自大自然清新的空气，于冬末的萧疏中静静地感受隐藏其间的春之气息。

图 10-27 《疏林泛舟》

12.《碣石临风》(图 10–28)

景名：碣石临风

作者：邓文祥（四川）

树石种：朴树，龟纹石

赏析：作品表现了渤海碣石风景，海岸礁石历经千年的风雨海浪洗礼，对应的海岛体现了悠远的草木景象，作品远近呼应；朴树扎根礁石，枝条探海，既体现了海风劲吹，又呼应海岛，使作品整体感提升。

2016 年中国盆景展获奖作品。

图 10-28 《碣石临风》

13.《赤壁怀古》(图 10–29)

景名：赤壁怀古

作者：张志刚（安徽）

树石种：石灰石，雀梅、杜鹃等

赏析：该作品选用数棵丰茂成形的雀梅、杜鹃，用石灰石隔开水面，石中堆土植树。主景部分与副景部分隔江对望，古树参天。在栽植时注意了树姿的相互呼应，有既分开又相连的感觉。全景浑然一体，虚实相生，疏密有致。

2016 年中国盆景展获奖作品。

图 10-29 《赤壁怀古》

14.《绿荫深处》(图 10–30)

景名：绿荫深处

作者：张宪文（山东）

树石种：榔榆，龟纹石

赏析：作品选用榔榆培养为树石盆景，表现出大树浓荫，体现出榔榆的古老与大气，巧妙地搭配小桥等配件，映衬了山石的高大，突显出整体的绿荫效果。丰茂的树冠与临空伸出的大枝，营造出清凉的夏日感觉。

2016 年中国盆景展获奖作品。

图 10-30 《绿荫深处》

15.《遥忆青青江岸上》(图 10–31)

景名：遥忆青青江岸上

作者：田原（重庆）

树石种：夏鹃，龟纹石

赏析：作品中心由数块龟纹石排列组合而成的江岸上，栽种着夏鹃，其主干弯曲变化极尽柔性之美，丰茂的树冠之下，临空伸出一大飘枝，犹如一片绿云，洒向盆的左侧，洒向江岸，正好弥补了左侧由于缺少树木的呼应而达到轻重均衡，使之整体构图协调呼应；组成的坡岸势态起伏极为自然美观，向中间江面处危崖耸立，表现出江水的磅礴气势，令人感觉江岸的优美景色，产生无穷的遐想。

2016 年中国盆景展获奖作品。

图 10-31　《遥忆青青江岸上》

三、山水盆景

1.《清溪渔话》(图 10–32)

景名：清溪渔话

树石种：冬青、福建茶，石灰石

作者：郑永泰

作品规格：高 80 cm

赏析：盆景《清溪渔话》表现的是山林之间，清溪之上，一渔人泛舟溪上，与山林为伴，与鱼儿对话的山水田园景观，主景山石挺拔俊秀，成悬崖状，态势险中求稳，配景山石昂首翘盼，与主景山体遥相呼应；水岸线曲折有致，增加了景观层次；盆景配件点明主题，渲染意境。

图 10-32　《清溪渔话》

2.《深山藏古寺》(图 10–33)

景名：深山藏古寺

树石种：米冬，龟纹石

作者：梁玉庆

赏析：盆景《深山藏古寺》以表现北方山水的风韵为主要内容，在技法上走山石、植物结合之路，采用国画的写意手法，构图布局简练。盆景突出近景表现，主景山体由三块高低不等的山石拼合而成，其上种植五棵大小形态各异的小树，与主景相对的配景山脚下，一老妪跪地祈祷，将“深山藏古寺”这个题目表现得含蓄深邃。

图 10-33　《深山藏古寺》

3.《象山深处有人家》（图 10–34）

景名：象山深处有人家

树石种：米冬，青石

作者：李云龙

赏析：《象山深处有人家》以“象”形的青山石为主山，并通过拱桥与右侧小山连接，整体流畅自然。底盘露白部分象征广阔的水域，一只渔船正在撒网捕鱼，画面上虽然没有屋舍，但却给我们留下了更多的想象空间，也许在象山深处的某个角落，袅袅炊烟正在升起，美丽的渔家女正等着打鱼归来丈夫…… 整个作品宁静、深远。

图 10-34 《象山深处有人家》

4.《幽峡帆影》（图 10–35）

景名：幽峡帆影

树石种：六月雪、真柏，龟纹石

作者：芮新华

赏析：《幽峡帆影》表现的是长江三峡雄浑险要的自然景观。作品打破山体水面的比例，推陈出新，用拳状楞石作叠山材料；整体造型山峦重叠，山势险峻，群山围合，峡谷幽深，水曲九转；几点白帆配件由远及近，更加突出了水路的曲折幽深。可用六字概括盆景：“峡幽、水险、壁悬。”

图 10-35 《幽峡帆影》

5.《高山流水》（图 10–36）

景名：高山流水

树石种：虎刺，砂积石

作者：张建民

作品规格：盆长 130 cm

赏析：巍巍高山，悠悠流水，高山如德，流水如智，德智相生，知音相惜，伯牙、子期千古绝唱。盆景山峰俊秀，一峰似伯牙正在抚琴，另一峰则似子期倾心静听，“高山流水”传唱着千年不变的“知音”神话。

作品获 1999 年昆明世界园艺博览会盆景评比展银奖、中国第五界盆景评比展金奖。

图 10-36 《高山流水》

6.《漓江印象》（图 10–37）

景名：漓江印象

树石种：山甲木，英石

作者：郑永泰

赏析：漓江风景区是世界上规模最大、风景最美的岩溶山水游览区，千百年来它不知陶醉了多少文人墨客。《漓江印象》就是以漓江山水为蓝本制作的。盆景主体为一大块英石，中间掏空成洞，横跨于水面上，突出岩溶山体的典型特征，远处点缀几处小山，既打破水面的单调，又增加了景观层次。盆景峰峦如洗，江波如练，仿佛置身于空灵境界。

图 10-37　《漓江印象》

7.《十二门徒》(图 10–38)

景名：十二门徒

树石种：叶下珠，千层石

作者：云惟纲

规格：盆长 120 cm

赏析：《十二门徒》形象地再现了澳大利亚墨尔本市突出在南太平洋海面上的 12 块砂岩石景观，12 块巨岩经过千年的海浪和海风的洗礼，被大自然鬼斧神工地雕凿成酷似人面，而且表情迥异的巨大的礁石，看似悲哀，恰似温柔，巧夺天工。它们各自独立于海天之间，遥遥相望，彼此呼应，是人们美好愿望的寄托。

图 10-38　《十二门徒》

8.《砚边梦谈·月山野风孤绿》(图 10–39)

景名：砚边梦谈·月山野风孤绿

树石种：榆树，文化石

作者：张夷

赏析：《砚边梦谈·月山野风孤绿》突破传统的椭圆形、长方形盆的局限，大胆采用自制的曲线多边形盆，加大了盆的深度和景的容量，更突出展示了近、中、远景的层次和空间。构图上融入了现代工艺设计的眼光，以点、线、面来概括山、水、树、人，形式新颖别致。远山为主体，面积最大；近处坡地次之；中景小岛面积最小，但都是由曲线构成，整体和谐统一。山的外形曲线高低起伏，节奏韵律感强；山石肌理疏密相间，浑然一体，极为自然。近处坡地上的小树、房屋和远处山脚旁的房屋及水中的小船与主体山形成对比，更衬托出山体的雄伟高大，同时也增加了盆景的生活气息。

图 10-39　《砚边梦谈·月山野风孤绿》

9.《郑燮笔意·冗繁削尽留清瘦》(图 10–40)

景名：郑燮笔意·冗繁削尽留清瘦

树石种：榆树、竹，树化玉

作者：张夷

赏析：盆景立意取自板桥诗“四十年来

画竹枝，日间挥写夜间思。冗繁削尽留清瘦，画到生时是熟时”。构图讲究简洁大方，绿色的坡地和白色的盆均为不规则的曲线构成，两者既统一又有变化，十分协调。作者运用了对比的手法，点点竹叶与长形的悬岩面构成点与面的对比、直线的悬岩又与曲线的草地和盆构成曲直对比；小船和小鸭（点）则与其他景物构成大小对比。增强了作品形象对视觉的刺激程度，突出了主体，给人强烈、醒目的视觉效果，增强了作品的艺术感染力。

图 10-40　《郑燮笔意·冗繁削尽留清瘦》

10.《危崖古刹钟声远》(图 10-41)

景名：危崖古刹钟声远

树石种：六月雪、叶下珠，芦管石、砂积石

作者：云惟纲

赏析：《危崖古刹钟声远》为大型旱山盆景。选用适于表现山峰高、悬、陡、深、剑峰壁立的砂积石为山石材料，形象地再现了自然界群峰耸立，峭壁嶙峋的景观。在险峻的悬崖绝壁上，一古刹安身立命，古刹内钟声远扬，在山林丘壑间回荡，使山林愈加显得静谧幽深。山下荷着柴薪的樵夫唱着山歌，沿着山间小径缓缓踏上归途，意境深远。

图 10-41　《危崖古刹钟声远》

11.《云峰秀谷》(图 10-42)

景名：云峰秀谷

石种：芦管石

作者：赵征祚

赏析：《云峰秀谷》采用高远式布局表现群山巍峨的景观，整体造型清新俊秀，山峰耸立，石挺林秀，沟壑回萦，峰峦叠嶂之间栽种各种植物，山的挺拔与植物的繁茂天然成趣。盆中两山峰峡谷中和山坡脚的雾气与盆中水浑然一体，生动地再现了大自然山光水色，谷深林秀的俊美景致。

图 10-42　《云峰秀谷》

12.《丛林狮吼》(图 10-43)

景名：丛林狮吼

树石种：小叶虎刺，太湖石

作者：段子敏

赏析：《丛林狮吼》以“狮吼”为鲜明主题，采用一形态奇特的太湖石为主体，象征“雄狮”，“狮尾”部栽植小叶虎刺，点出丛林景观的效果，布局独特，立意新奇，使人耳目一新。盆景既体现了“雄狮”猛健的壮观神韵，又具有浓郁的山水风情，把自然美和艺术美巧妙地融合在一起，主题鲜明，意境深远。

本作品荣获第二届中国盆景评比展览会一等奖，还曾获得全国各类等级奖项。

图 10-43　《丛林狮吼》

四、异形盆景

1.《奇峰耸翠》(图 10-44)

景名：奇峰耸翠

树石种：叶下株，石笋石

作者：云惟纲

规格：盆长 60 cm

赏析：《奇峰耸翠》表现的是张家界的奇峰异石风光。作品选用外形修长直立，石面有尖锐棱角的石笋石作为主料，更能突出张家界山体势峭峻秀，别具一格的特征。

盆景画面上，高耸的奇峰拔地而起，耸入云霄。一座小桥横跨群峰之间，桥上游人正在观赏悬崖绝壁的险峻景色。奇松显翠，群峰竞秀，此时此景荡人心怀。

2.《适者》(图 10-45)

景名：适者

树种：榕树

作者：韩学年

图 10-44　《奇峰耸翠》

赏析：《适者》表现的是岭南地区多见的“飞榕”景观，赞美榕树顽强的生长状态，构思造型个性鲜明，也表达了作者“生命不息”的人生观和积极向上的处事哲学。

盆景的主体是一面参差错落的断墙，一棵古老的榕树紧贴墙面生长，整体造型古朴苍劲，尤其是根部的虬劲姿态，表现了榕树顽强而又有力度的美感；树冠则绿意盎然，充满生机，又体现出繁荣昌盛之美；盆景作品外表美内里秀。

本作品获中国第六届盆景展览（泉州）金奖。

图 10-45　《适者》

3.《蓬莱仙境》（图 10–46）

景名：蓬莱仙境

石种：英石

作者：扬州红园

赏析：《蓬莱仙境》是一副挂壁式异形盆景。作品选用纹理细腻，线条曲折，石面多孔的英石，用写意的手法将山石布置于乳白色的扇形浅盆中，表现自然界缥缈虚幻的山水景观。

作品采用平远式布局，将三处形状、体积、色泽各异的山石花木和配件分别置于画面中的不同位置，组合成一幅近景，山脚处设渔翁甩杆垂钓，山顶处设望江亭，有登高远眺景致；远处低矮起伏的山峦与近山隔水相望，意境深远，景深层次丰富。整个盆景远近相映，意境深邃，气韵生动，如同仙境，望去犹如一幅“着墨”不多却充满诗情的山水画卷。

4.《江山图》（图 10–47）

景名：江山图

树石种：菖蒲、仙人葡萄，宣石

作者：宣石

赏析：该作品为挂壁式异形山水盆景。山峰簇簇，渔帆点点，松林苍翠，枫叶似火。景色优美，画面秀丽，江山如此多娇，好一幅“江山图”。

图 10-46　《蓬莱仙境》

图 10-47　《江山图》

五、边宁作品赏析

边宁简介

边宁，艺名：逸能；字：子酣，玄墨；别署：云林逸者、沈水散人。中国盆景艺术家协会理事；中国风景园林协会资深会员；中国观赏石协会理事；辽宁省花卉协会盆景、赏石、根雕专业分会常务副会长、专职评委；沈阳市花卉协会盆景专业分会常务副会长、专职评委；辽宁省盆景艺术大师。辽沈资深掇山艺术家。辽宁农业职业技术学院客座教授。现就职于深圳市北林地景园林生态有限公司，掇山造园、叠石理水主持，深圳北林盆景园艺术总监。

2005 年其作品开始参加国内和省内赛事。在第六届、第七届花博会上其盆景《玉树临风》《独坐雄峰》《起舞弄清影》等作品荣获银奖、铜奖、优秀作品奖。在中国沈阳世界园艺博会盆景艺术作品展中刺柏盆景《冠首云外听天籁》荣获铜奖。有福建茶作品《蛟龙遂月》《行云流水》、小叶榕丛林盆景《喜悦林华藏春鸟》、水旱盆景《野渡无人舟自横》、水旱盆景《无心观水水观人》、柽柳盆景《春作瘦柳君好逑》、附石盆景《长住峰头观云起》、玉树盆景《阳春雅调收琴囊》等在省、市盆景赛事中获金、银、铜奖。有盆景作品及鉴赏、艺论等文章在《花木盆景》《中国花卉盆景》《花卉》《园林》等专业刊物上发表。

1.《杜鹃言爱幽谷事》(图 10–48)

景名：杜鹃言爱幽谷事

树种：山杜鹃

规格：前飘枝 150 cm

赏析：景中故事谁代言，来自山野有杜鹃。整幅构图采用逆向构图法，利用云片来调整画面的均衡感。

图 10-48　《杜鹃言爱幽谷事》

2.《笔意千秋绘柏年》(图 10–49)

景名：笔意千秋绘柏年

树种：铺地柏

规格：树高 55 cm

赏析：把自然灵动的枝条略加梳理，令其线条奔放洒脱，更显书法笔墨的韵味，朴实无华的处理手法。

图 10-49　《笔意千秋绘柏年》

3.《林耸高天放逸心》(图 10–50)

景名：林耸高天放逸心

树种：榔榆

规格：树高 150 cm

赏析：此景利用榔榆的老桩培育而成。通过有选择的利用时间差异育芽及前栽，形成前后高低有致疏密得当的艺术形象。一支大跌枝飘落，平衡了主干一侧的偏重感。一虚一实的对比手法，在整体感观上展示了丛林盆景的自然状态。高耸的取势，彰显了文人式盆景的艺术特色和感染力。

图 10-50　《林耸高天放逸心》

4.《梦笔生花》(图 10–51)

景名：梦笔生花

树种：榕树

规格：树高 80 cm

赏析：砂片石如大地伸向苍穹的巨手，执握着一支饱墨灵动的笔，好似欲与天公对书写下盘古的神话。

图 10-51　《梦笔生花》

5.《逐月蛟龙》(图 10-52)

景名：逐月蛟龙

树种：福建茶

规格：飘长 140 cm

赏析：作品主干如蛟龙游动的躯体，层层跌落的云片更是展现了蛟龙逐月的动感画面。

图 10-52　《逐月蛟龙》

6.《虚怀若谷养怡年》(图 10-53)

景名：虚怀若谷养怡年

树种：榔榆

规格：85 cm × 80 cm

赏析：此桩景由老山桩经多年修剪绑扎制作而成。层次疏朗，姿态端庄。树干中空，疤口包裹自然。洞腹幽藏纳界，大度包容宽怀，故此得名。

图 10-53　《虚怀若谷养怡年》

7.《禅年不问树颜老》(图 10-54)

景名：禅年不问树颜老

树种：玉树

规格：20 cm × 20 cm

赏析：这是一组配件小景。用辽西产木化石为几座来突显悬崖的高度，下面配坐一禅师老者与之呼应。终年对望言无语，花开花落声无息。春秋过往难修史，幽谷留香作春泥。

8.《春展媚腰》(图 10-55)

景名：春展媚腰

树种：玉树

规格：树高 70 cm

赏析：此景犹如一翩翩起舞的少女，腰姿

妩媚，楚楚动人。

图 10-54　《禅年不问树颜老》

图 10-55　《春展媚腰》

9.《卧犬如峰望月》(图 10–56)

景名：卧犬如峰望月

石种：辽西龟纹石

规格：35 cm × 16 cm

赏析：利用石材的自然外形合理拼接来营造惟妙惟肖的山石景象。

图 10-56　《卧犬如峰望月》

10.《我身随意放浪心》(图 10–57)

景名：我身随意放浪心

树种：玉树

规格：树高 45 cm

赏析：疏枝瘦干，春小绿孤立身在云高处，无所欲。

图 10-57　《我身随意放浪心》

11.《阳春雅调收琴囊》(图 10–58)

景名：阳春雅调收琴囊

树种：玉树

规格：树高 46 cm

赏析：携古琴，哼散曲满目青山，啾啾空谷啼，草长野花香，云游道上。

图 10-58　《阳春雅调收琴囊》

12.《行云流水春似梦》(图 10–59)

景名：行云流水春似梦

树种：福建茶

规格：150 cm × 60 cm

赏析：此景经多次提根造型，分枝布托层层跌落，如闲云幽谷，轻飘似梦。

图 10-59　《行云流水春似梦》

13.《苍蟒探幽谷》(图 10–60)

景名：苍蟒探幽谷

树种：小叶榕

规格：探枝长 120 cm

赏析：根干的苍劲与扭动的躯体，向人们展示着岩崖英姿，绝处相逢非凡气度。

图 10-60　《苍蟒探幽谷》

14.《独坐雄峰》(图 10–61)

景名：独坐雄峰

树种：榕树

规格：树高 65 cm

赏析：砂片石瘦峰峻立，岫眼端榕独坐。如痴僧般若，禅心稳固。故采禅家典句“独坐大雄峰”命题。

15.《敦煌印象》(图 10–62)

景名：敦煌印象

树种：榕树

规格：树高 25 cm

赏析：一年生小参榕，经三年养枝造像，神形俱矣。两条悬根欲舞动，如水袖飘带。印象敦煌，飞天再现。

图 10-61　《独坐雄峰》

图 10-62　《敦煌印象》

16.《二娇嬉春》(图 10-63)

景名：二娇嬉春

树种：玉树

规格：树高 75 cm

赏析：棱牖春光乍泻，姨妹嬉闹闺门。小妹不必推我，斜卧玉态可人。

图 10-63　《二娇嬉春》

17.《冠首云外听天籁》(图 10-64)

景名：冠首云外听天籁

树种：刺柏

规格：140 cm

赏析：《冠首云外听天籁》是用丛生刺柏苗木，经修剪培育而成。现为制作四年的生态。创作意象是观照自然树相，以高裁干的表现手法，来展示文人树的意韵和俊朗清高的树态。以此来讴歌自然美与人意和谐的共性美。这就是盆景艺术的魅力所在。

图 10-64　《冠首云外听天籁》

18.《旷林野水鸟闹春》(图 10-65)

景名：旷林野水鸟闹春

树种：榕树

规格：树高 60 cm，盆长 150 cm

赏析：旷野幽林，趣水流转，叶底深处，雀唱啾啾。

图 10-65　《旷林野水鸟闹春》

19.《立身》(图 10-66)

景名：立身

树种：榆树

规格：树高 95 cm

赏析：处地先立身，方根基可固。枝繁叶茂，俊态怡人。主干侧枝，呼应平稳。利爪抓石，颐养天年。

图 10-66　《立身》

20.《清风塑砺骨》(图 10-67)

景名：清风塑砺骨

树种：对节白蜡

规格：树高 75 cm

赏析：用脱衣换锦的手法，来彰显树相的骨格，以此来展现不畏风寒的傲骨尊容。

图 10-67 《清风塑砺骨》

21.《长住峰头观云起》(图 10-68)

景名：长住峰头观云起

树种：小叶榕

规格：树高 45 cm，石峰高 90 cm

赏析：利用辽西产石灰岩双峰石，经三年提根处理，形成现在的附石形象。作品着重展现生命的顽强与抗争力。通过艺术的手段，讴歌大自然令人赏赞的奇美形象。

图 10-68 《长住峰头观云起》

22.《峰林幽天下》(图 10-69)

景名：峰林幽天下

石料：建材砌块气孔轻体砖

赏析：此山水盆景，其塑形自然，纹理清晰，植物配植比例协调，生势旺盛。整体形象给人以峰林比肩，谷静幽深之境域。入山迷归路，问寻山雀偶回音，百啭不知是何处。仰举天远有崖出，云动现樵夫。

盆景石材为气孔轻体砖雕凿而成。该建材类似砂积石浸透水后可栽植物养苔，是新研发的一种山水盆景素材。

图 10-69 峰林幽天下

思政元素

办好人民满意的教育。教育是国之大计、党之大计。培养什么人、怎样培养人、为谁培养人是教育的根本问题。育人的根本在于立德。全面贯彻党的教育方针，落实立德树人根本任务，培养德智体美劳全面发展的社会主义建设者和接班人。坚持以人民为中心发展教育，加快建设高质量教育体系，发展素质教育，促进教育公平。

——习近平在中国共产党第二十次全国代表大会上的报告

附录

附录一　盆景工职业技能岗位标准

一、盆景工职业技能岗位标准

● 专业名称：园林绿化

● 岗位名称：盆景工

● 岗位定义：从事盆景材料的繁殖、采掘、包装、运输及盆景制作与养护等工作。

● 适用范围：盆景的制作与养护

● 技能等级：初级、中级、高级

二、要求

（一）初级盆景工

知识要求（应知）：

1．了解从事盆景工作的意义和内容。

2．了解盆景的历史沿革、分类形式及我国盆景的主要流派等知识。

3．了解当地常见的盆景植物，区分形态特征，并了解环境因子对盆景植物的影响。

4．了解当地常见的盆景植物病虫害，并了解相应的防治方法，安全使用和保管药剂。

5．了解盆景的养护特点，并掌握盆景培养土的配制及肥料施用和保管方法。

操作要求（应会）：

1．识别当地常见盆景植物（至少 30 种）和盆景植物病虫害（至少 30 种）。

2．掌握本地区的树桩盆景制作技术。

3．在中、高级技工指导下，进行盆景植物材料繁殖和养护管理工作。

4．在中、高级技工指导下完成树桩的挖掘和盆景石料的采运工作。

5．正确操作和保养盆景常用的工具。

（二）中级盆景工

知识要求（应知）：

1．掌握树桩盆景、山水盆景的制作和养护知识，了解盆景流派形成的原因和各地盆景的风格特点。

2．掌握当地盆景植物的生长习性、生长规律和养护管理知识。

3．掌握当地盆景病虫害发生规律及常用药剂的使用方法，了解新药剂的应用。

4．掌握各盆景树种所需土壤、肥料的性质和使用方法。

5．了解中国画画论、盆景艺术构图及陈设的基本原理。

操作要求（应会）：

1．承担难度较大树桩盆景的制作、修剪与复整。

2．山水盆景的一般创作。

3．掌握繁殖名贵盆景植物的技能。

4．组织完成树桩、石料的选掘和采运工作以及各类外销盆景的妥善包装。

5．正确选择和使用农药，控制当地常见的盆景病虫害。

6．按设计要求承担盆景展览会的布置陈设工作。

（三）高级盆景工

知识要求（应知）：

1．掌握盆景制作艺术理论及方法。

2．掌握不同类别盆景植物的生物学特性和所需的生态条件。

3．掌握艺术鉴赏与审定盆景作品的知识。

4．熟悉我国盆景的发展、演变历史过程及国内外盆景发展动态。

5．掌握建立中、小型盆景园的知识。

操作要求（应会）：

1．制作具有高水平的树桩盆景和山水盆景。

2．独立设计高水平的庭院大型树桩盆景和山水盆景，并组织指导施工。

3．独立布置大中型盆景展览。

4．收集、整理、总结具有一定水平的技术资料。

5．对初、中级工进行示范操作，传授技能，解决盆景技术中的疑难问题。

附录二 盆景工职业技能岗位鉴定规范

一、说明

（一）鉴定要求

1．鉴定试题符合本职业技能鉴定规范的内容。

2．职业技能鉴定分为理论考试和实际操作考核两部分。

3．理论部分试题分为：是非题、选择题、计算题和简答题。

4．考试时间：原则上理论考试时间为 2h，实际操作考核的时间应视考核的具体内容而定，原则上 4 ～ 6h。

5．两项考试考核均实行百分制。理论考试和实际操作考核成绩均达到 60 分以上为技能鉴定合格。

（二）申报条件

1．申请参加初级工鉴定的人员必须具有初中以上文化程度，且从事本岗位工作两年以上；或经正规培训机构培训的本专业（工种）的毕业生或结业生（培训期一年以上）。

2．申请参加中级工鉴定的人员必须具有初级证书，且在初级岗位上工作 3 年以上；或经评估合格的中等专业学校、技工学校、职业学校的本专业（工种）毕业生，且持有初级证书者。

3．申请参加高级工鉴定的人员必须具有中级证书，且在中级岗位上工作五年以上；或经评估合格的中等专业学校、技工学校、职业学校的本专业（工种）的毕业生，持有中级证书，且在中级岗位上工作五年以上者。

（三）考评员构成及要求

1．考评初、中级技工的考评员，需由具有高级工以上证书的技工或中级以上专业技术职称的技术人员组成。

考评高级技工的考评员，需有具有技师以上证书的技工或中级以上专业技术职称的技术人员组成。

2．考评员需熟练掌握本职业技能鉴定规范的内容。

3．理论部分考评员原则上按每 20 名考生配备一名考评员，即 20 ： 1。操作部分考评员原则上按每 5 名考生配备一名考评员，即 5 ： 1。

（四）工具、设备要求

1．常用制作养护树桩盆景工具：手锯、剪刀、剪枝剪、老虎钳、喷雾器、电钻、木凿、锤子等。

2．常用制作山水盆景工具：钢锯、切割机、锤子、山石加工锤、刻刀、钢凿、砂轮、刮刀、刷子、钢丝刷等。

二、岗位鉴定规范

（一）道德鉴定规范

1．本标准适用于从事园林行业的所有初级工、中级工、高级工的道德鉴定。

2．道德鉴定在企事业单位广泛开展道德教育的基础上，采取笔试或用人单位按实际表现鉴定的形式进行。

3．道德鉴定的内容主要包括遵守宪法、法律、法规、国家的各项政策和各项技术安全操作规程及本单位的规章制度，树立良好的职业道德和敬业精神以及刻苦钻研技术的精神。

4．道德鉴定由用人单位负责，职业技能岗位鉴定站审核。考核结果分为优、良、合格、不合格。对笔试考核的，60 分以下的为不合格，60 ～ 79 分为合格，80 ～ 89 分为良，90 分以上为优。

（二）业绩鉴定规范

1．本标准适用于从事园林行业的所有初级工、中级工、高级工的业绩鉴定。

2．业绩鉴定在加强企事业单位日常管理和工作考核的基础上，针对所完成的工作任务，采取定量为主、定性为辅的形式进行。

3．业绩鉴定的内容主要包括，完成生产任务的数量和质量，解决生产工作中技术业务问题的成果，传授技术、经验的成绩以及安全生产的情况。

4．业绩鉴定由用人单位负责，职业技能岗位鉴定站审核，考核结果分为优、良、合格、不合格。对笔试考核的，60 分以下的为不合格，60 ～ 79 分为合格，80 ～ 89 分为良，90 分以上为优。

（三）技能鉴定规范

1．初级工鉴定规范内容：初级工鉴定规范内容见表附录 -1

表附录 –1　初级工鉴定规范内容

项目	鉴定范围	鉴定内容	鉴定比重	备注
知识要求				
基本知识（25%）	1. 盆景知识（10%）	（1）盆景的定义与历史沿革	2%	了解
		（2）盆景的分类	3%	了解
		（3）盆景与盆栽的区别	2%	了解
		（4）我国盆景的主要流派	3%	了解
	2. 植物知识（10%）	（1）植物的六大器官	7%	掌握
		（2）植物与环境的关系	3%	了解
	3. 土壤与病虫害知识（5%）	（1）园林土壤的基本性状	3%	掌握
		（2）当地常见园林病虫害	2%	掌握
专业知识（65%）	1. 园林植物知识（15%）	（1）木本和草本	3%	掌握
		（2）乔木、灌木的特征	4%	掌握
		（3）常绿树、落叶树的特征	4%	掌握
		（4）针叶树、阔叶树的特征	4%	掌握
	2. 盆景植物知识（25%）	（1）盆景树种野外采掘的时间与采掘、修剪、运输、种植的知识	15%	了解
		（2）盆景树种的繁殖知识	10%	掌握
	3．盆景养护知识（25%）	（1）盆景养护的特点	5%	了解
		（2）养护的内容及质量要求	10%	掌握
		（3）常用农药的使用和保管	5%	掌握
		（4）常用肥料的使用和保管	5%	掌握
相关知识（10%）	园林绿化概论（10%）	（1）园林绿化工作的意义	5%	了解
		（2）园林绿化工作的内容	5%	了解

续表附录 -1

项目	鉴定范围	鉴定内容	鉴定比重	备注
操作要求				
操作技能（80%）	1. 盆景材料与病虫害识别（15%）	（1）当地常见树桩盆景树种（30 种以上）	5%	掌握
		（2）当地常见的盆景病虫害（10 种以上）	5%	掌握
	2. 树桩制作与养护（40%）	（1）树桩盆景造型的基本形式	5%	了解
		（2）树桩地整型	15%	掌握
		（3）盆钵的选择与培养土的配制	5%	掌握
		（4）树桩盆景制作后的养护管理	15%	掌握
	3. 盆景修剪基本技能（10%）	（1）修剪基本方法	2%	掌握
		（2）各种盆景树种的修剪方法	8%	掌握
	4. 病虫害防治基本技能（7%）	（1）各种病虫害防治方法	4%	了解
		（2）药剂防治基本操作	3%	了解
	5. 肥水管理基本技能（8%）	（1）基肥、追肥的使用	4%	了解
		（2）盆景的浇水	4%	了解
工具设备的使用和维护（10%）	常用工具、器具的使用和维护（10%）	（1）整地用工具的装配及矫正	2%	掌握
		（2）修剪用工具的磨刃及矫正	2%	掌握
		（3）工具钳、锯子、凿子的使用及装配	4%	掌握
		（4）喷雾器的使用和维护	2%	了解
安全及其他（10%）	1. 安全生产（5%）	（1）安全生产一般规程	2%	掌握
		（2）灾害性天气的预防、抢救和善后	3%	了解
	2. 文明生产（5%）	（1）文明施工和养护	3%	掌握
		（2）盆景场所的保护	2%	掌握

2．中级工鉴定规范内容：中级工鉴定规范内容见表附录 -2

表附录 -2　中级工鉴定规范内容

项目	鉴定范围	鉴定内容	鉴定比重	备注
知识要求				
基本知识（20%）	1. 植物知识（8%）	（1）植物形态解剖知识	2%	了解
		（2）植物分类基础知识	3%	了解
		（3）当地常见园林植物的种名及特性	3%	掌握
	2. 植物保护知识（6%）	（1）植物保护的内容和要求	1%	了解
		（2）当地盆景病虫害的发生时期、危害部位及各类防治方法	3%	掌握
		（3）各种常用药剂的性能及使用方法	2%	掌握
	3. 土壤肥料知识（6%）	（1）常见盆景树种所需土壤的性质和使用方法	2%	了解
		（2）常见肥料的性能及使用方法	4%	掌握

续表附录 -2

项目	鉴定范围	鉴定内容	鉴定比重	备注
知识要求				
专业知识（50%）	1. 盆景植物应用知识（10%）	（1）当地常见盆景树种的生长习性	5%	掌握
		（2）当地常见盆景树种的生长规律	5%	了解
	2. 盆景制作知识（40%）	（1）树桩盆景的制作与养护	20%	掌握
		（2）山水盆景的制作与养护	20%	掌握
相关知识（30%）	1. 艺术构图及陈设原理知识（10%）	（1）熟悉国画画论与盆景艺术构图的要求	5%	了解
		（2）熟悉盆景陈设的基本原理	5%	了解
	2. 班组管理（5%）	（1）班组管理的内容、范围	1%	了解
		（2）班组生产计划管理	2%	了解
		（3）质量管理	1%	了解
		（4）定额管理	1%	了解
	3. 园林植物知识（10%）	（1）熟悉常见的园林树木	5%	掌握
		（2）熟悉常见的园林树木的习性与栽培技术	5%	了解
	4. 盆景机具知识（5%）	（1）常用盆景机具的工作原理及性能	2%	了解
		（2）盆景机具的操作规程	3%	掌握
操作要求				
操作技能（80%）	1. 当地盆景材料识别（10%）	识别盆景材料 60 种以上（含石种）	10%	掌握
	2. 树桩盆景制作（20%）	（1）选材	3%	掌握
		（2）比例（桩与盆的大小、深浅比例适当，树桩各部分比例适当）	4%	掌握
		（3）造型（主次分明，聚散有致，弯曲自然，富有变化，刚柔相济，遒劲得“势”，师法自然，均衡和谐）	5%	掌握
		（4）布局（树桩与配石、摆件比例协调，布局得当）	4%	掌握
		（5）配盆、上盆（盆钵款式合适，规格得当，色泽适宜，种植位置恰当）	4%	掌握
	3. 山水盆景制作（20%）	（1）选材	5%	掌握
		（2）山石加工（雕琢、锯截、胶合手法熟练，画面逼真，纹理细致，主题突出）	5%	掌握
		（3）布局（主次分明、疏密有致，藏露结合，比例恰当，变化统一，得势均衡）生动传神	5%	掌握
		（4）种植点缀（树石配合巧妙，摆件安放合理，配盆协调）	5%	掌握
	4. 盆景材料的采运与繁殖（10%）	（1）树桩的采运	3%	掌握
		（2）石料的采运	3%	掌握
		（3）繁殖名贵盆景植物材料的技能	4%	掌握
	5. 盆景养护（10%）	（1）承担难度较大的树桩盆景的修剪	5%	掌握
		（2）承担难度较大的树桩盆景的复整工作	5%	掌握

续表附录 -2

项目	鉴定范围	鉴定内容	鉴定比重	备注
操作要求				
操作技能（80%）	6. 植物保护（5%）	针对盆景植物病虫害的种类正确选择农药	5%	掌握
	7. 盆景陈设（5%）	（1）几座配置 （2）承担展览会的布置与陈设	2% 3%	掌握 掌握
工具设备的使用和维护（10%）	常用盆景机具的使用、保养、排故（10%）	（1）切割机的使用与保养 （2）药水车、水泵的使用与保养 （3）一般故障判断与排除	3% 3% 4%	掌握 了解 掌握
安全及其他（10%）	文明施工（10%）	（1）执行安全技术操作规程 （2）生产现场整洁文明 （3）养护现场整洁文明	4% 3% 3%	掌握 了解 了解

3．高级工鉴定规范内容：高级工鉴定规范内容见表附录 -3

表附录 –3　高级工鉴定规范内容

项目	鉴定范围	鉴定内容	鉴定比重	备注
知识要求				
基本知识（25%）	1. 盆景与盆景植物知识（15%）	（1）我国盆景发展与演变历史过程 （2）各种盆景植物的科名、属名、原产地与生物学习性	7% 8%	了解 了解
	2. 植物生理与生态知识（10%）	（1）植物生理基本知识 （2）当地的生态环境 （3）植物与生态环境的关系	2% 3% 5%	了解 了解 掌握
专业知识（65%）	1. 盆景理论知识（20%）	（1）盆景制作的艺术理论及方法 （2）艺术鉴赏与审评盆景作品的知识	10% 10%	掌握 掌握
	2. 植物栽培（10%）	（1）组织培养知识 （2）生长激素的性能、配制及使用 （3）生长调节剂的性能、配制及使用 (4) 其他新工艺、新技术	1% 4% 3% 2%	了解 掌握 了解 了解
	3. 盆景植物养护管理知识（30%）	（1）盆景植物生长发育规律 （2）盆景植物各器官的生长发育关系 （3）盆景植物的物候规律 （4）盆景植物的生长发育与生态环境、栽培技术的关系	8% 7% 5% 10%	掌握 掌握 了解 掌握
	4. 盆景信息（5%）	国内外盆景的现状与发展动态	5%	了解

续表附录 -3

项目	鉴定范围	鉴定内容	鉴定比重	备注
操作要求				
操作技能（80%）	1. 盆景制作（55%）	（1）制作高水平的树桩盆景和山水盆景 （2）我国各地的盆景制作传统，不断创新 （3）解决盆景制作与生产中的疑难问题	35% 10% 10%	掌握 掌握 掌握
	2. 设计施工（20%）	（1）独立设计具有高水平的庭院大型树桩盆景，并能组织指导施工 （2）独立设计具有高水平的庭园大型山水盆景，并能组织指导施工	10% 10%	掌握 掌握
	3. 盆景陈设（5%）	独立布置大中型盆景展览	5%	掌握
工具设备的使用和维护（10%）	1. 起吊机具（5%）	起吊机具的使用	5%	掌握
	2. 其他园林机具（5%）	（1）常用机具的维护保养技术 （2）一般故障排除	2% 3%	了解 掌握
安全及其他（10%）	1. 安全施工（5%）	安全技术操作规程	5%	掌握
	2. 文明施工（5%）	文明施工，工完场清	5%	掌握

附录三　盆景工考试题库及答案

一、中级盆景工

◆理论部分

（一）是非题（答案写在每题后面的括号内）

1．土壤微生物与高等植物根共生的有根瘤。（×）

2．树皮环剥后，植物将会死亡。（√）

3．大多数高等植物可分为根、茎、叶、花、果实、种子六大器官。（√）

4．根尖可分为根冠、生长点、伸长区、根毛区四个解割构造区域。（√）

5．梨果是一种假果。（√）

6．韧皮部能输送水分。（×）

7．花是植物适应于生殖的变态枝条。（√）

8．减数分裂后，子细胞的染色体数是 $2n$。（×）

9．组织培养的理论依据是植物细胞的全能性。（√）

10．植物根与细菌共生形成菌根。（×）

11．完全叶是由叶片、叶柄组成的叶。（×）

12．种皮是由珠被发育形成的。（√）

13．生长在赤道附近的树木，其茎的横切面上找不到年轮。（√）

14．有些树的树干中空，但其仍生气勃勃，是因为被虫蛀掉的中间部分已成为没有生理功能的多余物。（×）

15．根系吸收水分最旺盛的部位是幼嫩的根毛区。（√）

16．只有花柄、花托、花萼、花冠、雌蕊、雄蕊六部分都齐全的才叫完全花。（×）

17．裸子植物属于多子叶植物。（√）

18．种子的胚是由胚芽、胚轴、子叶构成的。（×）

19．土壤肥力的高低，主要取决于养分的多少。（×）

20．土壤有机质矿化过程有利于养分的释放。（√）

21．土壤有机质矿化过程有利于养分的积累。（√）

22．土壤是一种多孔体，用过滤的形式阻留下来一部分物质，这种吸收性能称为土壤的物理吸附作用。（×）

23．土壤溶液的浓度随土温的升高而增大。（√）

24．土壤水分的形态中，膜状水是对植物完全有效水。（×）

25．凡是通过人工配制把几种材料混合在一起的土壤叫培养土（盆栽土壤）。（√）

26．土壤中，当水分增多、空气减少时，其热容量小。（×）

27．有机肥料腐熟的实质是微生物的活动过程，促使有机质的分解与合成。（√）

28．铵态氮肥的铵离子，只能被植物吸收，土壤不吸收，易造成养分的流失。（×）

29．含有 N、P、K 三元素中两种以上的化学肥料称复合肥料。（√）

30．过磷酸钙和草木灰可以混合使用。（×）

31．有机肥料中，含 C / N 越大，越容易腐熟。（×）

32．土壤三相比，即指固相、气相、液相的容积百分比。（√）

33．有机肥料腐熟过程中，水分越多，腐熟越快。（×）

34．盆景植物合理施肥必须要根据不同的树种、不同的生长时期而选择不同的肥料。（√）

35．局部受害，病斑与健康组织分界明显，同时有“菌溢”现象，是细菌引起的病害。（√）

36．整株发病，发病株为单株或病株分散，是生理因素引起的病害。（×）

37．不完全变态的幼虫称若虫。（√）

38．昆虫的完全变态经过卵、幼虫、蛹、成虫四个生态。（√）

39．桧柏——梨锈病出现许多形式的孢子，其中担孢子危害桧柏，锈孢子危害梨树。（×）

40．蚧虫属于完全变态。（×）

41．昆虫最主要生殖方式有两性生殖和孤雌生殖两种。（√）

42．桃细菌性穿孔病是生理病害。（×）

43．桑寄生是一种寄生性种子植物，它没有叶绿素，没有根，有茎，有叶子。（×）

44．孵化出来的是成虫，羽化出来的是幼虫。（×）

45．苗木猝倒病是真菌引起的。（×）

46．粉锈宁主要防治白粉病、锈病，使用浓度一般为 500 ～ 800 倍液。（×）

47．触杀剂可以杀死孵化阶段的介壳虫。（√）

48．蚜虫以未受精的成虫越冬。（×）

49．昆虫的虫龄越大，食量越大，对农药的抗性也越大。（×）

50．一般落叶树种多为阳性树。（√）

51．一般常绿树叶扁平或鳞片状的多为阴性树。（√）

52．伽罗木是紫杉的变种，属于杉科植物。（×）

53．单维管束松亚属的叶鞘宿存。（×）

54．银杏有长短枝，叶在长枝上互生，在

短枝上簇生。 (√)

55．豆科的花全部左右对称。 (×)

56．豆科中没有单叶植物。 (×)

57．柏科的鳞形叶全部对生。 (√)

58．杨柳科植物都是乔木。 (×)

59．柳杉是常绿乔木，叶锥形，前端略向内弯。 (√)

60．丝兰和凤尾兰是同一种植物。 (×)

61．蔷薇科共有四种类型的果实。 (×)

62．芸香科树种都是单生复叶。 (×)

63．木犀科也有单性花。 (√)

64．竹类的茎和叶都有两种不同的形态。 (√)

65．为避免冻害，芍药常在春季进行分株繁殖。 (×)

66．为使羽衣甘蓝早日开花，达到观赏效果，生长期应薄肥勤施。 (×)

67．在插花时为求得平衡与稳定，常把花朵大的、色彩深浓的花枝作为主体，放在近中心下方位置。 (√)

68．花丛花坛在平面上必须栽出各种图案。 (×)

69．为了发挥花卉群体美的效果，在一个花坛上，花的色彩越多越好，越丰富越好。 (×)

70．绝大多数温室花卉怕寒冷不怕炎热。 (×)

71．拌种常在种子细小、粒轻的情况下采用。 (√)

72．温室花卉出棚前，必须对其进行锻炼，在进棚前，要对温室进行消毒和维修。 (√)

73．兔子花在夏季休眠期应保持土壤干燥。 (√)

74．米仔兰在夏秋季节要多浇水，否则花会失去香味。 (×)

75．文竹的叶绿色、纤细、水平开展如羽毛状。 (×)

76．马蹄莲花白色。 (×)

77．盆景放置的高度一般以平视或略低于平视为宜。 (√)

78．水旱盆景分水旱的石料采用软石时，应在靠土的一边抹上水泥，以防渗水。 (√)

79．体量较大的配件除可置于近景与中景外，亦可置于远景。 (×)

80．一件盆景作品，只能放同一类的配件。 (√)

81．在盆景中置放配件时，要让配件置于明显直露之处，以使其形象醒目。 (×)

82．在山石中种植树木，松软的山石宜用附着法，硬石宜用开凿法。 (×)

83．山石胶合时，石与石接缝处要呈略凹的阴缝。 (√)

84．同一盆中的山石以皴法一致为好。(√)

85．皴法是中国画技法名，用以表现山石的纹理。 (√)

86．在雕琢软石的峰峦时，要峰峦向下，底面向上，由底部向峰峦部雕琢。 (×)

87．在雕琢软石的坡脚时，要峰峦向上，底面向下，由峰峦部向底部并由内向外进行雕琢。 (×)

88．山石上的洞穴最好是不规则的形状，而且要有一定的曲折。 (√)

89．山石上的洞穴开凿位置宜在山峰或山体的中间部分。 (×)

90．在山石布局时，左右配峰不得对称。 (√)

91．雕琢软石山水盆景时，首先要重视大形，不要多着意细部，大形决定以后，峰峦丘壑的气势已定，然后进行细部加工。 (√)

92．山峦的两腰腰线应该对称。 (×)

93．砂积石为泥沙与碳酸钙凝聚沉积而成。（√）

94．石笋石中间有的石砾风化，形成许多眼窠状凹陷小洞穴的称龙岩。（×）

95．树化石是在高压的条件下树木有机质分解并硅化后形成的。（√）

96．布局又名章法，或称构图。（√）

97．意境如何是点评盆景优劣的重要标准，而盆景的意境是通过布局来实现的。（√）

98．形势高峻的山称峰。（×）

99．两山之间的低处称峡。（×）

100．山水盆景中的主峰不宜居中，也不宜置于盆边。（√）

101．山水盆景山脚的水岸线要平直。（×）

102．山水盆景的坡脚处设置的平台宜成方形、圆形或长方形。（×）

103．远山的纹理要刻画精细。（×）

104．在山水盆景的水面过于空旷时，除用舟船外，亦可用散点石进行补虚。（√）

105．山水盆景石的空白处意味着江、河、海、溪等各种水面，虽空洞无物，却是山水盆景中不可缺少的有机组成部分。（√）

106．根系也是树木的合成器官。（√）

107．土壤中含量多的养分根就多吸收，含量少的养分根就少吸收。（×）

108．摆石不同于盆景，但习惯上将其归入山水盆景的范畴。（√）

109．悬崖式山水盆景一般主峰向一侧悬倾，因重心产生偏移，所以具有较强的动势。（√）

110．独峰式山水盆景的山石宜置于盆钵的中心。（×）

111．散置式山水盆景宜用较窄的盆钵。（×）

112．象形式盆景不应追求物象形态的俱全，不追求过于逼真。（√）

113．芽潜伏力强的树种，其更新复壮力强，寿命也长。（√）

114．黑松、锦松具有较强的萌芽力，在一年生枝条的任何部位进行短截，会在剪口下的针束中萌出芽来。（√）

115．五针松的花芽是尖形的，叶芽是圆形的。（×）

116．对真柏修剪过重时会产生针叶。（√）

117．梅花、迎春树桩应在开花前修剪。（×）

118．合栽式树桩盆景表现的是个体美。（×）

119．制作合栽式树桩盆景时，可在体量较大的树桩旁边种植体量较小的树碓，通过体量的对比来突出主体。（√）

120．合栽式盆景的树桩之间要达到“宽处可容走马，密处难以藏针”的境地，以加强疏密对比。（√）

121．合栽树桩的树干应强求弯曲。（×）

122．合栽树桩用两种以上树种时，要注意叶形与大小尽量接近，以取得性质上的调和。（√）

123．对树桩枝条短截的刺激作用与剪除部分的多少成反比，即修剪量越大，留下的侧芽越少，其促发的侧枝生长势也越弱。（×）

124．大多数树种在整型后的一段时间里，通过反复的短截来刺激剪口下腋芽的萌发，以促进枝片的成熟与完美。（√）

（二）选择题

1．下列花序中，<u>B</u>是有限的花序。

A．总状花序　　B．单歧聚伞化序

C．伞形花序　　D．伞房花序

2．紫藤的叶子属于<u>A</u>。

A．奇数羽状复叶　B．偶数羽状复叶

C．掌状复叶　　D．羽状全裂叶

3．根尖生长点又名生长锥，属 D 组织。

A．机械组织　　B．输导组织

C．保护组织　　D．分生组织

4．重瓣花是指 D 。

A．花萼、花冠二者具其一的花

B．花萼、花冠二者都具备的花

C．花萼、花冠、雄蕊、雌蕊都具备的花

D．花冠数在二轮以上的花

5．裸子植物的主要特征是 D 。

A．雌雄异株　　B．两性花

C．有“球果”　　D．胚珠裸露

6．下列植物中， C 是鼠李科植物。

A．虎刺　　B．紫薇

C．雀梅　　D．火棘

7．下列植物中， B 是木犀科植物。

A．小檗　　B．迎春

C．锦鸡儿　　D．六道木

8．下列植物中 A 是冬青科植物。

A．龟甲冬青　　B．扶芳藤

C．小叶文贞　　D．黄杨

9．下列植物中， D 是金缕梅科植物。

A．雀梅　　B．赤楠

C．刺桂　　D．檵木

10．植物种子内的营养物质有 B 。

A．糖类、核酸、脂肪

B．糖类、蛋白质、脂肪

C．蛋白质、脂肪、维生素

D．糖类、核酸、维生素

11．组成蛋白质的氨基酸有 C 种。

A．8　　B．12

C．20　　D．24

12．维管束包括 C 组织。

A．同化组织、贮藏组织、保护组织、输导组织

B．保护组织、分生组织、输导组织、贮藏组织

C．分生组织、输导组织、机械组织、贮藏组织

D．吸收组织、分泌组织、机械组织、输导组织

13．完全花包括 B 。

A．花柄、花托、雌蕊、雄蕊

B．花萼、花冠、雌蕊、雄蕊

C．花柄、花托、花萼、花冠

D．花托、花冠、雌蕊、雄蕊

14．花程式中，花冠由 D 表示。

A.G　　B.K　　C.A　　D.C

15．竹类的长高，主要是 C 的作用。

A．顶端分生组织 B．侧生分生组织

C．居间分生组织 D．形成层

16．根的次生构造由内向外依次是 B 。

A．木柱层、初生韧皮都、次生韧皮部、形成层、次生木质部、初生木质部

B．周皮、初生木质部、次生木质部、形成层、次生木质部、初生木质部

C．周皮、次生木质部、初生韧皮部、形成层、初生木质部、次生木质部

D．周皮、初生韧皮部、次生韧皮部、形成层、初生木质部、次生木质部

17．土壤的组成中，空气占土壤总容积为 B 。

A． 50%　　B． 20% ~30%

C． 48%　　D． 2%

18．土壤中最理想的固相、液相、气相（三相）容积比为 D 。

A．1 ∶ 2 ∶ 2　　B．2 ∶ 2 ∶ 1

C．1 ∶ 1 ∶ 2　　D．2 ∶ 1 ∶ 1

19．由有机质腐殖化以后形成的胶体称为 A 。

A．有机胶体　　B．无机胶体

C．复合胶体　　D．有机无机胶体

20．土壤热容量的变化与土壤中的固体、液体、气体的组成有关，当<u>　B　</u>减少时，热容量小。

A．固体　　B．液体

C．气体　　D．压力

21．施入土壤中的肥料与土壤中某些物质产生化学变化而被固定或保存下来，这种吸收作用称为<u>　C　</u>作用。

A．机械吸收　　B．物理吸附

C．化学吸附　　D．生物吸收

22．土壤溶液中<u>　B　</u>离移时，土壤呈酸性反应。

A.OH^-　B.H^+　C.Na^+　D.H_2O

23．土壤水分几种类型中，<u>　C　</u>对植物是全部有效水。

A．吸湿水　　B．膜状水

C．毛管水　　D．重力水

24．植物吸水时，其根毛最大渗透压为<u>　C　</u>大气压，超过后植物便不能吸水而产生反渗透。

A．25　　B．20

C．15　　D．10

25．肥料按照施肥的目的和时期可分为<u>　D　</u>。

A．基肥、穴施、条施、环施

B．追肥、撒施、沟施

C．全面施肥、局部施肥

D．基肥、追肥、种肥、根外追肥

26．硝态氮肥施用后，硝酸根离子只能被<u>　B　</u>所吸收。

A．土壤　　B．植物

C．细菌　　D．真菌

27．水溶性磷肥中的过磷酸钙在土壤中移动性<u>　D　</u>。

A．大　　B．较大

C．一般　　D．较小

28．草木灰含钾元素的主要成分是<u>　B　</u>。

A．硫酸钾　　B．碳酸钾

C．硝酸钾　　D．氯化钾

29．花卉植物在生长过程中整株失去绿色，下部叶子变黄，表明其缺少<u>　B　</u>元素。

A．K　　B．N

C．P　　D．C

30．尿素的含氮量为<u>　C　</u>。

A．20%～21%　　B．32%～35%

C．45%～46%　　D．15%～17%

31．根外追肥使用的肥料，一般是<u>　A　</u>。

A．化学肥料　　B．有机肥料

C．微生物肥料　　D．长效肥料

32．桑褐刺蛾、褐边绿刺蛾、扁刺蛾的茧结在<u>　A　</u>。

A．地下

B．枝干上

C．有时地上有时枝干上

D．叶上

33．月季白粉病叶上的白粉是<u>　A　</u>。

A．病症　　B．病状

C．症状　　D．病态

34．下列昆虫中，属于不完全变态的是<u>　A　</u>。

A．蝼蛄　　B．金星尺蠖

C．刺蛾　　D．绿尾大蚕蛾

35．棕榈腐烂病有心腐、杆腐两种类型，其病原是<u>　C　</u>。

A．心腐是生理性病原引起的，杆腐是非生理性病原引起的

B．心腐是侵染性病原引起的，杆腐是非浸染性病原引起的

C．心腐、杆腐均是生理性病原引起的

D．心腐、杆腐均是侵染性病原引起的

36．捕捉小地老虎幼虫时间一般在<u>　D　</u>。

A．傍晚前　　B．中午

C．下午　　D．黎明前后

37．下列昆虫中，属于不完全变态的是 D 。

A．天牛　　B．金星尺蠖

C．刺蛾　　D．蝼蛄

38．抓住蚧虫防治的关键时期是 B 期。

A．越冬　　B．若虫孵化

C．蜡质形成　　D．成虫

39．下列昆虫中 B 属食根性昆虫。

A．刺蛾　　B．金针虫

C．茎蜂　　D．蜗牛

40．国家已明文规定了一部分农药禁止使用，以下 B 属于禁用的。

A．敌百虫　　B．敌敌畏

C．乐果　　D．杀灭菊酯

41．下列昆虫中，D 不是刺蛾的天敌。

A．上海青峰　　B．广肩小蜂

C．紫姬蜂　　D．伞裙追寄蝇

42．红蜘蛛的危害性很大，现在主要使用的农药是 C 。

A．乐果　　B．敌百虫

C．克螨特　　D．青虫菌

43．由细菌引起的病是 A 。

A．穿孔病　　B．灰霉病

C．锈病　　D．叶斑病

44．感染丛枝病的竹子一般年龄为 C 。

A．二年　　B．三年

C．四年　　D．五年

45．昆虫的食性有很多种类，刺蛾属于 D 。

A．单食类　　B．寡食类

C．多食类　　D．杂食类

46．下列昆虫中，属刺吸性害虫的是 B 。

A．刺蛾　　B．红蜡蚧

C．金星尺蠖　　D．樗蚕蛾

47．配制波尔多液时，使用消石灰代替生石灰也可，但用量需增加 C 。

A．10%　　B．10%~20%

C．30%~50%　　D．60%

48．杀螟硫磷是一种 A 剂。

A．内渗　　B．内吸

C．熏蒸　　D．表面喷涂

49．属于生理性病害的是 D 。

A．煤污病　　B．白绢病

C．白粉病　　D．流胶病

50．属于寄生性种子植物病害的是 A 。

A．桑寄生　　B．炭疽病

C．黑斑病　　D．紫纹羽病

51．下列树种中，A 属于松科。

A．黑松　　B．罗汉松

C．水松　　D．杜松

52．松科植物中，三针一束、叶鞘早落的是 A 。

A．白皮松　　B．火炬松

C．湿地松　　D．华山松

53．柏科植物中，A 的主要特征是由鳞叶小枝组成平面，其两面同形、同色，下垂。

A．柏木　　B．侧柏

C．扁柏　　D．圆柏

54．木兰科植物的花很明显，其中腋生的是 D 。

A．广玉兰　　B．白玉兰

C．鹅掌揪　　D．含笑

55．下列木兰科树种中，C 全是落叶树。

A．白玉兰、紫玉兰、白兰花

B．广玉兰、白玉兰、厚朴

C．鹅掌揪、白玉兰、凹叶厚朴

D．含笑、二乔玉兰、山玉兰

56．日本花柏与侧柏的不同点是 D 不同。

A．叶形　　B．常绿与落叶

C．叶序　　D．小枝扁平方向

57．下列各个竹中，属于单轴散生型的是

B。

A．孝顺竹　　B．紫竹

C．凤尾竹　　D．箬竹

58．树木对环境的适应能力有强有弱，其中耐碱树种是 B 。

A．山茶　　B．柽柳

C．杜鹃　　D．日本五针松

59．裸子植物的主要特点是 B 。

A．典型的柔荑花序

B．胚珠裸露

C．木质部具导管

D．韧皮部有伴胞

60．具有托叶刺的植物是 D 。

A．小檗　　B．小棘

C．月季　　D．刺槐

61．具有皮刺的植物是 B 。

A．刺槐　　B．云实

C．皂荚　　D．石榴

62．具有枝刺的植物是 C 。

A．回府海棠　　B．垂丝海棠

C．贴梗海棠　　D．海棠花

63．以气生根进行攀缘的藤本植物是 C 。

A．紫藤　　B．爬山虎

C．凌霄　　D．葡萄

64．下列树种中， A 是枫树的一种。

A．鸡爪槭　　B．枫杨

C．枫香　　D．八角枫

65．奇数羽状复叶、对生的是 D 。

A．紫藤　　B．南天竹

C．苦楝　　D．白蜡

66．竹芋上的叶称为 B 。

A．竹叶　　B．竹箨

C．内稃　　D．外稃

67．竹节的上面一环称为 C 。

A．节内　　B．竹箨

C．秆环　　D．箨环

68．秆环与箨环之间、生竹枝的部位，称为 D 。

A．竹节　　B．节间

C．竹米　　D．节内

69．四季海棠属于 A 秋海棠类。

A．须根　　B．根茎

C．球根　　D．块根

70．下列各组花卉中， B 的两种植物都常用分株法繁殖。

A．天竺葵、芍药

B．兰花、美人蕉

C．非洲菊、四季海棠

D．文竹、山茶花

71．下列各组花卉中， C 的两种植物都常用扦插法繁殖。

A．美人蕉、扶郎花

B．百合、瓜叶菊

C．大丽花、百合

D．美人蕉、鸡冠花

72．露地草花种子采收最好在 C 。

A．晴天傍晚　　B．晴天中午

C．晴天早晨　　D．无风的阴天

73．一级草坪草的高度一般应在 B cm。

A．1 ~ 2　　B．4 ~ 6

C．8 ~ 10　　D．10 ~ 12

74．仙客来一般在秋季用 C 法繁殖。

A．分球　　B．扦插

C．播种　　D．组织培养

75．短日照花卉每天有 B h 日照，就能加快发育，提前开花。

A．5 ~ 8　　B．8 ~ 12

C．12　　D．13 ~ 15

76．土壤酸碱性能直接影响花卉生长，绝大多数花卉适于 D 土壤生长。

A．石灰性　　B．酸性

C．中性偏碱　　D．中性偏酸

77．切花若需包扎、运输，应在<u> C </u>切取。

A．清晨　　B．上午

C．午后　　D．傍晚

78．下列各组花卉中，<u> A </u>都是观叶花卉。

A．青紫木、地肤、一叶兰

B．青紫木、文竹、一叶兰

C．红背桂、龙吐珠、文竹

D．红背桂、龙吐珠、地肤

79．菖兰和小菖兰是属于<u> C </u>。

A．同科同属两个不同种的花卉

B．同科同属同种花卉的不同品种

C．同科不同属两个不同的花卉

D．同科不同属两个相同的花卉

80．在下列各组一二年生草花中，<u> A </u>除播种外，还可扦插繁殖。

A．孔雀蓝、一串红

B．鸡冠花、一串红

C．香雪球、一串红

D．羽衣甘蓝、一串红

81．龟背竹的叶形为<u> C </u>。

A．幼叶、老叶均心脏形

B．幼叶、老叶均羽状深裂

C．幼叶心脏形、老叶羽状深裂

D．幼叶羽状深裂、老叶心脏形

82．香雪球采种要注意<u> A </u>。

A．种子成熟不一，应分批采收

B．在角果即将开裂时采收

C．在果熟后割取全株、晒干脱粒

D．无法采得种子

83．间苗一般应<u> B </u>。

A．越早越好

B．在真叶发生后即可进行

C．在苗长至 4 ～ 5 片真叶时进行

D．越晚越好

84．苏铁、山茶等喜酸性花卉，在土壤变碱时叶会黄化，这时应施<u> D </u>。

A．尿素　　B．过磷酸钙

C．磷酸二氢钾　　D．硫酸亚铁

85．<u> B </u>花卉，在修剪后会有乳汁从剪口流出。

A．韭兰、橡皮树、雁来红

B．橡皮树、一品红、银边翠

C．扶桑、一品红、仙来客

D．美人蕉、一叶兰、孔雀蓝

86．荷花的藕，在植物学上为<u> B </u>。

A．根　　B．茎

C．叶　　D．果

87．塘栽荷花，夏季水位一般宜控制在<u> C </u>cm。

A.10~20　　B.30~40

C.50~80　　D.100~120

88．树桩盆景施肥的时间最宜是<u> B </u>。

A．中午高温及强烈阳光下

B．晴天傍晚

C．早晨

D．雨天

89．下列树种中，具有双色叶的是<u> A </u>。

A．红背桂

B．雪松

C．银杏

D．金边黄杨

90．下列树种中，具有异色叶的是<u> C </u>。

A．银杏　　B．红背桂

C．金边黄杨　　D．红枫

91．五针松、黑松的春季摘心选择的时间应是<u> B </u>。

A． 4 月初刚萌芽时

B． 4 月中旬嫩枝尚未木质化时

C．5 月上中旬枝条木质化后

D．4 月下旬

92．榕树在<u>B</u>时摘去全部叶片和芽尖，如能控制水分并在阳光充足的情况下，会长出又厚又小的新叶。

A．春季　　B．初夏

C．盛夏　　D．入秋

93．制作合栽式盆景时，宜选择<u>A</u>。

A．高低粗细不等的树木

B．等同或相似大小的树木

94．硬石中唯一可改变造型的石种是<u>C</u>。

A．英石　　B．钟乳石

C．斧劈石　　D．太湖石

95．形势平缓、比较矮小的山称<u>C</u>。

A．峰　　B．巅

C．峦　　D．矶

96．杨派盆景采用的制作技法是<u>B</u>。

A．粗扎细剪　　B．细扎细剪

C．蓄枝截干　　D．细扎粗剪

97．杜鹃花花芽分化的时间是<u>C</u>。

A．6 月下旬　　B．7 月中旬

C．8 月下旬　　D．9 月中旬

98．五针松在夏季高温时生长进入<u>B</u>。

A．旺盛生长期　　B．半休眠期

C．休眠期　　D．生长期

99．苏铁在新叶萌生时需要<u>A</u>的环境。

A．充足的阳光　　B．半阴

C．阴　　D．极阴

100．银杏对土壤水分的要求是<u>B</u>。

A．喜充足水分　　B．喜高燥、忌水涝

C．喜干旱　　D．喜水湿

101．雀梅叶片上形成白粉状蜡丝的原因是<u>C</u>引起的。

A．白粉病　　B．毛毡病

C．瘿螨　　D．霜霉病

102．赤楠的叶序是<u>D</u>。

A．单生　　B．对生

C．三叶轮生　　D．对生或三叶轮生

103．柽柳对光照的要求是<u>A</u>。

A．喜阳光　　B．耐半阴

C．喜半阴　　D．喜阴

104．棕竹嫩叶叶脉间黄化的原因是<u>B</u>。

A．缺氮　　B．缺铁

C．过干　　D．光照过强

105．双干式盆景两树的树根应<u>A</u>。

A．尽量靠近　　B．分开种植

C．左右交叉　　D．分栽于盆两侧

106．长型盆钵种植树桩的位置宜选择在<u>C</u>。

A．靠近盆边

B．处在盆的几何中心

C．处在盆的自然中心

D．处在盆中心的稍远处

107．促进枝叶生长的生长激素，是由<u>D</u>合成的。

A．叶与芽　　B．枝干

C．花与果　　D．根系

108．枝条旺盛生长期，田间持水量应保持在<u>D</u>左右。

A．30%~40%　　B．40%~50%

C．50%~60%　　D．60%~80%

109．适宜于树木生长的土壤含氧量在<u>B</u>%左右。

A．5　　B．10

C．15　　D．20

110．一般树木根系生长的适宜温度是<u>C</u>℃。

A．0~5　　B．5~10

C．15~25　　D．25~30

111．不同部位的芽在质量上有差异，这种芽的异质性是指<u>A</u>。

A．在同一枝条上 B．在不同枝条上

C．在同一株树上 D．在不同树种间

112．早熟性芽是指<u>C</u>的芽。

A．分化成熟早

B．分化成熟晚

C．当年形成，当年萌发

D．4 月萌发

113．树木顶端优势的现象表现在<u>D</u>。

A．乔木上 B．灌木上

C．藤木上 D．各种树木上

114．软石远山的雕琢宜<u>B</u>。

A．清晰精细 B．粗糙模糊

C．纹理细致 D．不加雕琢

115．在山石上雕琢洞穴的形状应是<u>D</u>。

A．圆形 B．方形

C．椭圆形 D．不规则形

116．斧劈石的皴法为<u>B</u>。

A．线皴 B．面皴

C．点皴 D．没有皴

117．胶合好的山石应置放于<u>D</u>。

A．阴处，不喷水

B．阳处，不喷水

C．阳处，喷水

D．阴处，喷水

118．在树木的修剪中，短截修剪有轻、中、重之分，一般轻剪是剪去枝条的<u>B</u>。

A．顶芽 B．1/3 以内

C．1/2 左右 D．2/3 左右

119．山石上点缀树木，一般应该用<u>C</u>。

A．常绿树 B．落叶树

C．以常绿树为主 D．以落叶树为主

120．软石上种植树木，应采用<u>B</u>。

A．附石法 B．开凿法

C．穴栽法 D．棕包吊挂法

121．山水盆景中易生青苔的石料为<u>C</u>组。

A．斧劈石、英石、灵璧石

B．钟乳石、卵石、太湖石

C．浮石、海母石、砂积石

D．锰石、石笋石、树化石

122．在山水盆景的山石上种植植物的最佳时期是<u>A</u>。

A．休眠期 B．生长旺盛期

C．发芽期 D．展叶抽枝期

123．山水盆景中的土壤有限，根系的生长比较浅，5—9 月宜置于<u>B</u>。

A．光照充足之处 B．半阴之处

C．阴处 D．极阴处

124．陈设盆景的背景应<u>B</u>。

A．华丽高雅 B．简洁淡雅

C．色彩鲜艳 D．不加修饰

（三）计算题

1．某单位建绿地 1 亩（亩为非法定计量单位，1 亩 =1/15 hm^2），需进新土填高 15 cm，已知新土密度为 1.34 t/m^3，试问该单位需进土多少吨？

解：1 亩地为 667 m^2，普遍填高 15 cm，则其进土土方为：

$$667\ m^2 \times 0.15\ m = 100.05\ m^3$$

$$1.34\ t/m^3 \times 100.05\ m^3 = 134.07\ t$$

答：需进土 134.07 t。

2．某块菊花地需施肥 5 kg 氮素，现施用尿素作追肥，已知尿素含 N 量为 46%，问应用尿素多少千克？

解：设用尿素 x 千克

$$100 : 46 = x : 5$$

$$46x = 500$$

$$x = 10.87\ kg$$

答：应用尿素 10.87 kg。

3．现有 10 kg 50%的托布津可湿性粉剂，需用水稀释成 20%的药液，问需加水多少千克？

解：设加水 x 千克，稀释前后药液纯物质不变

$$10 \times 50\% = (10 + x) \times 20\%$$

$$x = 15\ kg$$

答：需加水 15 kg。

4．在一块苗床上定植花卉，要求呈梅花形种植，株距 20 cm，隔行相邻两株距离也是 20 cm，即相邻 3 株为等边三角形（如图），求其实际行距为多少？

解：根据题意，相邻 3 株的关系为 $AB=AC=BC=20$ cm

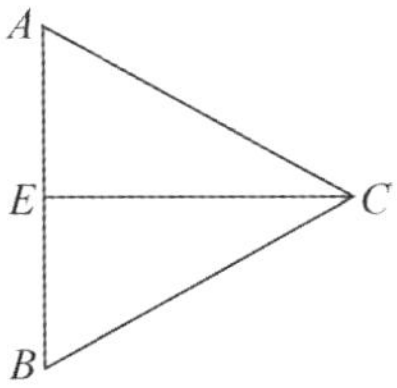

连接 AB、AC、BC，并作 AB 的垂直平分线 CE。题意即求出 CE 的实际距离，根据勾股定理：

$CE^2=AC^2-AE^2=20^2-10^2=300$

$CE=17.32$ cm

答：实际行距为 17.32 cm。

5．量得设计图中表示道路的长为 12 cm，而实际长为 24 m，问：

（1）该图纸比例为多少？

（2）图中有一圆形花坛，量得圆的直径为 2.5 cm，其实际面积是多少？

解：

（1）该图纸的比例为：12 cm ∶ 2 400 cm=1 ∶ 200

（2）圆形花坛面积为：根据比例，图中圆的直径 2.5 cm，则实际直径应为 5 m。

则：圆的面积 $=\pi r^2=3.14 \times (2.5\ m)^2=19.63\ m^2$

答：该图纸的比例为 1 ∶ 200，花坛实际面积为 19.63 m^2。

6．一花坛面积 10 m^2，需种植间距为 30 cm 鸡冠花和间距为 20 cm 万寿菊各占一半面积，问鸡冠花与万寿菊各需多少株？

解：

鸡冠花：0.5× 面积 ÷ 每株面积

$=50\ 000\ cm^2 \div (30\ cm \times 30\ cm) = 55$（株）

万寿菊：0.5× 面积 ÷ 每株面积

$= 50\ 000\ cm^2 \div (20\ cm \times 20\ cm) = 125$（株）

答：需鸡冠花 55 株；万寿菊 125 株。

7．树干地径 10 cm 的乔木，挖掘时其土球直径应是多少？土球高度多少？

解：

土球直径应是树木地径的 2π 倍，则：$2 \times 3.14 \times 10\ cm = 62.8\ cm$

土球高度应是土球直径的 2/3，则：$2/3 \times 62.8\ cm = 41.9\ cm$

答：土球直径为 62.8 cm，高度为 41.9 cm。

8．土球直径 60 cm，高度 40 cm，已知土壤密度为 1.5 g/cm^3，求该土球的重量。（注：不计树体重量；土球一般为扁苹果形，故假设其体积为球体的 2/3。）

解：

球体积为 $4/3 \times \pi R^3$，以土球为球体的 2/3 计，则

土球体为：$4/3\, \pi R^3 \times 2/3$，则：

$1.5g/cm^3 \times 4/3\, \pi R^3 \times 2/3$

$= 1.5g/cm^3 \times 4/3 \times 3.14 \times (30\ cm)\ 3 \times 2/3$

$= 113\ 040\ g = 113.04\ kg$

答：该上球重量为 113.04 kg。

9．一大立菊由花盘 4 枪、20 圈组成，试问该大立菊有多少付枪？多少档？多少朵花？

解：付枪数为枪数的 2 倍，故应为 $4 \times 2 = 8$ 付枪

付枪数与档数相同，故档数也为 8

总花数 =（1+ 圈数）× 圈数 ÷2× 档数 + 1= $(1+20) \times 20 \div 2 \times 8 + 1 = 1\ 681$ 朵

答：该大立菊有 8 付枪，8 档，1 681 朵花。

（四）简答题

1．如何区分单子叶植物与双子叶植物？

答：单子叶植物主要特征是茎内无形成层，一般不能增粗，胚具有一枚子叶，叶常为平行脉，根多为须根系，花各部通常为3基数。双子叶植物茎内有形成层，可以增粗，胚具有二枚子叶，叶常为网状脉，根多为直根系，花各部通常为5或4基数。其中主要的区别是种子内子叶数的区别。

2．水分在植物体内是如何运输的？

答：简单表示为：土壤水分→植物根毛→根的皮层→根的中柱鞘→根的导管→茎的导管→叶柄导管→叶脉→叶肉细胞→叶肉细胞间隙→气室→气孔→空气中。

3．植物根与真菌的共生关系如何？

答：形成菌根的真菌自身所需的养料由植物供应，但真菌能代替根毛吸收水分和无机盐供植物利用。菌根还可以促进细胞内贮藏物质的分解，以增进呼吸作用，而且能产生某些生长刺激素，尤其是维生素 B_1 和维生素 B_6，能促进根系的生长发育。

4．写出下列花程式的含义。

（1）百合花：✳，⚥，P_{3+3}，A_{3+3}，$G_{3:3}$

答：百合花，花辐射对称，两性花，花被2轮，每轮3片离生，雄蕊两组，每组3枚离生，子房上位，心皮合生，3心皮，3室。

（2）紫藤：↑，⚥，$K_{(5)}$，C_5，$A_{(9)+1}$，$G_{(1:1)}$

答：紫藤，花左右对称，两性花，花萼5片，合生，花冠5片，离生，雄蕊两组，一组9孜合生，另一组单独1枚，子房上位，心皮合生，1心皮，1室。

5．土壤是由哪些物质组成的？

答：土壤由固体、液体、气体三种物质组成。其中固体中含有矿物质（占固体物质的90%～98%）和有机质（占固体物质的2%～10%），液体和气体同时存在于孔隙中，各占孔隙部分的50%。

6．简述土壤中空气与植物生长发育的关系。

答：直接影响有：（1）对根系的影响，通气良好时，根系长，生长量大，色浅，根群新鲜发达；通气不良时，根系短粗，色暗，根毛少。（2）对种子萌发的影响，通气不足，影响种子内含物的转化和能量的释放，使种子萌发受到影响，严重时造成烂种。

间接影响有：（1）通气不足，影响微生物活动，不利于有机质转化。（2）严重通气不足，易产生甲烷、硫化氢等毒气，影响植物生长，甚至死亡。

7．简述N、P、K的生理作用。

答：N的生理作用是：（1）是蛋白质和核酸的重要组成成分；（2）是叶绿素的主要组成成分；（3）是各种酶和多种维生素的成分。

P的生理作用是：（1）构成植物细胞核的主要组成部分；（2）参与植物体内各种代谢作用；（3）提高抗性。

K的生理作用是：（1）促进光合作用，提高强度；（2）促进碳水化合物的形成，提高产量，改善品质；（3）提高抗逆性。

8．简述过磷酸钙的性质和施用方法。

答：过磷酸钙为灰色，粉末或颗粒状，微溶于水，含磷量为16%～18%，为生理酸性肥料，易吸湿结块，有腐蚀性，易被固定。

为防止磷被固定，可采取以下施用方法：（1）集中施中；（2）与有机肥混合施用；（3）根外追肥；（4）制成颗粒肥。

9．常见的地下害虫有哪几种？如何防治蛴螬？

答：常见的地下害虫有蝼蛄、地老虎、金

针虫、蛴螬、蟋蟀等。

防治蛴螬的方法是：(1) 施腐熟的肥料，可避免金龟子产卵；(2) 黑光灯或火堆诱杀成虫；(3) 冬耕深翻，消灭越冬蛴螬；(4) 苗期危害时，可浇施马拉松 800~1 000 倍液，茶籽饼 6 倍液，石蒜类液（石蒜根 1.5 kg，捣烂，浸在 50 kg 人粪尿中 5~7 d，用时适当冲稀）；(5) 保护利用天敌金龟甲乳状杆菌。

10．如何防治香樟黄化病？

答：(1) 栽植地应选排水良好、微酸性肥沃的土壤；(2) 在患病植株根际周围打孔，浇灌 30~50 倍硫酸亚铁，或用硫酸亚铁 1 000 倍叶面喷施 2~3 次，可使叶转色；(3) 在树干注射硫酸亚铁 15 g、尿素 50 g、硫酸镁 5 g、水 100 mL 的混合液。

11．如何合理使用农药？

答：(1) 了解药剂的适用范围，对症下药；(2) 掌握时机，适时施药；(3) 选择适当的使用方法；(4) 用药适量，防止过多过浓，达到经济、有效、无害；(5) 注意药剂的交替作用；(6) 选择能保护天敌的药剂；(7) 选择对植物无害的药剂。

12．桧柏——梨锈病的侵染循环怎样？

答：在适宜条件下，从桧柏上飞来的担孢子直接擦破皮层侵入孔口、伤口，一般梨树从展叶开始最易受担孢子侵入，25 d 以后就不太容易了。秋季，担孢子到桧柏上危害并过冬，在第二年露出冬孢子角并萌发出担孢子随风飘散，落入梨树新叶、新梢而造成危害。

13．比较松、杉、柏三个科形态特征的异同点。

答：松、杉、柏三个科同属于裸子植物，种子都在大孢子叶球内（俗称球果），成熟时种鳞开裂，露出种子。它们的叶都是单叶，通称为针叶树种，花都是单性花。

不同处是：松科植物的叶有针形、条形两种，多数松科植物有长短枝，叶在长枝上散生，在短枝上簇生或束生，单性花同株、异株均有，其球果多为顶生，每种鳞内的种子数为 2 枚。杉科植物的叶有条形、锥形，少数为刺形、鳞形，除水杉外都是互生，其单性花全部同株，球果全部顶生，每种鳞内种子数在 2~9 个。柏科植物的叶有刺形、鳞形两种，刺叶一般轮生，鳞叶全部对生，单性花同株、异株均有，其球果着生部位与树木变化较大，每种鳞内的种子 1 至多数。

14．从地上部分各器官叙述白玉兰和紫玉兰的形态区别。它们在园林上怎样应用？

答：从树形来说，白玉兰是乔木，紫玉兰一般为大型的灌木；白玉兰的树皮较淡，呈灰白或灰褐色，紫玉兰较深；叶片，白玉兰一般为长圆状倒卵形，最宽处常在中部以上，叶柄长 2~2.5 cm，紫玉兰叶片一般为长圆状卵形，叶柄粗短；花芽颜色，白玉兰因白色茸毛较多，偏向白色，紫玉兰常现绿色，芽的大小也以白玉兰为大。最明显的区别是白玉兰的花白色，花瓣共 9 片，下三片是花萼的瓣化，紫玉兰的花紫色，花萼黄绿色，披针形，不呈瓣化现象。它们的聚合蓇葖果也有区别，白玉兰的大而长，圆筒形，紫玉兰的较小，矩圆形。

在园林上，它们同属于中国原产的传统花木，在古典园林中十分多见，可以丛植、群植，也可以孤植，常有与牡丹、海棠等配植。在现代园林中也可作为庭院树种，以白玉兰用得较多，紫玉兰较少，因其紫色花在色彩协调上难度较大，街头绿地则有种植。

15．试比较西府海棠、垂丝海棠、贴梗海棠、日本贴梗海棠、木瓜海棠的形态区别。

答：这五种海棠分两类，前两种属于苹果属，一般为小乔木，无刺，其花顶生为伞形总状花序，淡玫瑰红色，花小而花柄细长，结的梨果也小，其中西府海棠的分枝角度小，花不下垂，梨果红色，径约 1 cm。而垂丝海棠的分枝角度大，花下垂，梨果带紫色，径 1 ~ 8 mm，此外其叶柄、叶脉。叶的边缘常有紫色，可与西府海棠区别。后三种属于木瓜属，一般为灌木，多少有刺，其花在二年生枝条叶腋簇生，花柄短至无柄，结的梨果较大。其中贴梗海棠的分枝角度较大，呈自然开心形，花色极为丰富，自白至深红均有，其梨果径 5 ~ 6 cm，黄色或黄绿色。日本贴梗海棠的小枝多为直立性，枝条细而多，其花只有肉红色一种，梨果也比贴梗海棠小，径 3 ~ 4 cm，且带黄色。木瓜海棠在园林上较少，有时呈小乔木形，树皮色泽较淡，分校也少，其叶上茸毛较多，与前四种都不同，花色也很丰富，自白色至粉红色均有，花数也少，最明显区别是它的梨果较大，径达 6 cm 以上，而且色泽、形状都像一只未成熟的桃子，所以别名“木桃”。

16．比较含羞草科、苏木科、蝶形花科的形态区别。

答：这三个科原来同属于豆科，所以基本相同点是荚果，此外其花都是奇数。它们的区别主要表现在花的特征上，含羞草科的花辐射对称，雄蕊细长、多数。苏木科的花不对称或左右对称，雄蕊多为 10 枚离生。蝶形花科的花呈蝶形，位置最高的花瓣叫旗瓣，下方的瓣叫龙骨瓣，两侧的花瓣叫翼瓣，雄蕊 10 枚，但分成 9 枚合生的一组和另一枚单独的一组两部分。

17．藤本树种有哪几种攀缘方式？举例说明。

答：藤本树种的攀缘方式有以下 4 种：

（1）本身没有多少攀缘能力，只是枝条比较长，在人工辅助下可以攀缘，但多为较缓的斜面或水平面，如藤本蔷薇、云实、木香等。

（2）枝条或卷须缠绕其他物体攀缘的，枝条缠绕的如紫藤，卷须缠绕的如葡萄。它们有一定的攀缘能力，但垂直攀缘能力较差，故一般仍需设立水平状的棚架或加以人工绑扎。

（3）依靠气生根攀缘的，如凌霄、络石、扶芳藤等。它们能在枝条上生出根来，随处扎根，所以攀缘能力又比缠绕型的强，一般能垂直攀缘，不需人工绑扎，但需有可以扎根的场所和机会。

（4）用吸盘吸附攀缘的，如爬山虎。它的吸盘是原来的卷须顶端变化而成的，由于吸盘的吸附能力很强，所以即使是较光滑的垂直面，也能向上攀缘，因此是攀缘能力最强的一种。

18．花卉按照温度、光照、水分的不同要求，各分为哪几种类型？

答：按温度要求分为：（1）耐寒性花卉；（2）半耐寒性花卉；（3）不耐寒性花卉。

按光照强度分为：（1）阳性花卉；（2）半阴性花卉；（3）阴性花卉；（4）强阴性花卉。

按日照长短分为：（1）长日照花卉；（2）短日照花卉；（3）中日照花卉。

按水分要求分为：（1）水生花卉；（2）湿生花卉；（3）中生花卉；（4）旱生花卉。

19．什么是地被植物？叙述地被植物的配置原则及养护要点。

答：地被植物是指成群种植，覆盖地面，使黄土不裸露的低矮植物。它不仅有草本、蕨类，也包括灌木和藤本。广义来说，草坪植物也是地被植物。

它的配置原则是：（1）充分了解种植地环境和地被植物本身的习性；（2）按园林绿地的不同性质、功能来配置地被植物；（3）选择地被植物的高度要与树木搭配适当；（4）色彩要协调，四季有景观。

它的养护要点是：(1) 重视整地工作；(2) 加

强前期管理；(3) 适当密植；(4) 适时修剪。

20．五针松与黑松的萌芽力如何？它们在修剪时有什么不同？

答：黑松具有较强的萌芽力，修剪时可将影响树姿的一年生枝条进行短截，生长时会在短截留下部分的松针叶束内萌发新芽。但两年生枝的萌芽力变弱，短截后一般不能萌芽，所以不宜进行短截。另外，在休眠期可把主芽剥去，留下副芽，以控制发枝的长度，春天抽梢时，还可以通过摘梢使枝片保持平整。

五针松的萌芽力较差，所以不能将一年生枝条短截，仅在春天抽梢后进行摘芽。

21．叙述五针松的习性和栽培要点。

答：五针松习性为：

(1) 性喜高燥，忌积水和过湿。土壤长期过湿会导致烂根而影响植株生长，甚至死亡。

(2) 耐寒冷，忌酷暑，高温季节呈半休眠状态。

(3) 喜阳光，忌过阴。

(4) 喜排水良好的酸性土壤。

栽培要点为：

(1) 置放位置有充足阳光，并注意保持适当的株距。

(2) 盆土宁干勿湿，忌频频浇水；5—6 月长叶时要注意控水，以控制针叶长度。

(3) 五针松生长量较少，施肥量不需要过多，一般在 2—3 月发芽前后及 8 月下旬至 10 月上旬各施 2~3 次肥料即可。夏季高温半休眠时停止施肥。

(4) 为保持枝片平整，应在 4 月上旬至 4 月下旬进行摘芽，以保持枝片的平整。

22．何谓“师法自然”？盆景制作怎样师法自然？

答：师法自然即师法造化。生活是艺术创作的源泉，一切艺术家都应坚持深入大自然中去。盆景要体现大自然的神韵，就要求盆景工作者以大自然为师，登山临水，到自然中去收集素材，吸取营养。各地的名山大川，古庙名园中的古树名木都是我们制作盆景的好范本。清代李元膺诗云，“触目横斜千万朵，赏心只有两三枝”，“千里之山岂能尽奇，万里之水焉能尽秀”。师法自然不是大自然景色的照搬照抄，而应“外造造化，中得心源”，抓住自然界山水风貌的特征与规律，经过取舍、剪裁、提炼、概括等艺术加工，就能集中典型地再现大自然。

23．怎样识别阳性树和阴性树？

答：(1) 针叶树中叶针形的多阳性，披针状、鳞状的多阴性。(2) 阔叶树中落叶树多阳性，常绿树多阴性。(3) 枝叶稀疏的多阳性，枝叶茂密的多阴性。(4) 枝片较薄、叶色较淡的多阳性，叶片较厚、叶色较深的多阴性。(5) 枝序角度大的多阳性，角度小的多阴性。

24．怎样在树桩盆景中配石？

答：(1) 配石在树桩盆景中仅起陪衬、烘托的作用，所以体量不宜过大，否则有喧宾夺主之感。(2) 一盆树桩盆景中只能采用一种石种，而且其走势、颜色与纹理要尽量接近，以求得和谐统一。(3) 配石要依附桩树之势，根据树桩的主次位置，配石也应随之主次而缀之。(4) 除树石之间要相互呼应外，配石与配石之间亦应取得协调，以使相得益彰，取得完美的统一。(5) 配石要有主次，有高低，有大小，忌高低大小均等；要有聚散，有疏密，忌等距离、品字形排列；要有前后的参差，忌一字形排列；要有藏露，忌一览无遗。

25．树桩盆景在选择盆钵时要注意哪几点？

答：(1) 根据树桩的格调、形式和姿态选择盆钵的款式。(2) 根据树桩的规格选择盆钵的大小。(3) 根据树桩主要观赏部分的色彩选择盆钵的色彩，应注意树桩主要观赏部分的颜色与盆钵颜色的色彩对比，从而突出树桩的观赏效果。

26．叶片合成的光合养料怎样分配？这在生产上有什么指导意义？

答：在同一枝条上，其上部叶片合成的光合养料，供应枝条生长点；中部叶片供应花果的发育，下部叶片供应根系的生长；总之是遵循了就近分配的规律；若枝条上无花果的发育，则一般是平均分配。

了解这一规律后，在生产上对修剪有十分重要的指导意义。如短截，如果是为了促使花果的发育，则一般采用轻中短截，使养分能集中于花果上；若是为了促使根系生长一般采用中、重短截，且保留枝条下部的叶片，使养分能下送至根部。如果是要维护该枝条的生长，则可以采取不截剪的措施，且摘去枝条中下部的叶片，使养分集中于枝条顶芽，这在修剪上叫“长放”。

27．什么叫坡脚？在山水盆景制作时应如何处理山体的坡脚？

答：山的下部伸入水中的坡地或起伏不平的小山峦简称为坡，山底与水接触部分称为脚。

坡脚的处理应该是：(1) 要有高低大小，要有层次感；(2) 要有起伏露藏变化；(3) 水岸线要蜿蜒曲折含蓄，要有曲线美。

28．软石雕琢时应注意哪些方面？

答：(1) 注意观察山石上原有的纹理与起伏，并在自然纹理和气势的基础上因势利导地进行发挥加工。(2) 必须重视山体轮廓的雕琢，粗的山形轮廓虽是雕琢的第一步，而且比较粗糙，但会直接决定山石布局造型的优劣，因此开始加工时，应重视大形，不要多着意细部。(3) 山峦造型不可一样，山头应各有变化，忌雕琢成笔架形、梯形或金字塔形，山峰与山的两腰不能对称，左右配峰亦不得对称。(4) 要遵循透视的原则，掌握前清晰后模糊的要求。(5) 雕琢峰峦时，要峰峦向上，底面向下，由峰峦部向底部雕琢；雕琢坡脚时，要峰峦向下，底面向上，由底部向峰峦顶部，并由外向内进行雕琢。(6) 山形过于臃肿时，可用雕琢洞穴的办法使山体显得秀美，洞穴的开凿不宜处于山峰或山体的中央部分，且呈不规则的形状。(7) 要因石制宜，据形授意。

29．如何做好盆景的根外追肥工作？

答：(1) 尽量选用磷酸盐类肥料，慎用或不用硝酸盐类肥料；(2) 严格把握配制浓度，不可随随便便的估算；(3) 要选择阳光较弱、气温较低、蒸发量小、无风的天气，傍晚喷洒；(4) 喷洒要尽量喷在叶片尤其是叶背，以及幼果和幼嫩的绿色组织上；(5) 为防止意外事故发生，初次使用要做好喷洒前的试验工作。

30．怎样在山水盆景中点缀植物？

答：(1) 点缀植物的大小要与山石的体量相协调，夸张要适度，要符合画论“丈山尺树”的要求。(2) 应以株矮叶细的树种为好，忌种植高大与叶片肥硕的植物，种植的树木应采用已造型并长成的树桩材料。(3) 要符合近大远小的透视原则。(4) 山石上点缀植物是画龙点睛，仅起陪衬作用，因此点缀的数量不宜过多。(5) 点缀的植物种类不宜过多，应以一种为基调树种，否则易造成杂乱的感觉。(6) 植物的姿态要与山峦的形势相呼应、相协调，并与山石融为一体。(7) 点缀的植物应以常绿为主。(8) 点缀的植物要有大小之分，抑扬之别。(9) 反映主题季节的命题内容时，要点缀相应的树种与形式。

◆**实际操作部分**

1. 题目：山水盆景制作

考核项目及评分标准

序号	测定项目	评分标准	满分	检测点					得分
				1	2	3	4	5	
1	加工	雕琢、锯截、胶合手法熟练，加工细腻，山形纹理生动、优美，符合主题要求，材料利用率高	30						
2	布局	主次分明，疏密有致，藏露结合，富有变化，和谐统一，比例协调	30						
3	点缀	石树配合得当，姿态呼应，配件安放合理，比例得当，能突出主题	15						
4	工效	3 d 制作盆长 100 cm 盆景的山水盆景一只	10						

注：制作材料硬石、软石均可。

2．题目：树桩盆景制作

考核项目及评分标准

序号	测定项目	评分标准	满分	检测点					得分
				1	2	3	4	5	
1	选材	所选盆景材料符合造型需要	10						
2	比例	桩与盆的大小、深浅比例适当，树桩各部分比例适当	10						
3	造型	主干线条自然流畅，柔中有刚，富有变化，飘逸得势而均衡，层次处理得当，聚散疏密合理，姿态优美	30						
4	布局	配石与配件陪衬得当，布局细致合理	15						
5	配盆上盆	盆钵的款式、规格与颜色合适，种植位置恰当、不松动，盆面处置得宜	15						
6	整型方法	能熟练采用本地区的整型方法或其他合理方法	10						
7	工效	80 cm 树高桩景一盆，制作时间根据制作方法另定	10						

3．题目：丛林式盆景

考核项目及评分标准

序号	测定项目	评分标准	满分	检测点					得分
				1	2	3	4	5	
1	造型	主次分明，疏密有致，姿态相互呼应，造型生动，意境深远，盆面处理得宜	50						
2	配石与配件的置放	比例恰当，藏露结合，细致合理，和谐统一	15						
3	配盆上盆	盆钵的款式、规格与颜色合适，种植位置恰当、不松动	15						
4	工效	8 h 制作 100 cm 丛林式盆景一只，超时扣分	10						

4．题目：野外树桩或山石选择与采运

考核项目及评分标准

序号	测定项目	评分标准	满分	检测点					得分
				1	2	3	4	5	
1	采集	树桩修剪合理，山石符合要求	20						
2	包装	包装材料合适，包装方法得当	20						
3	运输	装车符合要求	20						
4	损耗率	树桩新鲜，成活率高，山石破损少	40						

5．题目：盆景材料识别

考核项目及评分标准

序号	测定项目	评分标准	满分	检测点					得分
				1	2	3	4	5	
	列出当地常见盆景树种 60 种，盆景石种 20 种	识别 60 种为合格（每种 1 分），其余每识一种为 2 分，识满 80 种为满分。	100						

盆景树种识别

1		2		3		4	
5		6		7		8	
9		10		11		12	
13		14		15		16	
17		18		19		20	
21		22		23		24	
25		26		27		28	
29		30		31		32	
33		34		35		36	
37		38		39		40	
41		42		43		44	
45		46		47		48	
49		50		51		52	
53		54		55		56	
57		58		59		60	

石种识别

1		2		3		4	
5		6		7		8	

续石种识别

9		10		11		12	
13		14		15		16	
17		18		19		20	

二、高级盆景工

◆理论部分

（一）是非题（答案写在每题后面的括号内）

1．当细胞内外水势相等时，细胞不再吸水。（×）

2．水分在植物体内有自由水和束缚水两种状态，当自由水含量高时，植物的新陈代谢旺盛。（√）

3．根压是根系吸水的主要动力。（×）

4．经过化学分析，在植物体内发现的矿质元素都是植物生长所必需的。（×）

5．植物把空气中游离氮固定，转化为含氮化合物的过程，称为生物固氮。（×）

6．植物体内缺乏再利用元素，缺素症状在下部老叶上最先表现出来。（√）

7．弱光下，影响光合作用速度的主要因素是光照。（√）

8．黄化植物的形成是因为缺少光合作用形成的营养物质。（×）

9．植物出现光饱和现象时的光照强度称为光饱和点。（×）

10．C_3的叶绿体存在于叶肉细胞中，C_4植物在叶肉细胞和维管束鞘细胞中都存在叶绿体。（√）

11．植物的碳素同化作用有细菌光合作用、化能合成作用及绿色植物的光合作用，它们的实质都是无机碳转化为有机化合物。（√）

12．叶绿体所含的色素可以用水提取。（×）

13．植物呼吸最适温度，不是植物生长最好的温度。（√）

14．植物受到伤害或病原微生物侵入时，呼吸增强，以提高抗病能力。（√）

15．生长素可以代替某些植物发育需要的低温或长日照。（×）

16．矮壮素和B_9都是生长延缓剂，它们都是既能抑制细胞分裂又能抑制细胞伸长的。（×）

17．植物感受光周期刺激的部位是茎的顶端。（×）

18．伤流可以作为壮苗的指标。（√）

19．长日照植物南种北移时，应引晚熟品种。（√）

20．短日照植物北种南移时，应引晚熟品种。（√）

21．德国人海克尔首先把“研究有机体与环境相互关系的科学”命名为生态学。（√）

22．生态学所理解的环境是指生物机体生活空间的外界自然条件的总和。（√）

23．生态因子的作用不分阶段。（×）

24．不同种类的植物当生长在相同（相似）的环境下，往往形成相同（或相似）的适应方式的途径，称为趋同适应。（√）

25．同一种植物的不同个体群，由于分布地的间隔，长期接受不同环境条件的综合影响，于是在不同个体群间产生生态变异，这是同种植物对不同综合环境条件的趋异适应。（√）

26．凡是占据某一定地区的某个种的一群个体，就叫种群。（√）

27．寄生关系是指一个种（寄生者）靠寄生于另一个种（奇主）的体内或体表而生活。（√）

28．共生关系是两个种的共居关系，彼此无促进作用。（×）

29．附生关系是指附生植物与被附生植物在定居的空间上紧密联系，彼此有积极影响。（×）

30．生态园林是根据生态学原理，模仿自然、再现自然的园林。（×）

31．植物通过向体外分泌某些化学物质，从而对邻近植物发生影响，这就是生态中的竞争原理。（×）

32．植物的叶面积总和，称为叶面积系数。（×）

33．观赏型种群的群落，也是生态园林的类型之一。（√）

34．生态系统的能量流动是循环的，周而复始的。（×）

35．生态系统的物质流动是单向性的，不可逆的。（×）

36．运用生态位原理要注意，生态位只能饱和而不能重叠。（√）

37．某种肥沃的土壤或不肥沃的土壤是针对所有植物而言的，而不是对某种（或某些生态要求上相同的）植物而言的，这就是土壤肥力的生态的相对性。（×）

38．一般施肥总比不施好，多施总比少施好，早施总比晚施好。（×）

39．砂土大孔隙多，透气透水性好，养分含量低，保肥保水性能差，温度容易上升，也容易下降，称热性土，发小苗，不发大苗。黏土则与之相反，称冷性土，发大苗，不发小苗。（√）

40．土壤胶体是固体微粒中最细小的部分，也是物理和化学性质最活泼的部分。（√）

41．土壤密度也叫假比重，即单位体积固体颗粒的重量和同体积水重之比。（×）

42．土壤密度的大小可以反映土壤松紧状况，是土壤的重要物理性质。土壤密度大，说明土壤紧实，孔隙度小，通气与排水性能差。反之，土壤容重小，说明土壤孔隙大，疏松，通气性能好。（√）

43．土壤中二氧化碳的浓度较大气高，因而不断向大气扩散，而大气中氧的浓度较土壤空气高，氧气总是不断进入土壤，土壤好像人的肺一样不断地吸进氧气，放出二氧化碳，因此，又称为土壤的呼吸作用。（√）

44．土壤热密度大小，主要取决于土壤空气和水分的比例。土壤水分多、空气少时，热容重大，土温容易升高，也容易降低。土壤水分少、空气多时，热容度小，土温不易升高，也不易降低。（×）

45．矿质化和腐殖化过程在土壤中不是孤立地进行的，而是相辅相成的，但这两个过程又是相互矛盾的，一个过程激烈，另一过程必定微弱。（√）

46．土壤保肥性能的大小，主要决定于土壤中的胶体含量。土壤质地越细，保肥能力越强。土壤腐殖质越多，保肥能力也越强。（√）

47．优良的盆栽混合材料，从物理因素考虑，主要是降低容重，增加孔隙度（包括通气孔隙），并具有一定的持水里。（√）

48．优良的盆栽混合材料，从化学因素考虑，主要是养分含量高（即电导值高），保肥能力要强，应该是酸性的材料。（×）

49．冬天灌水可以保温，夏天浇水能降温，主要是因为水的比重大，能维持温度的稳定。（×）

50．草木灰和人粪尿混合施用，可以改善

人粪尿中钾、磷不足的缺点。 (×)

51．硝态氮肥易溶于水，形成硝酸根离子，植物能吸收，土壤也能吸收。 (×)

52．铵态氮肥易溶于水，形成铵离子，易被植物和土壤吸收。由于土壤硝化细菌的作用，铵态氮进一步氧化为硝态氮，增加了它在土壤中的移动性，故易被水淋洗。 (√)

53．根外施肥用量少、效果好，可以替代土壤施肥。 (×)

54．合理施肥的重要原则是以最小的用肥量，发挥最大的效益，既促使植物生长，又避免养分损失、肥料浪费、污染环境。 (√)

55．防治园林病虫、草害的方针是“预防为主，综合治理”。 (√)

56．园艺防治是结合生产养护管理的防治。 (√)

57．螨类不是昆虫。 (√)

58．天牛成虫和金龟子都有补充营养的现象。 (√)

59．咀嚼式口器的食叶害虫都是幼虫不是成虫。 (×)

60．病毒是浸染性病害的病原。 (√)

61．伏天不遮阳受炎热辐射引起的日灼病是非侵染性病害。 (√)

62．对园林植物影响最大的病害是病毒病和线虫病。 (√)

63．乐果是胃毒剂，敌百虫是内吸剂。 (×)

64．贯彻“预防为主”，喷药防治越早越好，有虫治虫，无虫防虫。 (×)

65．防治刺蛾等食叶害虫应首先考虑应用生物制剂。 (√)

66．植物病原中镰刀菌是一种主要的土传病原菌。 (√)

67．杀虫剂的毒性越大越有效。 (×)

68．在土壤中结茧化蛹的害虫都称地下害虫。 (×)

69．杀菌剂多数是保护剂，少数有治疗作用。 (√)

70．杀菌剂应用方法只有喷雾。 (×)

71．喷雾器喷出的雾点越小越好。 (√)

72．生产实践中，预测预报要“预”在发生之前，而不是危害之前。 (√)

73．盆景种树都是多年生植物，所以它的一生是由多个生命发育周期构成的。 (×)

74．树桩在盆土过于干旱时，应及时浇大水补充水分。 (×)

75．生长势弱的树桩，应加大施肥浓度，以使其恢复正常的生长。 (×)

76．扶芳藤秋季蒴果淡红色，种子有橘红色种皮，秋叶变红，是秋季赏叶和观果的优良树种。 (√)

77．花芽分化前，树木要有一定的营养状态，但供肥不能太多也不能太少，基本上是中庸的、充实的。 (√)

78．落叶树落叶后进入休眠状态，其标志是树木生理活动的停止。 (×)

79．树木在不同生长期需水量是不同的，一般早春芽萌动时需水量少，开花结实、果实膨大时需水量多。 (√)

80．园林树木枝叶的生长和根系的生长有相关性，所以树木枝叶旺盛的一侧，其根系的相应一侧一般也粗壮。 (√)

81. 石榴在花期和果实膨大期喜空气湿度较高的天气。 (×)

82．杜鹃喜肥，施肥要浓些，特别在夏季生长旺盛时期更要注意勤施浓肥。 (×)

83．黑松、金钱松、胡颓子、苏铁等树种都是菌根性树种。 (√)

84．梅花属于喜温暖的树种，但冬季又需

有一定的低温刺激，它的生长发育才会良好。(√)

85．火棘喜阳光，稍耐阴，在花芽形成及果熟期过阴会造成严重的落花落果。(√)

86．柽柳抗干旱，忌水湿。(×)

87．石榴较耐干旱，它的生长季节不需多少水分，只在花期及果实膨大期才需较多水分。(×)

88．野挖虎刺栽植时，即使枝叶已经萎蔫，只要把大部分枝干剪除，甚至截至根茎处，也可以取得较理想的成活率。(√)

89．南天竹萌芽力差，短截后不能从剪口下的节处萌出芽来。(×)

90．赤楠春天萌发的嫩叶紫红色，犹如满树红花，蔚为大观。(√)

91．红枫是三角枫的变种。(×)

92．一般冬季地上部分枯死，仅根系宿存的多年生草本观赏植物称为宿根花卉。但这类花卉中也有冬季地上部分常绿的种类。(√)

93．温室花卉主要指原产热带、亚热带的花卉种类，其栽培过程主要在温室内进行。(√)

94．羽衣甘蓝的品种丰富，不仅有花坛应用的莲座型品种，而且有专供切花型品种。但观赏的叶色都分成黄白类和红紫类。(√)

95．一二年生花卉都能通过摘心增加开花，提高观赏价值，如蜀葵、毛地黄等。(×)

96．菊花从育苗、生长、花芽分化以及开花，需要在日照时数 12 h 以下，这类花卉称为短日照花卉。(×)

97．宿根花卉的更新复壮，主要是指每隔一定年限，对老植株重新分种，同时改良种植地的土壤。(√)

98．球根花卉是一种多年生花卉，现代园林广泛应用，因为它们的种球能连年开花，不需要购买新的种球。(×)

99．月季和梅花均是落叶花灌木，在秋季进行强修剪有利于次年开花。(×)

100．优质种子应该是种性纯、颗粒饱满、形态正、成熟而新鲜的种子。(√)

101．扶桑、象牙红、三角花、五色梅非常耐热，即使在炎夏仍应在直射阳光下生长。(√)

102．蕨类植物已被用作观赏植物，且有不少花叶的园艺品种，是目前应用最多的低等植物。(×)

103．十字花科有许多两年生花卉，十字对生叶、花萼花瓣通常 4 枚是共同的特征，如紫罗兰、桂竹香等。(×)

104．花菱草、虞美人、东方丽春花、冰岛罂粟同为罂粟科，其中加利福尼亚的花菱草耐寒性最弱。(√)

105．鸢尾的花结构很特殊，没有花萼和花瓣，通常具有三枚“垂瓣”和三枚“旗瓣”。(×)

106．金鱼草、随意草同属玄参科，叶对生，唇形花冠，均可作切花。前者常为两年生花卉，后者为宿根花卉。(×)

107．五簪、鸢尾、马蔺均是有耐阴能力的鸢尾科宿根花卉。(×)

108．盆景要给人以高山大泽、参天古木的艺术感受，宜远距离、大空间观赏。(×)

109．硬石山水盆景的皴纹是通过人工雕琢出来的。(×)

110．统一与变化是适用于任何艺术表现的一个普遍原则。(√)

111．布局是立型的重要一环，但必须建立在立意的基础上。(√)

112．尺度即比例。(×)

113．盆景构图时，可以运用某一因素的差

异来强调主体，突出主体。（√）

114．在盆景中，对不同层次的景物应作为相同的艺术处理。（×）

115．在盆景布局时，应让配件等景物尽量显露出来，以便欣赏者观赏。（×）

116．一件完美的盆景作品，应既有多样变化，又有整体统一。（√）

117．师法自然即师法造化。（√）

118．一切自然界的树木与山川景象都是我们制作盆景的好范本。（×）

119．软石加工时，应山之轮廓先定，然后皴之。（√）

120．盆景欣赏的主要是它的自然美。（×）

121．盆景是大自然某一景色的再版。（×）

122．人们在欣赏盆景作品时，不但看到了景，而且通过景产生丰富的联想和领受景外之情，达到景有尽而意无穷的境地，这就是盆景的意境美。（√）

123．色彩美是盆景自然美的重要部分。（√）

124．盆景工作者在创作再现山水风光与古树奇木的同时，也融入了作者对自然的主观感受。（√）

125．花卉具有种类繁多、色彩鲜艳、繁殖较快的特点，是绿地中重点装饰的植物材料。（√）

（二）选择题（答案序号写在每题横线上）

1. 植物根系能从土壤中获得水分，取决于<u>C</u>。

A．土壤中水分

B．根细胞的水势

C．土壤溶液与根细胞之间的浓度梯度

D．土壤溶液与根细胞之间的水势梯度

2．植物在单位时间内，单位叶面积通过蒸腾作用而散失的水量称为<u>A</u>。

A．蒸腾速率

B．蒸腾效率

C．蒸腾系数

D．蒸腾量

3．下列四组矿质元素中，<u>D</u>属于微量元素。

A． Ca Mg Cu

B． Mg Fe Zn

C． Fe S P

D． Fe Cu Mo

4．植物下部老叶叶脉间黄化，而叶脉为正常绿色，叶缘向上或向下有揉皱，表示<u>D</u>。

A．缺磷　　B．缺钾

C．缺铁　　D．缺镁

5．植物顶芽生长良好，新叶黄化，有时叶缘、叶顶部坏死，仅较大叶脉为绿色，表示<u>A</u>。

A．缺铁　　B．缺镁

C．缺锰　　D．缺硫

6．在正常气候条件下，植物气孔一般<u>D</u>。

A．保持张开状态

B．保持关闭状态

C．随时开闭

D．周期性开闭

7．植物进行光合作用的氧气来源于<u>B</u>。

A． CO_2

B． H_2O

C． 3- 磷酸甘油酸

D． 苹果酸

8．植物光合作用中的卡尔文循环固定 CO_2 的最初产物是<u>C</u>。

A． 6- 磷酸葡萄酸

B．蔗糖

C．3- 磷酸甘油酸

D．苹果酸

9．植物光合作用吸收的 CO_2 与呼吸作用释放的 CO_2 相等，光照强度称为<u>A</u>。

A．光补偿点

B．CO_2 补偿点

C．光饱和点

D．CO_2 饱和点

10．细胞内进行呼吸作用，释放供应能量的细胞器是__B__。

A．叶绿体

B．线粒体

C．高尔基体

D．白色体

11．下列__A__类型是植物生命活动所需能量的主要来源。

A．有氧呼吸

B．无氧呼吸

C．光呼吸

D．伤呼吸

12．叶片脱落的主要原因之一是由于__A__。

A．离层区细胞的成熟

B．植株进入衰老期

C．叶片内营养严重不足

D．花果发育的影响

13．植物细胞及整株植物在生长过程中，生长速率变化的规律是__A__生长。

A．慢—快—慢　B．缓慢

C．迅速　D．快—慢—快

14．能诱导枝叶脱落和休眠的植物激素是__D__。

A．赤霉素　B．生长素

C．细胞分裂素　D．脱落素

15．呼吸跃变型果实在成熟过程中，__A__能诱导呼吸高峰出现，促使其提早成熟。

A．乙烯　B．葡萄糖

C．果糖　D．赤霉素

16．植物感受低温春化的部位是__A__。

A．茎尖　B．根尖

C．幼叶　D．老叶

17．可用于切花、蔬菜保鲜的植物激素是__B__。

A．生长素　B．细胞分裂素

C．赤霉素　D．乙烯

18．植物能感受光周期刺激，是因为有__C__。

A．生长素　B．赤霉素

C．光敏素　D．脱落素

19．植物各器官中对生长素浓度最敏感的是__A__。

A．根　B．茎

C．叶　D．芽

20．大气圈的对流层、水圈、岩石圈和__B__共同组成地球的生物圈环境。

A．太阳能圈　B．土壤圈

C．生物圈　D．生物群落

21．根据生物分布的幅度，生物圈的上限可达海平面以上 10 km 高度，下限达海平面以下__A__的深处。

A．12　B．10

C．15　D．8

22．小环境是指接近植物个体表面或__D__的环境。

A．个体温度

B．个体湿度

C．邻近个体

D．个体表面不同部位

23．植物体内有内环境，例如叶片内部，直接和叶肉细胞接触的气腔__C__都是内环境形成的场所。

A．叶绿体　B．叶脉

C．气室　D．细胞

24．低温对植物的伤害，据其原因分为寒害、霜害和__A__三种。

A．冻害　B．雪害

C．风梢　　D．灼害

25. 环境污染主要包括__B__、大气污染和土壤污染等方面。

A．生物污染　　B．水体污染

C．人为污染　　D．空气污染

26．生态系统的成分可分为无机环境和__C__有机环境两大类。

A．无生命物质　　B．植物群落

C．生物群落　　D．生态环境

27．生态系统的生产者是指有生命物质成分中的__D__。

A．人类　　B．异养型动物

C．异养型微生物　D．自养型绿色植物

28．空气到达饱和时的温度，称为__A__温度。

A．露点　　B．雾点

C．临界点　　D．饱和点

29. 生态系统中的物质流、能量流、信息流始终处于__A__状态，没有这种状态，机体和系统的有序性就无从实现。

A．相干　　B．相离

C．平行　　D．重复

30．植物叶子的先端和边缘出现斑痕，以后成环状分布，逐渐向内发展，严重的整片叶子焦枯脱落，这证明是受了__B__污染。

A．SO_2　　B．HF

C．Cl_2　　D．O_3

31．植物通过向体外分泌出某些化学物质，从而对邻近植物发生有害或有益的影响，这叫做植物的__D__作用。

A．竞争　　B．共生

C．附生　　D．他感

32．绿色植物在人类视野中所占比例称为__C__。

A．覆盖率　　B．绿地率

C．绿视率　　D．透绿率

33．几十年或上百年生长繁茂的高大乔木，其叶面积总和可比其占地面积大__D__倍。

A.1 ~ 2　　B.5 ~ 10

C.10 ~ 30　　D.20 ~ 75

34．生态园林的范围，小到“见缝插绿”，大到参与__D__。

A．城市绿化　　B．郊区绿化

C．农田林网　　D．国土绿化

35．生态园林内容，即改善环境的生态效益同__A__相结合。

A．社会综合效益

B．生产效益

C．科学文化效益

D．保健效益

36．田间土壤有效水范围是在__C__之间。

A．毛管水和吸湿水

B．毛管水和膜状水

C．田间持水量和凋萎系数

D．田间持水量和毛管悬着水

37．温室和塑料大棚下的土壤属于__B__。

A．淋溶型

B．聚集型

C．淋溶 - 聚集型

D．非淋溶也非聚集型

38．配制盆栽混合土壤，对各种混合材料的理化性质需有一个全面了解，就吸附性能（即保肥性能）来说，下列材料中，最强的是__D__。

A．珍珠岩　　B．木屑

C．黏土　　D．泥炭

39．从通气性能来看，最强的材料是__C__。

A．蛭石　　B．珍珠岩

C．陶粒　　D．木屑

40．从持水量来看，最强的材料是__C__。

A．稻壳　　B．壤土

C．木屑　　D．黏土

41．生理酸性肥料在土壤内残留酸根，使土壤酸化。下列化肥中，C 是生理酸性肥料。

A．过磷酸钙　　B．尿素

C．硫铵　　D．磷酸二氢钾

42．下列肥料中，A 是生理碱性肥料。

A．硝酸钠　　B．硝酸钾

C．氯化钾　　D．硫酸钾

43．下列肥料中，A 是生理中性肥料。

A．硝酸铵　　B．氯化钾

C．尿素　　D．碳铵

44．弱酸溶性磷肥是指肥料中的磷不溶于水而溶于弱酸，能被植物根系分泌的酸溶解，下列肥料中，D 属于此类。

A．过磷酸钙　　B．重过磷酸钙

C．磷矿粉　　D．钢渣磷肥

45．酸溶性磷肥是指该种磷肥不溶于水，也不溶于弱酸，只有在酸性环境中才能溶解，下列肥料中，D 属于此类。

A．钙镁磷肥　　B．钢渣磷肥

C．沉浅磷酸肥　　D．骨粉

46．磷肥有效性降低的主要原因是 C 。

A．流失　　B．挥发

C．化学固定　　D．物理吸附

47．铵态氮肥损失的主要途径是 A 。

A．流失与挥发　　B．物理吸附

C．机械吸附　　D．化学固定

48．复合肥料是指含有肥料三元素两种以上成分的化学肥料，下列肥料中，D 属于复合肥料。

A．硫铵　　B．碳铵

C．硝铵　　D．磷酸二氢钾

49．对无结构的挖垫土壤进行改良，最好施用 C 。

A．化学肥料　　B．人粪尿

C．硝铵　　D．微量元素肥料

50．偏碱性土壤，在选用磷肥时，以 A 为宜。

A．过磷酸钙　　B．钢渣磷肥

C．骨粉　　D．钙镁磷肥

51．昆虫的最适温度是 B ℃。

A．45 ~ 60　　B．20 ~ 30

C．30 ~ 40　　D．8 ~ 12

52．园林害螨除叶螨外，最严重的是 B 。

A．锈螨　　B．甲螨

C．根螨　　D．瘿螨

53．蚜虫的危害，除直接刺吸植物汁液外，最严重的是 B 。

A．引发煤污病

B．传播病毒病

C．引发菌核病

D．导致植物畸形

54．刺吸式害虫的口器刺入植物组织后极少移动的是 D 。

A．军配虫　　B．蚜虫

C．螨类　　D．蚧虫

55．在枝干上结茧的刺蛾有 B 。

A．桑褐刺蛾　　B．黄刺蛾

C．扁刺蛾　　D．褐边绿刺蛾

56．星天牛的生活史为 C 。

A．一年两代　　B．一年一代

C．三年两代　　D．两年一代

57．有些昆虫有发达的产卵器，可插入植物组织内产卵的是 B 。

A．刺蛾　　B．蚱蝉

C．大蓑蛾　　D．金龟子

58．Bt 乳剂是一种 B 制剂。

A．真菌　　B．细菌

C．病菌　　D．化学

59．氧化乐果是一种 A 剂。

A．内吸　　B．内渗
C．熏蒸　　D．表面喷涂

60. 灭幼脲是一种__C__剂。
A．内渗　　B．触杀
C．激素　　D．熏蒸

61．合成菊酯类的弊端是__D__。
A．药效不高　　B．污染环境
C．发生药害　　D．易产生抗性

62．防治蛀干性害虫的最适宜时期应在__A__。
A．幼虫蛀入木质部之前
B．幼虫蛀入木质部之中
C．幼虫老熟之后
D．成虫产卵之后

63．已明文规定停产、禁用的药剂是__A__。
A．有机氯　　B．有机磷
C．氨基甲酸酯　　D．托尔克

64．__A__不能混合使用。
A．波尔多液与石硫合剂
B．乐果和敌敌畏
C．托市津与代森锌
D．三氯杀螨砜与堆肥

65．樱花根癌病是由__B__侵染引发的。
A．真菌　　B．细菌
C．病毒　　D．类菌质体

66．植物煤污病的主要因素是__B__。
A．烟灰粉尘下降物
B．刺吸害虫的排泄物
C．煤污菌的传播
D．病毒传播

67．在植物群落中适当配置蜜源植物、鸟嗜植物，对__C__有利。
A．增加经济收入
B．丰富园林景观
C．动、植物生态
D．养护管理

68. 园林树木从开始生长到死亡，它的生长规律是__C__。
A．快—慢—快　　B．慢—快—快
C．慢—快—慢　　D．快—快—慢

69．根系的旺盛活动和地上部分的旺盛活动常呈__D__关系。
A．根先动，芽后动
B．芽先动，根后动
C．根、芽同时动
D．根芽交错而略有部分重叠

70．树体不同器官和组织进入休眠期的早晚不同，地上部分最晚进入休眠期的是__D__，故该部位最易受冻害。
A．叶　　B．枝
C．芽　　D．根颈

71．非移植季节移植树木，应对树冠进行强修剪，但其修剪量应控制在保留原树冠的__B__以上。
A．1/4　　B．1/3
C．1/2　　D．2/3

72．土壤微生物中，数量最大、种类最多的是__A__。
A．细菌　　B．真菌
C．放线菌　　D．原生物

73．各种微量元素对植物生长很重要，能引起幼苗死亡及抑制种子萌发的原因是__C__。
A．缺铁　　B．缺锌
C．硼过量　　D．缺硼

74．为确保一二年生草花的某一优良品种的纯净，常用隔离栽培的方式，隔离的最小距离为__C__km。
A．0.5　　B．1
C．2　　D．3

75．一般建筑物的北面背阴，午后有少量直射光，温度较低，相对湿度大，冬季冷，风大，适宜种植的树种是_A_。

A. 海桐　　B. 香樟

C. 蜡梅　　D. 桂花

76. 常见园林树木中，花着生于茎干上的有_B_。

A. 紫藤　　B. 紫荆

C. 紫薇　　D. 桂花

77. 白玉兰嫁接繁殖的最适宜时间是_C_。

A. 春季萌芽前　　B. 春季花后

C. 秋季　　D. 冬季落叶后

78. 梅花开花多而又不影响树形的枝条是_C_。

A. 生长枝　　B. 长花枝

C. 中、短花枝　　D. 束花枝

79. 垂丝海棠多由分布于树冠_D_的中、短枝开花。

A. 上部　　B. 下部

C. 中上部　　D. 中下部

80. 现代月季中，品种最丰富的属于_A_类。

A. 杂种香水月季

B. 丰花月季

C. 壮花月季

D. 微型月季

81. 最适于山茶花生长的土壤pH为_D_$\times 10^{-6}$。

A. 4 ~ 5　　B. 4.5 ~ 5.5

C. 5 ~ 6　　D. 5.5 ~ 6.5

82. 桂花常有长年只长叶不开花的现象，其主要原因是_D_。

A. 光照不足

B. 土壤酸性不足

C. 肥料不足

D. 受污染

83. 灌丛型的蜡梅，虽树形不太整齐，但开花繁茂，其中开花最多的是长度为_A_的枝条。

A. 5 ~ 15 cm

B. 30 ~ 50 cm

C. 60 ~ 100 cm

D. 1 m 以上

84. 丁香的修剪比较简单，只要剪去细弱枝、过密枝、枯枝、病枝即可，它的修剪时间应在_C_。

A. 冬季　　B. 冬初落叶后

C. 春初萌芽前　　D. 春季花后

85. 八仙花的修剪相当简单，但一年需短截两次，第一次在花后将枝端剪去，促发新枝，第二次在新枝长_B_cm时再次短截，以利次年长出花枝。

A. 4 ~ 6　　B. 8 ~ 10

C. 12 ~ 15　　D. 20

86. 泡桐的根系近肉质，且有上下两层，移植时要做到_D_。

A. 深挖深栽　　B. 浅挖浅栽

C. 浅挖深栽　　D. 深挖浅栽

87. 藤本树种的攀缘方式有好几种，如缠绕的、卷须的、吸盘的、气根的，下列藤本树种中，_A_为集缠绕与气根于一身的树种。

A. 金银花　　B. 爬山虎

C. 凌霄　　D. 紫藤

88. 下列花卉种子中，寿命最长的是_B_。

A. 睡莲　　B. 荷花

C. 玉莲　　D. 千屈菜

89. 下列各组花卉中，_C_最适宜布置花境。

A. 葡萄风信子、葱兰、一串红

B. 大花萱草、鸢尾、睡莲

C. 随意草、鸢尾、大花萱草

D. 百合、晚香玉、石蒜

90. _D_属于不耐寒秋植或春植球根花卉。

A．郁金香、大丽花、百合、风信子

B．晚香玉、香雪兰、唐菖蒲、大丽花

C．葡萄风信子、水仙、香雪兰、晚香玉

D．香雪兰、马蹄莲、唐菖蒲、大丽花

91．球根花卉的休眠期一般在 D ，而一二年生花卉的休眠期为 D 。

A．冬季、夏季

B．冬季或早春、不定

C．夏季、冬季或早春

D．夏季或冬季、没有

92．美人蕉品种丰富，按叶色可分 B 。

A．二大类　　B．三大类

C．四大类　　D．无数类

93．仙客来（兔子花）是一种极受欢迎的盆花，其栽培难度主要是 B 。

A．如何选择优良品种，克服冬季低温

B．如何选择优良品种，克服夏季高温

C．如何选择早花品种，克服生长周期过长

D．如何育成黄色花种，或具香型的品种

94．象牙红盆栽，高度控制很关键，目前 D 是较新颖的技术措施。

A．扭枝、盘枝

B．摘心

C．应用矮水素

D．品种选择

95．大多数花卉专业人员认为，一二年生花卉的播种温度在 A ℃左右。

A． 20　　B． 16

C． 25　　D． 30

96．花卉现代化规模生产，一二年生花卉播种常用 C 法。

A. 床播　　B．盆播

C．容器育苗　　D．播种机播种

97．大多数观叶植物施肥时，对 N:P_2O_5 : K_2O 的比例要求为 A 。

A． 3 : 1 : 2　　B． 1 : 2 : 3

C． 3 : 2 : 1　　D． 2 : 3 : 1

98．花叶万年青、广东万年青、万年青、紫万年青具有相同的特征是 B 。

A．均为天南星科

B．同为观叶类花卉

C．相似的生长习性

D．同样的耐寒能力

99． B 花卉，一般不采用播种繁殖。

A．大岩桐、瓜叶菊、报春花、蒲公英

B．非洲紫罗兰、石斛、果子蔓、香石竹

C．四季海棠、大岩桐、兔子花、君子兰

D．兔子花、天竺葵、球根秋海棠、君子兰

100．育苗在花卉生长中的作用越来越大，为了从根本上提高花卉育苗质量，目前最先进的方法是 C 。

A．建立专业化的花卉育苗公司

B．采用优质的花卉种源，如 F_1 杂优种子

C．首先选择优质种源，再加上有经验的师傅把关

D．建立人工控制的育苗环境，克服气候影响

101．现代化花卉生产中栽培新技术不断出现，大大推进了花卉产业的发展，这些新技术所起的作用为 C 。

A．缩短花卉生长周期，提高花卉生长质量

B．降低工人劳动强度，从而降低劳动力的花费

C．改善花卉生长条件，节省劳动力的支出

D．提高花卉生产量，有利于生产规模化

102．菊花在我国有悠久的园艺栽培史，有多种园林用途，目前在国际花市上以 A 为其主要用途。

A．切花　　B．盆花

C．花坛　　D．绿地配置

103．秋植球根花卉的低温春化对花芽形成十分重要，一般低温春化的温度是__A__℃。

A．5　　B．10

C．0　　D．−5

104．牡丹与芍药在习性与栽培上有相似之处，__B__是其中之一。

A．喜燥怕湿

B．忌浓肥

C．春季移栽

D．秋季分株

105．为促进花卉的侧芽生长，解除顶端优势，可采用__B__进行生长调节。

A．赤霉素

B．细胞分裂素

C．生长素

D．脱落酸

106．花期控制的方法很多，__A__方法不属于花期控制。

A．调节土壤 pH

B．调节温度

C．调节光照

D．控制水肥

107．合栽树桩的树头应该__B__。

A．靠近

B．开张

C．全部垂直向上

D．部分靠近，部分开张

108．丛林式盆景的树干一般宜__A__。

A．自然挺拔　　B．强求弯曲

C．不弯曲　　D．越弯曲越好

109．软石雕琢轮廓时应重视__B__。

A．细部　　B．大形

C．局部　　D．顶部

110．千层石的皴法属__D__。

A．披麻皴　　B．解索皴

C．乱柴皴　　D．折带皴

111．山石上宜点缀种植__A__的植物。

A．株矮叶细　　B．高大

C．叶片肥硕　　D．较高

112．山石上种植树木的洞穴位置应选择在__A__。

A．山侧山后　　B．山的前面

C．山的背部　　D．山的背底部

113．布局中色彩的对比调和分为色相和色度两种，__D__是色相的调和。

A．红与绿　　B．黑与白

C．黄与紫　　D．橙与黄

114．山水盆景中的主峰位置一般应立于盆的__C__处。

A．居中

B．盆边

C．盆长的 1/3 左右处

D．盆中心的稍远处

115．山水盆景在坡脚处常设平台，置于荫蔽处的称__C__。

A．明平台　　B．半明半暗平台

C．暗平台　　D．双平台

116．配件在盆景中置放应该做到__A__。

A．半隐半现　　B．全部显露

C．全部隐蔽　　D．只露少许

117．山峦的两腰线应__A__。

A．一边长一边短

B．两边等长

C．两边相似

D．两边对称

118．__C__是适用于任何艺术表现的一个普遍原则。

A．取势与得势

B．节奏和韵律

C．统一和变化

D．对比和调和

119．在花境中，植物的配置应该是__D__。

A．同一种类、规则式种植

B．不同种类、规则式种植

C．同一种类、自然式种植

D．不同种类、自然式种植

120．观赏者在观赏盆景作品时，常常会以人们日常生活中对某一物体形成的一般概念作标准，去衡量其他物体，这一作为标准物体的体量即为__B__。

A．比例　　B．尺度

C．标准　　D．尺寸

121．盆景艺术构图用__C__的手法，可使变化丰富的物体之间取得统一的效果。

A．对比　　B．比例

C．调和　　D．变化

122．山有三远，自山下而仰山巅，谓之__A__。

A．高远　　B．深远

C．平远　　D．低远

123．山水盆景的山水布局要注意水面的处理，表现平远、深远山水时，水面要__A__。

A．大些　　B．小些

C．稍小些　　D．与山体面积相同

124．水旱盆景两边旱、中间水的布局称__B__。

A．水畔式　　B．溪流式

C．岛屿式　　D．复合式

125． 1 ppm 为__C__。

A．万分之一　　B．十万分之一

C．百万分之一　　D．千万分之一

（三）计算题

1．设配置 4-8-5 复合肥料 1 t，试问需要硫铵（含 N 量 20 %）。过磷酸钙（含民 P_2O_5 20%）、钾盐（含 K_2O 15%）各多少千克?

解：先计算 1 t 混合肥料应含有三要素的数量

N：1 000 kg × 0.04 ＝ 40 kg

P：1 000 kg × 0.08 ＝ 80 kg

K：1 000 kg × 0.05 ＝ 50 kg

再计算相应化肥所需要的数量：

硫铵：40 kg ÷ 20% =200 kg

过磷酸钙：80 kg ÷ 20% =400 kg

钾盐：50 kg ÷ 15% =333.3 kg

答：需硫铵 200 kg、过磷酸钙 400 kg、钾盐 333.3 kg，但以上三种肥料总计 933.3 kg，不足 1 t，可加磷矿粉、泥炭等其他有机肥料补足。

2．以 20-10-0 复合肥料为例，若需要氮为 100 ppm，则每 100 L 水中需加入多少克肥料?

解：1 mg 氮溶于 1 L 中为 1 ppm，则 1 g 氮溶于 1 L 水为 1 000 ppm。

设需加入 x 克肥料：

$$x=\frac{\text{要求的氮浓度}\times 100\text{ L 水}}{\text{肥料中氮浓度}\times 1\,000}=\frac{100\times 100}{0.2\times 1\,000}=50\text{ g}$$

答：需加入 50 g 肥料。

3．设三个点检查红蜡蚧的孵化情况，结果如下：A 点 35 个母蚧中 8 个孵化，B 点 43 个母蚧中 7 个孵化，C 点 28 个母蚧中 5 个孵化。试问各点孵化率各是多少？其平均孵化率多少？

解：

$$\text{孵化率}=\frac{\text{孵化数}}{\text{母蚧数}}\times 100\%$$

则 A 点：

$$\frac{8}{35}\times 100\%=22.9\%$$

B 点：

$$\frac{7}{43}\times 100\%=16.3\%$$

C 点：

$$\frac{5}{28}\times 100\%=17.9\%$$

平均孵化率：

$\frac{8+7+5}{35+43+28}\times 100\%=18.9\%$

答：A 点孵化率为 22.9%，B 点孵化率为 16.3%，C 点孵化率为 17.9%，平均孵化率为 18.9%。

4．每隔 2 ~ 3 d，连续检查红蜡蚧的孵化率。现设检查的孵化率第一次检查为 17.4%，第二次检查为 18.9%，第三次为 20.6%，第四次为 25.3%，问第四次检查时是否已进入孵化峰期？

解：按照规律，若本次检查的增长超过前两次增长之和，说明已进入孵化峰期。

第二次比第一次增长 18.9% − 17.4% = 1.5%

第三次比第二次增长 20.6% − 18.9% = 1.7%

第四次比第三次增长 25.3% − 20.6% = 4.7%

而 1.5% + 1.7% = 3.2%

∴ 4.7% > 3.2%

∵第四次检查时已进入孵化峰期

答：第四次检查时已进入孵化峰期。

5．用 98%的吲哚丁酸 2 mL，配成 100 ppm 的稀释液，试问要用多少水？

解：

加水量

$=\frac{\text{生长调节剂或微量元素含量（\%）}\times\text{重量}}{\text{含量}}$

−生长调节剂或微量元素重量

$=\frac{98\%\times 2\text{ mL}}{100\text{ ppm}}-2\text{ mL}$

$=\frac{1.96\text{ mL}}{100\text{ ppm}}-2\text{ mL}$

=19 600 − 2

=19 598 mL

答：需用水 19 598 mL。

6．某植物的生物学零度是 6℃，从播种到出苗历时 7 d，平均温度为 18℃，试问该植物从播种到出苗的有效积温是多少摄氏度？

解：有效积温是某一段时间内的平均温度减去生物学零度乘以该时期天数，即：

有效积温 =（18℃ − 6℃）× 7 = 84℃

答：有效温度为 84℃。

7．某一木本花卉其生物学零度为 10℃，自萌芽到开花需 30 d，这段时间的平均温度为 20℃。若需它在 20 d 开花，问温度应控制在多少摄氏度？

解：先计算其存放积温：

（20℃ − 10℃） × 30 d=300℃

再设 20 d 开花，温度控制在 x℃

则：（x − 10℃） × 20 = 300℃

x = 25℃

答：温度应控制在 25℃。

8．现有 10 hm^2 树木，每亩（亩为非法定计量单位，1 hm^2=15 亩）栽成年树 100 株，据测算：每亩树木每年在光合作用中吸 CO_2 3.2 t，放出 O_2 2.4 t，通过呼吸作用放出 CO_2 2.13 t，吸收 O_2 1.6 t。每亩树木每年通过调湿增湿作用可蓄 20 000 kg，相当于 100 m^3 的蓄水池。每株树木每年通过降温功能，所起的效果相当于一台空调器工作 20 h。现略去其他功能不计，请计算其提供氧气、蓄水、降温（设降温为全年的 3 个月）三方面全年的经济效益共多少？（注：氧气以 3.00 元 /kg 计算，水费以 0.60 元 m^3 计算，电费以 0.50 元 /h 计算）

解：10 hm^2 为 150 亩，每亩成年树株数 100 株，共 15 000 株树木。

氧气：每亩提供氧气为：2.4 t − 1.6 t = 0.8 t

3.00 元 /kg ×（800 kg × 150）= 360 000 元

水：0.6 元 /m^3 ×（100 m^3/ 亩 × 150 亩）= 9 000 元

电：降温 3 个月计为全年的 25%

0.5 元 / h ×（20 h × 15 000 × 25%）= 37 500 元

合计：

360 000 元 +9 000 元 +37 500 元 =406 500 元

答：全年的经济效益为 406 500 元。

9．吲哚丁酸含量为98％，所需稀释成100 ppm浓度液总量为19 600 mL，求需要用多少吲哚丁酸？

解：设所需吲哚丁酸数量为 x

$$x=\frac{浓度\times液量}{生长调节剂或微量元素含量（\%）}$$

$$=\frac{100\times10^{-6}\times19600}{98\%}$$

$$=2\ mL$$

答：需用2 mL吲哚丁酸。

10．已知某块地的田间持水量为26%，土壤密度为1.5，当时土壤含水量为16%，如果要灌溉一亩地（667 m^3）使0.5 m深的土层水分达到田间持水量，问需灌水多少立方米？

解：灌水量（m^3/亩）=（田间持水量－土壤含水量）× 土壤密度 ×667 m^3× 湿润深度

$=(26\%-16\%)\times1.5\times667\ m^3\times0.5\ m^3$

$=50\ m^3$

答：需灌水50 m^3。

（四）简答题

1．水分为什么能不断从高大树木的根部运往顶部？

答：水分上升的动力有3种：

（1）根部的根压，这是一种把水向上推的力量。

（2）树冠部的蒸腾拉力，这是一种将水分向上提拉的力量。

（3）水分子相互间的内聚力，使导管内的水分形成连续的水柱。

2．为什么生产上施肥浓度不可过高？

答：因为一般情况下土壤溶液的水势大于根部细胞的水势，根系能正常吸水。如果施肥太浓，使土壤溶液浓度过高，使其水势低于根细胞的水势，造成根系吸水困难，甚至引起根系细胞失水，使植物凋萎。所以施肥浓度不宜过高。

3．什么是光合作用？有什么重要意义？

答：绿色植物利用光能把二氧化碳和水同化为有机物质、贮藏能量并放出氧气的过程称为光合作用。

光合作用的意义：（1）把无机物变成有机物；（2）蓄积太阳能；（3）净化空气，改变地面生物的生活环境。

4．植物淹水时间长，为什么会受到伤害，甚至引起死亡？

答：植物如果长期受淹，只能靠无氧呼吸来维持生命活动，由于无氧呼吸：（1）提供能量少，远不如有氧呼吸；（2）化学过程简单，产生中间物质很少，植物缺乏生长必需的原料；（3）最终产物是酒精或乳酸，这些物质积累过多，会使植物细胞中毒死亡。

5．为什么春寒比冬寒对植物的危害更大？

答：冬季植物的代谢活动微弱，有一定的抗寒能力。早春植物通过春化作用后，在外形上虽未发生明显差异，但内部生理过程已发生了显著变化，水分代谢、呼吸代谢等代谢过程都加强，因而植物的抗寒能力显著下降，遇到低温就会受到伤害。

6．什么叫植物群落？它在园林上有什么意义？

答：群居在一起的植物并非杂乱的堆积，而是一个有规律的组合。一定植物种类的组合，在环境相似的不同地段有规律的重复出现，每一个这样组合的单元为一个植物群落。各种植物群落的形成，既符合当地的生态规律，又形成了各种不同的景观，都是我们学习研究的对象，特别是复合多层次、立体的植物群落，增加绿视率，增加叶面积系数，生态效益大，所以植物群落是创建生态园林的蓝本。

7．什么叫生态系统？它的组成部分有

哪些？

答：生物群落与环境之间的联系密不可分，二者相互依存、相互制约、相互影响、共同发展，形成一个自然整体，是生命系统与环境系统在特定空间的组合，具有一定的生物与非生物的空间结构，是由物质流、能量流、信息流串结而成的生物－环境的复合体系。

生态系统的组成成分又称要素，分两大类，一类是无生命物质，即无机环境，它包括基质（如土壤、岩石、水等）和物质代谢材料（如太阳能、二氧化碳、氧、氮等）。另一类是生命物质，即生物群落，它包括三大类群，第一类群为自养型绿色植物，是生态系统中的生产者；第二类群为异养型动物，是生态系统的消费者，包括人类；第三类群为异养型微生物，是生态系统中的分解者、转化者。这三大类群加上无生命物质各以不可缺少的独特作用相互影响，通过错综复杂的营养关系结合成一个整体。

8．生态园林建设中，主要运用哪些生态学原理？

答：运用的生态学原理有：(1) 生态与环境之间的能量转换和物质循环原理；(2) 生物共生互利原理；(3) 生态位原理；(4) 能量多级利用与物质循环再生原理；(5) 植物他感作用原理；(6) 生态效益与社会效益统一的原理等。

9．建设生态园林的标准是什么？

答：建设生态园林的标准是：(1) 提高绿地率和绿视率；(2) 提高单位面积的叶面积系数；(3) 提高景观质量；(4) 提高物质、能量、信息的流动、循环和传递；(5) 提高产投比值。

10．试述有机质在土壤中的综合作用。

答：(1) 植物养分的重要来源：有机质经微生物分解后，产生植物生长发育所需要的各种营养元素，分解过程中产生的二氧化碳可供植物光合作用的需要。(2) 改善土壤的物理性质：使土壤结构改善，水分与空气的矛盾容易解决，土壤疏松，便于耕种。(3) 提高土壤保水保肥能力：腐殖质为有机胶体，保水、保肥能力强，避免养分流失，犹如土壤养分的“仓库”。(4) 有机质是微生物的食物：有机质丰富，微生物活动旺盛，提高土壤肥力。(5) 促进植物生长发育：腐殖质中胡敏酸能提高植物的呼吸强度，促进新陈代谢和细胞分裂，加速根系和地上部分的生长。

11．试比较有机肥料和化学肥料的优缺点。

答：

有机肥料	化学肥料
含有多种养分，但含量低	养分种类单一，但含量高
肥效较慢、持久	肥效快速，但不持久
含有机质，有改良土壤作用	不含有机质，无改良土壤作用
来源广泛，价格低廉	工厂生产，价格较贵
体积大，运输使用费工	体积小，运输使用方便
常会有病虫害和杂草种子	无病虫害，清洁卫生

12．如何改善盆栽土壤的通气性能？

答：(1) 选用容重比较小的材料，如木屑、稻壳、珍珠岩、泥炭等。

(2) 控制盆土材料的粒径大小，过筛，去除＜ 0.5 mm 的粒子。

(3) 在盆土垂直方向排列上，掌握上细下粗的原则。

13．什么是无土栽培？为什么要搞无土栽培？

答：无土栽培就是不用土壤，完全用营养液或其他介质栽培植物的一种技术和工艺，无土介质大多属于园艺无毒型，一般不需要消毒，重量轻，质量均衡，价格便宜，省工，清洁卫生，易于操作及标准化，更重要的是种植的地方不受限制。

14．园林植物保护工作应为生态平衡做些

什么？

答：园林植保工作要贯彻“预防为主，综合治理”的方针，强化生态意识、环境意识，要达到保护园林植物、保护生态、保护环境的目的，使园林植物充分发挥应有的绿化综合效应。从实践出发，在养护管理中，积极采用无公害措施，少用或不用污染环境的化学药剂。在植物配置上也要应用生态原理，合理配置植物群落。

15．园林病虫的综合治理措施有哪些？生物防治包括哪些内容？哪些病害可采用生防措施？

答：综合措施有：(1) 检疫防疫，防止危险性严重性病虫传播蔓延；(2) 预测预报，防患于未然；(3) 运用园艺技术防治；(4) 物理机械防治；(5) 人工防治；(6) 生物防治，以虫治虫、以菌治虫，保护利用各种天敌；(7) 化学药物防治；(8) 改善生态环境，合理调整、配置园林植物等。

但是综合防治不是以上各种措施的相加，而是根据当时当地的具体情况选用最切合实际、最佳、最有效的防治措施。

生物防治的内容有：(1) 保护和利用天敌；(2) 应用微生物制剂；(3) 保护鸟类、蛙类、蟾蜍等；(4) 适当配置蜜源植物、鸟嗜植物等。

病害中白绢病可用木霉菌，以菌治菌，病毒病可用病毒源干扰，以毒抑毒。

16．在刺吸害虫中常称“五小”的是指哪五类害虫，它们有哪些共同特点？刺吸害虫除直接危害植物外还会引发哪些祸害？防治甲螨目前最有效的药剂有哪些？

答：“五小”害虫为蚜虫、蚧虫、粉虱、蓟马、螨类。

共同特点：个体小，群体大，繁殖率高。

除直接危害植物外，它们的排泄物是煤污病的根源，并传播病毒病。

防治甲螨目前最有效的药剂有地亚农和杀虫素。

17．一根枝条上着生不同部位的芽，饱满度是否一致？为什么？掌握这一规律在生产上有何意义？

答：同一枝条上不同部位的芽饱满度不一致。一般分四种情况，着生于枝条基部的芽，由于早春温度低、营养来自去年贮存的，叶小、生长期短，很快脱落，所以形成的芽发育不良，经常呈潜伏状态（潜伏芽）。营养是由当年叶制造的，枝条中部的芽，随温度的升高，叶大、生长期长，所以形成的芽比较充实、饱满。枝条梢部的芽，由于天气转冷，体内营养开始转移，叶期较短，所以芽也不充实。至于枝条顶端的芽，由于顶端优势的作用，营养来源比较丰富，所以一般都比较健壮。

掌握这一规律，在养护管理措施上，包括老树复壮、繁殖选择芽条、整形修剪、促花促果等，由于对芽的强弱有比较清晰的认识，都能起良好的作用。

18．高温对园林树木有哪些危害？

答：(1) 高温会破坏光合作用和呼吸作用的平衡，使呼吸作用大大超过光合作用，树木会长期处于“饥饿”状态而死亡。(2) 高温促使蒸腾作用的加强，破坏树体的水分平衡，使树木萎蔫甚至死亡。(3) 50℃左右的高温会使蛋白质凝固和有害代谢物质的积累，使树木中毒。(4) 突然高温，会使树皮灼伤，开裂，影响树木生长，同时导致病虫害的入侵。

19．影响花芽分化的因素有哪些？

答：(1) 植物本身的遗传因子有关，有些植物容易花芽分化，有些则不易，这是本身生理性状所决定的。同一株植物，处于不同的年龄阶段，也对花芽分化有决定的作用。(2) 花芽分化有赖枝条的营养生长和养分的积累，必须达到一定的标准，一般认为是由碳氮比例的高低决定的。氮的含量过高，不利于花芽分化。(3）根系是矿质营养的主要吸收途径，没有良好的根系也不利于花芽分化。(4）花芽分化与光照有密切关系，各种植物对光照强度、光周期有不同的需要，这是植物的生态习性所决定的，对于光质则一般以极短波光为有利于花芽分化。(5）与温度也有密切关系，各种植物的温度三基点都不同，这也是不同植物的不同生态习性，比较相似的是植物都有一个感温性，即在花芽分化前一般都要有一个相对低温周期，即春化作用，然后才能引起花芽分化。(6）花芽分化与水分的关系，各种植物也不同，多数植物要控制水分，使组织成熟，以有利于营养生长向生殖生长的转化。(7）栽培技术上要根据植物的特性控制植物的生长期，调节生长速度，调节温度、水分、温度、光照、肥料以及合理的修剪等都是促进花芽分化的人为因素。

20．竹根据竹秆和竹鞭的生长状况可分为哪几类？各类的代表种是什么？

答：(1）合轴丛生，竹鞭顶芽出土，由腋芽生成新的底下茎，节间短，竹秆靠老秆而生，呈丛生状，如孝顺竹。(2）单竹散生，竹鞭顶芽不出土，继而在地下蔓延伸展，节间长，胶芽出土，生成竹秆，竹秆在地面散生，如刚竹、毛竹。(3）复轴混生，一植株有上述二种类型的地下茎和竹秆，如箬竹。

21．竹子的栽培和移植的要点是什么？

答：栽培要点：中耕除草，施肥盖土，灌溉排涝，钩梢整枝，合理择伐，及时除去老竹兜。

移植要点：主要用移母竹，选 1 ～ 3 年生健壮母竹，丛生竹连竹鞭的竹丛，散生竹带 40 ～ 50 cm 竹鞭，多带宿土，在芽萌动前移植。栽时要掌握深挖穴、浅栽竹、下紧围、上盖松的原则。在风口处要支撑。

22．扼要介绍你了解的花卉园林新技术。

答：(1）种子生产和种子处理技术：利用杂种优势主要是杂种一代（F_1），另外提高良种繁殖系数并以保证良种的质量为前提。

(2）育苗盘技术：有利于机械操作，既省工，又省钱。

(3）一二年生花卉生长控制技术：通过温度、湿度、光照、肥料等方面可以调节和控制其生长。

(4）全光照扦插技术：具有生根迅速，根系完好等特点。

(5）组织培养技术：可用极少量的材料繁殖大量的植株，并可得到去病毒的壮苗。

(6）无土栽培技术：能培养质量均衡，价格低廉又清洁卫生的花卉。

此外，还有“细胞式组合盘”育苗、土壤混合机、机械化移植、传递装配装置、播种机、移动苗床等新技术。

23．在盆景制作构图时怎样运用对比和调和的手法？

答：对比是运用构图中某一因素中的差异，以取得艺术效果的表现形式。在盆景制作时，常用对比的手法强调主体和重点，强调变化和差异，一般有：

(1）体量的对比。如用小树来衬托大树，用比例较小的次峰、配峰、岛屿、礁石等来衬托主峰等。

(2）虚实对比。即空间开敞与封闭的对比。如丛林式盆景的树木之间，山水盆景的峰峦之间都应有疏有密，有虚有实，虚实相生。

(3）色彩对比。如树桩盆景中应注意植物的叶、花、果与盆钵、配石等的色彩对比。

(4）形态对比。如在悬崖式树桩边上置斧

劈石二三块，斧劈石高耸的直线条与弯曲下挂的枝干相对比，更加强了悬崖树桩的动感。

盆景的调和是指盆景各部分的协调关系。我们常用对比来强调变化，用调和来取得统一。一般有：(1) 性质的调和。不同的树种、不同的石种、不同质地的配件，由于性质的不同，不能取得调和与统一。在同一盆景中，应采用性质相近的树种，同一石种与同一质地的配件。(2) 形态的调和。盆景中的树木之间，山石之间都应各有姿态，各有个性，以求变化，但又要相互依靠、相互衬托、相互呼应、相互顾盼，以取得统一。(3) 色彩的调和。石种之间的色彩、配件之间的色彩都应注意色彩的调和。(4) 纹理的调和。各种石种、同一石种的不同石料的纹理都有差异，应注意纹理的调和。

24．怎样陈设微型盆景？

答：由于微型盆景的体量很小，单独观赏难以显眼，而且也较单调，所以宜把微型盆景搭配成组，或陈列于博古架上，这样才能发挥微型盆景秀逸典雅的艺术效果。成组摆设，可用数盆微型盆景高低参差地置于几架，也可用微型盆景与供石。摆件等相互衬映、相互呼应，并反映出某个主题。

博古架陈设除摆设微型树桩盆景与微型山水盆景外，也可以放入比例合适的人物、鸟兽等摆件和小供石。小花瓶、小茶壶、小香炉、小水盂等，既可打破单调的色彩，还能使微型盆景的意境更深远，更富有诗情画意。博古架陈设时应注意：

(1) 陈设的微型盆景应注意植物的叶、花、果与盆、架之间的色彩对比，要做到红不成片，绿不成块，各种色彩显隐相映，才能使色泽和谐悦目。

(2) 不可在架内顶天立地，以免产生臃肿、沉闷的压抑感，也不可过空，以免产生空脱虚旷的效果。

(3) 要避免形态和品种的雷同，以免产生呆板、单调的感觉。

(4) 应有大小之分，高低之别。

这样，既有丰富的变化，又能相互映衬，形成一个和谐的整体。

25．为何要为盆景题名？一般盆景的题名有哪些形式？

答：优秀的盆景作品，不但要有别具匠心的构思和精巧细致的塑造，而且还应该有一个富有诗情画意、发人遐想的题名。有了好的题名：(1) 可以引起联想，使人触景生情，从而使意境更为深远，通过题名引起联想，从而扩大了原有的画面，并更富有诗情画意；(2) 可以起到小中见大的艺术效果，通过题名的提示，使盆景得到画外有画、盆外有景的效果；(3) 可以使盆景静中有动，从而增加盆景的动势和生气。因此，盆景题上一个妥帖的名字，可以渲染深化意境，增加欣赏情趣，起到画龙点睛的作用。所以题名也是盆景创作的一个重要环节。

盆景题名的形式一般有如下几种：

(1) 直白名。就是用题名直接点明盆景的内容，这种题名简单直露，能使观赏者很容易知道盆景所表现的景观内容，从而有利于欣赏，但缺少含蓄和联想，对渲染深化意境的作用不大。(2) 借助名诗佳词来表达盆景的意境。以古诗词题名，可以令人见景咏诗，并获得隽秀美妙的艺术享受。(3) 根据树桩或山水的形态特征题名。(4) 用拟人与比喻的方法题名。(5) 用配件题名。

26．水旱盆景的布局形式有哪些？在制作水旱盆景时怎样分水旱？

答：水旱盆景的布局形式有：(1) 水畔式，布局为一边旱，一边水；(2) 江河式又称溪涧式，布局为两边旱，中间水；（3）岛屿式，布局为四面水中间旱；（4）复合式，布局将数种形式集于一盆。

分水旱前先要将选择的石料与树桩按照立意布局在盆中进行试放，分隔水旱的水岸线要曲折多变、有露有藏。试放后，将区分水旱的石料位置用铅笔画在盆面上，然后撤掉全部材料，洗净盆面后用水泥将石料胶合于盆上。胶合的石料要紧密，在靠近旱地的一面可多抹些水泥，以增加牢度并防止漏水。采用软石时，应在靠土的一边抹上水泥，以防渗水。待水泥干后，可先盛水进行试验，如有漏水，应及时补上水泥。

27．怎样在山水盆景中点缀配件？

答：置放配件也有一定的规律，这主要反映在配件与山水景象及配件之间的协调关系上。配件在山水盆景中的组织和置放一般应注意如下几个方面：

（1）配件的数量要适宜。画论说："凡山水中之有堂户，犹人之有眉目也。"又说："然眉目虽佳，亦在安放得宜。眉目不可少，正不可多者，假若有人通身是眼，则成一怪物矣！"说明配件在山水布局中必不可少，但配件数量多少，应视盆景的主题、意境、规格等具体情况而酌定，不可数量过多。

（2）配件的比例要得当。体量过大会喧宾夺主而影响盆景的整体艺术效果。同时，配件之间的比例亦要合适，应合乎"丈山、尺树、寸马、分人"的比例要求。

（3）配件的种类要统一。一件盆景作品，只能置放同种类的配件，以求得和谐与统一。

（4）配件的置放要有露有藏。形象太露，醒目做到了，但不含蓄，所以要求有露有藏。这样，不逞全形，图外有音、余味无穷，从而达到艺术上的含蓄。

（5）配件置放应依形就势，顺其自然。配件要巧妙地结合地形，配合山水盆景中的自然景物来表现意境。

（6）配件置放要符合透视的原理。近处的配件宜比远处的配件大，以示景观的深远，山脚下的配件宜比山头的配件大，以示山岭的高耸。配件宜置于近景与中景，远景不宜置放。

（7）配件要与盆景中的风格与意境相协调。

（8）同一盆景中的配件不宜重复。

28．古树、名木造成创伤和树洞的原因是什么？如何修复和保养？

答：造成古树、名木创伤和树洞的原因是：第一，在施工和运输时碰撞造成的伤口，没有及时处理，伤口长期外露受雨水浸渍，造成受病原生物的侵染逐渐腐烂形成树洞，严重时造成树干中空。第二，病菌侵染植物的根部和干部易造成风倒和风折。第三，在修剪大的主侧枝时切口处树皮受伤或切口不平而引起腐烂。第四，受虫害蛀蚀，如天牛、白蚁等。第五，常见于衰老树林上的大枝或主枝死亡及受台风、电击、冻害、日灼等原因。

常见的修复和保养方法有：

（1）进行伤口修理和消毒，可用0.1%升汞溶液和2%甲醛等消毒伤口，防止病菌感染。（2）伤口处理后，要进行保护，不能暴露在空气中。（3）对一些不耐寒的树木，在树干干部涂白，防止冻裂、防止病菌侵入和昆虫产卵蛀入。（4）对已腐烂的树木，要清除洞内腐朽的木质部，再进行树洞填补，防止继续腐烂。

29．大气污染对植物的危害如何？什么叫大气污染物的临界浓度和临界时间？

答：大气中有毒物质浓度很低时，对植物没有什么影响，当有毒物质的浓度超过了植物所能忍受、自净的限度时，植物就开始受害，在这个限度以上，有毒气体的浓度越大，植物受害越重。

植物受害的最低浓度称为“临界深度”。

植物受害的程度与植物接触有毒物质的时间有关，植物接触临界浓度以上的有毒气体而使植物受害的最短时间，称为“临界时间”，在一般情况下，有毒气体的浓度越高，植物受害的临界时间越短；浓度越低，临界时间越长，如果浓度高，时间又长，则植物受害更严重。

◆实践操作部分

1. 题目：大型盆景制作

考核项目及评分标准

序号	测定项目	评分标准	满分	检测点					得分
				1	2	3	4	5	
1	画出草图阐明主题	图面能反映出大型盆景的大体布局、姿态和效果，能反映盆的比例大小及排水的处理	15						
2	写出施工要求	写出施工材料、数量、规格、施工要求、工艺步骤、费用预算、设备条件、人员配备、进度要求	15						
3	施工效果	布局合理，主次分明，疏密有致，富有变化，和谐统一，造型优美，材料使用合理，无浪费	60						
4	安全施工	无工伤事故	10						

2. 题目：中型盆景园（室）布置

考核项目及评分标准

序号	测定项目	评分标准	满分	检测点					得分
				1	2	3	4	5	
1	写出布置意见	根据布置环境条件，写出展出主题内容、树桩、石水盆景数量、规格等意见	20						
2	画出平面图	画出布置的布局，并标明树桩、石水盆景数量、规格；布局要虚实有致、高低差错、主次分明、突出重点	20						
3	布置情况	布置重点突出，高低起伏、前后错落，疏密有致，放置高度合适，环境协调，光线照明合适，整体效果好	60						

3. 题目：技术专长

考核项目及评分标准

序号	测定项目	评分标准	满分	检测点					得分
				1	2	3	4	5	
1	性质	分提高工作质量、数量、解决工作疑难问题和传授技术、经验三大类	10						

续考核项目及评分标准

序号	测定项目	评分标准	满分	检测点					得分
				1	2	3	4	5	
2	技术专长运用情况	分运用突出、一般和尚未运用三等	30						
3	效益	分社会效益、经济效益两类	40						
4	文明操作	针对技术专长性质而定	10						
5	工效	针对效益而定	10						

注：本项目考核时，先由考生交上技术专长小结一份。

4. 题目：先进技术应用

考核项目及评分标准

序号	测定项目	评分标准	满分	检测点					得分
				1	2	3	4	5	
1	性质	分地区领先、国内领先、国际领先三大类	20						
2	应用过程中本人的作用	分主导性的、辅助性的两类	30						
3	成果	分优秀、良好、一般三等	30						
4	文明操作与安全	针对先进技术的性质而定	10						
5	工效	针对成果而定	10						

注：本项目考核时，先由考生交上先进技术应用的小结一份。

5. 题目：盆景展评（本人制作养护的30盆以上大中型树桩或山水盆景）

考核项目及评分标准

序号	测定项目	评分标准	满分	检测点					得分
				1	2	3	4	5	
1	制作水平	参照树桩盆景、山水盆景评分标准	50						
2	养护水平	树木生长良好，层次分明，各部分比例适当	50						

注：本章内容摘自中华人民共和国建设部编写的《盆景工》一书。

参考文献

[1] 韦金笙，赵庆泉．中国水旱盆景．上海：上海科学技术出版社，2008.

[2] 仲济南，王志英．山水盆景制作技法．合肥：安徽科学技术出版社，2005.

[3] 马文其．杂木类盆景制作培育造型与养护．北京：中国林业出版社，2004.

[4] 马文其．观叶盆景制作培育造型与养护．北京：中国林业出版社，2004.

[5] 马文其．观花盆景培育造型与养护．北京：中国林业出版社，2003.

[6] 马文其．松柏盆景培育造型与养护．北京：中国林业出版社，2003.

[7] 吴国兴．武新，等．盆景苗木保护地栽培．北京：金盾出版社，2002.

[8] 马新才．盆景制作实用技术．北京：中国农业大学出版社，2007.

[9] 宋清洲等．观果盆景．北京：中国林业出版社，2004.

[10] 王志英，赵庆泉．树木盆景造型．上海：同济大学出版社，1993.

[11] 马文其．盆景制作与养护（修订版）．北京：金盾出版社，2005.

[12] 马文其．图说树石盆景与欣赏．北京：金盾出版社，2007.

[13] 李树华．中国盆景文化史．北京：中国林业出版社，2005.

[14] 韦金笙．中国名園藏品集．合肥：安徽科学技术出版社，2005.

[15] 马文其．北京盆景艺术．北京：中国林业出版社，1999.

[16] 郭成源．果树盆景制作与养护．北京：金盾出版社，2006.

[17] 周武忠．盆景制作技法与鉴赏．北京：中国农业出版社，1999.

[18] 苏本一．盆景制作与养护．北京：中国农业出版社，2004.

[19] 苏本一，马文其．苏州盆景．北京：中国林业出版社，1999.

[20] 苏本一，马文其．温州盆景．北京：中国林业出版社，1999.

[21] 苏本一，马文其．北方盆景．北京：中国林业出版社，1999.

[22] 韦金笙，沈明芳，等．中国海派盆景．上海：上海科学技术出版社，2007.

[23] 韦金笙，葛自强．中国通派盆景．上海：上海科学技术出版社，2004.

[24] 韦金笙，邵忠．中国苏派盆景．上海：上海科学技术出版社，2004.

[25] 韦金笙，韦金笙．中国扬派盆景．上海：上海科学技术出版社，2004.

[26] 韦金笙，胡乐国．中国浙派盆景．上海：上海科学技术出版社，2004.

[27] 韦金笙，谭其芝．中国岭南派盆景．上海：上海科学技术出版社，2004.

[28] 王志英．海派盆景造型．上海：同济大学出版社，1985.

[29] 胡一民．徽派盆景．北京：中国林业出版社，1998.

[30] 王兆毅．果树盆栽与盆景技艺．北京：中国林业出版社，1995.

[31] 曹明君．树桩盆景实用技艺手册．北京：中国林业出版社，2003.

[32] 马文其．家庭植物盆景造型与养护．北京：北京科学技术出版社，1992.

[33] 韦金笙 . 中国盆景史略 . 中国园林，1991，7 卷 (2)1502.

[34] 赵世伟 . 园林工程景观设计 . 北京：中国农业科技出版社，2000.

[35] 刘金海 . 盆景与插花技艺 . 北京：中国农业出版社，2001.

[36] 彭春生，李淑萍 . 盆景学 . 北京：中国林业出版社，2005.

[37] 湖北省绿化委员会主办 . 花木盆景 .2008 年 1-12 期，2009 年 1-3 期 .

[38] 郑玉昆 . 当代广西盆景精选 . 中国林业出版社，2005.

[39] 连智兴 . 树木盆景造型 . 北京：金盾出版社，2006.

[40] 彭春生，李淑萍 . 盆景学 . 第 2 版 . 北京：中国林业出版社，2002.

[41] 汪传龙 . 潘仲连盆景艺术 . 合肥：安徽科学技术出版社，2005.

[42] 裘丽珍，章滨森 . 中国长三角盆景 . 北京：中国农业出版社，2006.

[43] 胡乐国 . 树木盆景 . 福州：福建科学技术业出版社，2007.

[44] 李伟钊 . 广东盆景 . 北京：中国林业出版社，2000.

[45] 陈纪周 . 家庭常见盆景造型与养护 . 济南：山东科学技术出版社，2002.

[46] 赵祥云等 . 花坛插花及盆景艺术 . 北京：气象出版社，2004.

[47] 汪彝鼎 . 怎样制作山水盆景 . 北京：中国林业出版社，1999.

[48] 彭春生，李淑萍 . 盆景学 . 北京：中国林业出版社，1994.

[49] 刘金海 . 盆景与插花技艺 . 北京：中国农业出版社，2001.

[50] 李伟钊 . 广东盆景 . 北京：中国林业出版社，2000

[51] 曾宪烨 .《浩气》造型轨迹 . 花木盆景：盆景赏石版，2007，3：30 ~ 34.

[52] 林鸿鑫，陈习之，林静 . 树石盆景 . 上海：上海科学技术出版社，2004.

[53] 周武忠 . 盆景制作技法与鉴赏 . 北京：中国农业出版社，1999.

[54] 林三和 . 微型盆景艺术 . 上海：上海科技教育出版社，2004.

[55] 赵祥云等 . 花坛插花及盆景艺术 . 北京：气象出版社，2004.

[56] 池泽森 . 碧海青天夜夜心 . 花木盆景（盆景赏石版），2007.

网址：

[1] http://manage.chnbonsai.com/Article/N000000798.htm (树桩盆景欣赏)

[2] http://www.fff789.com/showinfo.aspx?id=715 (盆景欣赏 – 中华盆景)

[3] http://photo.yihua8.com/contents.aspx?id=404 (盆景欣赏)

[4] http://hi.baidu.com/1049 号 /album/item/8d3861235bea75be4623e88e.html (盆景欣赏

[5] http://photo.yihua8.com/contents.aspx?id=403 (盆景欣赏)

[6] http://www.uutuu.com/fotolog/photo/67474 (扬州图片 _pict0012_ 旅行照片 _ 万花 ...)

[7] http://www.jiashan.cc/bbs/viewthread.php?tid=31 (吴克铭的盆景艺术 - 树桩盆景 - 中 ...)

[8] http://www.vekee.com/b58246/1/ [树桩盆景图片 – 北京植物园 (中国)]

[9] http://yy.yuanlin.com/miniascape/

art/2006-9-7/5920.html (火棘 (图))

[10] http://zhifu8.bokee.com/viewdiary.12768245.html (树桩盆景 盆景特色 盆景特色 智慧 ...)

[11] http://www.china-flower.com/paper/pic.asp?page=82 (图片新闻 - 花卉报新闻)

[12] http://www.bonsaicn.com(中华盆景网)

[13] 盆景艺术在线　bbs cnpenjing.com

[14] http://cn.made-in-china.com/image/2f0j01jeVEsgnolYqmM/ 树脂山水盆景加湿器 (独钓寒江雪) .jpg

[15] www.bonsaicn.com

[16] http://www.gzgarden.com/UploadFiles/2008-11-24/IMG_200811 241801368869.jpg

[17] http://www.0808cn.cn/com/jypj/pic/1207925358.jpg

[18] www.hnpjw.com.cn

[19] http://www.cnxsmm.com/pjzp.htm

[20] http://www.hz-agri.gov.cn/uploadFiles/2007-01/1168912146157.jpg

[21] http://zhyq17.blog.163.com/

[22] www.alibaha.com.cn 怡苑苗木网

[23] 冬季温室树桩盆景的养护 .www.plant.ac.cn/yanghua/2008-12/35532.htm.

[24] 树桩盆景的养护与管理 .www.chinese-plant.com/huahui/10-11/1587.htm.

[25] 盆景词解 .http://www.214xianhua.com/article/article-35106.html.

[26] 树木盆景的形式 .4a.njau.edu.cn:8020/Bonbai/pjwz/3-2-1a.htm.

[27] http://course.tjac.edu.cn/hua/n130c53.aspx

[28] http://blog.sina.com.cn/zhong 1935 196563

[29] http://www.gdagriland.com.cn/science/

[30] http://flower.yvv.cn/flower/29/2008-04/2699.html

[31] http://wwwsdc61889.blog.163.com/blog/static/140340642201191534240955/

[32] http://www.pjcn.cn/

[33] https://detail.tmall.com/item.htm?id=528969167029

[34] http://www.henzan.com/dvn/13 3712026 9995218865

[35] http://yy.yuanlin.com/pjys.html

[36] http://yy.yuanlin.com/detail/55194.html (酒瓶盆景)

[37] http://www.zghmgdjjw.com/html/38/list_5879.html

[38] 中华盆景网：www.bonsaicn.com

[39] 漯河绿化网：LHGREEN.GOV.CN

[40] 花卉世界网：www.flowerworld.cn/

[41] 珍宝盆景网址：http://bbs.sssc.cn/thread-4694984-1-1.html

[42] http://news.yuanlin.com/detail/20161027/245048.htm 中国园林网 (2016)

[43]《成都市第 21 届盆景展》光盘　成都市百花潭公园制作

[44] http://wenku.baidu.com

[45] http://www.douban.com

[46] http://www.chla.com.cn

[47] http://1duhy.com

[48] http://bj.jiehun.com.cn

[49] http://www.bs58.com

[50] http://www.cqhmw.net

[51] http://www.zzczhh.com.cn

[52] http://www.cnbg.net

[53] http://photo.blog.sina.com.cn

[54] http://i1.dpfile.com

[55] http://bride.rayli.com.cn